2020年 3月閣議決定

食料･農業･農村基本計画

我が国の食と
活力ある農業・農村を
次の世代につなぐために

「食料･農業･農村基本計画」
編集委員会
編集

he Basic Plan for Food,
Agriculture & Rural Areas

大成出版社

編　成　目　次

新たな食料・農業・農村基本計画の閣議決定に当たって

令和２年３月31日
農林水産大臣談話

本日、新たな食料・農業・農村基本計画が閣議決定されました。

新たな基本計画は、我が国の食料・農業・農村が次世代へと持続的に継承され、国民生活の安定や国際社会に貢献していくための今後10年間の農政の指針となるものです。

我が国の農業・農村は、国民生活に不可欠な食料を供給する機能とともに、その営みを通じて、国土の保全等の役割を果たしている、まさに「国の基」であります。

しかしながら、我が国の農業・農村は、人口減少に伴う国内マーケットの縮小、農業者の減少・高齢化が深刻化するとともに、グローバル化の一層の進展、頻発する自然災害やCSF（豚熱）の発生、さらには、新型コロナウイルス感染症など、新たな課題に直面しています。

私は、今回の基本計画の見直しにおいて、地域をいかに維持し、次の世代に継承していくのか、という視点が重要であり、そのためには、国内農業の生産基盤の強化が不可欠であると考えています。

こうした考えの下、担い手の育成・確保や農地の集積・集約化を進めるとともに、規模の大小や中山間地域といった条件にかかわらず、農業経営の底上げにつながる対策を講じ、幅広く生産基盤の強化を図ってまいります。その上で、国内需要の変化に対応するとともに、新たな輸出目標を掲げ、農林水産大臣を本部長とする司令塔組織の下で更なる輸出拡大に取り組みます。また、活力ある農村を実現するため、美しい棚田や田園風景が守られるよう、関係府省と連携した農村施策を推進してまいります。

この基本計画を通じて、農業者はもとより国民の皆様に、我が国食料・農業・農村が直面している現状や課題への御理解を賜りたいと考えております。そして、食料供給や、国土保全などの多面的な役割を果たす農業・農村は「国の基」との認識を分かち合い、国民全体で、農業・農村を次の世代につないでいきたいと考えております。

政府としては、今後とも、産業政策と地域政策を車の両輪とし、食料自給率の向上・食料安全保障の確立を図ってまいります。皆様の御理解とお力添えを賜りますよう、宜しくお願い申し上げます。

農林水産大臣　　江藤　拓

食料・農業・農村基本計画（令和２年３月）

～ 我が国の食と活力ある農業・農村を次の世代につなぐために ～

基本的な方針

「産業政策」と「地域政策」を車の両輪として推進し、将来にわたって国民生活に不可欠な食料を安定的に供給し、**食料自給率の向上**と**食料安全保障を確立**

施策推進の基本的な視点

- ✓ 消費者や実需者のニーズに即した施策
- ✓ 食料安全保障の確立と農業・農村の重要性についての国民的合意の形成
- ✓ 農業の持続性確保に向けた人材の育成・確保と生産基盤の強化に向けた施策の展開
- ✓ スマート農業の加速化と農業のデジタルトランスフォーメーションの推進
- ✓ 地域政策の総合化と多面的機能の維持・発揮
- ✓ 災害や家畜疾病等、気候変動といった農業の持続性を脅かすリスクへの対応強化
- ✓ 農業・農村の所得の増大に向けた施策の推進
- ✓ SDGsを契機とした持続可能な取組を後押しする施策

食料・農業・農村をめぐる情勢

農政改革の着実な進展

農林水産物・食品輸出額
4,497億円(2012)　→　9,121億円(2019)
生産農業所得　2.8兆円(2014)　→　3.5兆円(2018)
若者の新規就農
18,800人/年(09～13平均)　→　21,400人/年(14～18平均)

国内外の環境変化

①国内市場の縮小と海外市場の拡大
・人口減少、消費者ニーズの多様化
②TPP11、日米貿易協定等の新たな国際環境
③頻発する大規模自然災害、新たな感染症
④CSF(豚熱)の発生・ASF(アフリカ豚熱)への対応

生産基盤の脆弱化

農業就業者数や農地面積の大幅な減少

これまでの食料・農業・農村基本計画

○ 食料・農業・農村基本法（平成11年7月制定）に基づき策定
○ 今後10年程度先までの施策の方向性等を示す、農政の中長期的なビジョン

平成12年　平成17年　平成22年　平成27年

※ おおむね5年ごとに見直し

目標・展望等

食料自給率の目標

【カロリーベース】 37% (2018) → **45%** (2030)
(食料安全保障の状況を評価)

【生産額ベース】 66% (2018) → **75%** (2030)
(経済活動の状況を評価)

【飼料自給率】 25% (2018) → 34% (2030)
【食料国産率】 飼料自給率を反映せず、国内生産の状況を評価するため新たに設定
<カロリーベース> 46%(2018) → 53%(2030)　<生産額ベース> 69%(2018)→79% (2030)

＜生産努力目標＞
課題が解決された場合に、主要品目ごとに2030年における実現可能な国内の農業生産の水準を設定

食料自給力指標（食料の潜在生産能力）

農地面積に加え、**労働力も考慮**した指標を提示。また、新たに**2030年の見通し**も提示

【基本計画と併せて策定】

農地の見通しと確保
(2019) 439.7万ha ➡ (2030) 見通し：414万ha
すう勢：392万ha
※施策を講じない場合

農業構造の展望
(農業労働力の見通し)
(2015) 208万人 ➡ (2030) 展望：140万人
すう勢：131万人
※これまでの傾向が続いた場合

農業経営の展望
① 37の経営モデルを提示
② 小規模でも安定的な経営を行い農地維持等に寄与する事例を提示

講ずべき施策

1. 食料の安定供給の確保

○ 新たな価値の創出による需要の開拓
○ グローバルマーケットの戦略的な開拓
（農林水産物・食品の輸出額：5兆円を目指す(2030)）
○ 消費者と食・農とのつながりの深化
○ 食品の安全確保と消費者の信頼の確保
○ 食料供給のリスクを見据えた総合的な食料安全保障の確立
○ TPP等新たな国際環境への対応、今後の国際交渉への戦略的な対応

2. 農業の持続的な発展

○ 担い手の育成・確保
（法人化の加速化、経営基盤の強化、経営継承、新規就農と定着促進 等）
○ 多様な人材や主体の活躍
（中小・家族経営、農業支援サービス 等）
○ 農地集積・集約化と農地の確保
（人・農地プランの実質化、農地中間管理機構のフル稼働 等）
○ 農業経営の安定化
（収入保険制度や経営所得安定対策等の着実な推進 等）
○ 農業生産基盤整備
（農業の成長産業化と国土強靭化に向けた基盤整備）
○ 需要構造等の変化に対応した生産基盤の強化と流通・加工構造の合理化
（品目別対策、農作業等安全対策の展開 等）
○ 農業生産・流通現場のイノベーションの促進
（スマート農業の加速化、デジタル技術の活用推進 等）
○ 環境政策の推進
（気候変動への対応、有機農業の推進、自然循環機能の維持増進 等）

3. 農村の振興

○ 地域資源を活用した所得と雇用機会の確保
（複合経営、地域資源の高付加価値化、地域経済循環 等）
○ 中山間地域等をはじめとする農村に人が住み続けるための条件整備
（ビジョンづくり、多面的機能の発揮、鳥獣被害対策 等）
○ 農村を支える新たな動きや活力の創出
（地域運営組織、関係人口、半農半Ｘ等のライフスタイル 等）
○ 上記施策を継続的に進めるための関係府省で連携した仕組みづくり

4. 東日本大震災からの復旧・復興と大規模自然災害への対応

5. 団体に関する施策

6. 食と農に関する国民運動の展開等を通じた国民的合意の形成

7. 新型コロナウイルス感染症をはじめとする新たな感染症への対応

施策の推進に必要な事項

①国民視点・現場主義に立脚、②EBPMの推進・「プロジェクト方式」による進捗管理、③効果的・効率的な施策の推進、④行政手続のデジタルトランスフォーメーション、⑤幅広い関係者・関係府省との連携、⑥SDGsに貢献する環境に配慮した施策の推進、⑦財政措置の効率的・重点的運用

食料・農業・農村基本計画

～ 我が国の食と活力ある農業・農村を次の世代につなぐために ～

令和２年３月

目　次

（編注：この目次の頁数は「食料・農業・農村基本計画」各頁下方付けの数字となっている。）

食料・農業・農村基本計画

まえがき

平成から令和へと時代が変わり、国内ではかつてない少子高齢化・人口減少の波が押し寄せ、特に地方では都市部よりもその影響が顕著に現れている。既に一部の地域では、産業や集落の衰退が現実のものとなりつつある。一方、ロボット、AI、IoTといった技術革新、TPP11等の経済連携協定等の発効に伴うグローバル化の一層の進展、持続可能な開発目標（SDGs）に対する国内外の関心の高まりなど、我が国経済社会は新たな時代のステージを迎えている。

このような中で、我が国が持続可能な活力ある地域経済社会を構築するためには、時代の変化を見通し、実態に合わなくなった制度やシステムを大胆に変革し、人材や資金を呼び込み、新技術を社会実装することにより、こうした変化に多彩に対応し、新たな成長につなげていくことが必要である。これは、食料・農業・農村分野においても同様である。

我が国の農業は、国民生活に必要不可欠な食料を供給する機能を有するとともに、国土保全等の多面的機能を有している。また、農村は、農業の持続的な発展の基盤たる役割を果たしている。このように、農業・農村がもたらす恵沢は、都市住民を含む国民全体の生活と国民経済全体に裨《ひ》益している。近年、地域の多彩な食文化を支える高品質な農産物・食品、農村固有の美しい景観・豊かな伝統文化などが我が国の魅力の一つとして国内外での評価を高めており、これらは先人の努力で培われた有形無形の国民的な財産である。また、農業・食料関連産業の国内総生産は全経済活動の１割に相当し、我が国経済の中で重要な地位を占める。

食料・農業・農村政策については、平成11年７月に、食料・農業・農村基本法（平成11年法律第106号。以下「基本法」という。）が制定され、食料の安定供給の確保、多面的機能の発揮、農業の持続的発展及び農村の振興という四つの基本理念を具体化するための施策を推進してきた。近年、農業の成長産業化に向けて推進してきた改革については、農林水産物・食品の輸出額や農業所得が増加傾向にあり、若者の新規就農が増加するなど、その成果が着実に現れてきている。また、今後、我が国の農林水産物・食品の海外マーケットの更なる拡大が期待される中、新たな視点で輸出目標を掲げ、官民総力を挙げて取り組んでいくことが重要である。

また、これまで農業・農村との関わりが少なかった都市部の人材が農業・農村の価値や魅力を再認識し、都市と農村を往来したり、農村に定住したりするなど、「田園回帰」による人の流れが全国的な広がりを持ちながら継続している中、こうした都市部の人材が地域活性化に貢献する動きも出始めている。

加えて、持続可能な社会の実現に向けたSDGsの取組が国際的に広がり、人々の意識や行動を大きく変えつつある。農業・食品産業はその活動を自然資本や環境に立脚しており、持続的な発展のためには、SDGsの達成に率先して貢献しつつ、消費者の行動や他分野からの投資を主導することで、新たな成長につながる可能性がある。

他方、我が国の農業・農村は、農業者や農村人口の著しい高齢化・減少、これに伴う農地面積の減少という事態に直面しており、今後も、農業者の大幅な減少が見込まれる中で、農業の生産基盤が損なわれ、地域コミュニティの衰退が一層進む地域が発生する事態が懸念されるばかりではなく、国土の均衡ある発展の上からも問題がある。加えて、近年の大規模災害、野生鳥獣害、家畜疾病等の被害が、我が国の食料や農業の現場に深刻な影響を及ぼすとともに、新型コロナウイルス感染症など新たな脅威による経済活動への影響が懸念される。

このような農政をめぐる時代の大きな転換点にあって、今回策定された食料・農業・農村基本計画（以下「基本計画」という。）は、我が国の食料・農業・農村の将来にとって非常に重要な意味を持つ。我が国農業・農村の持続可能性に深く思いを致し、農業者が減少する中にあっても、各般の改革を強力に進め、国内の需要にも、輸出にも対応できる国内農業の生産基盤の強化を図ることにより、需要の変化に対応した食料を安定的に供給する役割や、農業・農村における多面的な機能が将来にわたって発揮され、我が国の食と農の持つ魅力が国内外に輝きを放ち続けるものとなるよう、食料・農業・農村が持続的に発展し、次世代を含む国民生活の安定や国際社会に貢献する道筋を示すことが、本基本計画の重要なテーマである。

こうした観点から、国民全体の取組の指針として、本基本計画を策定し、関係府省や地方公共団体、生産者、消費者、事業者、関係団体等の間で連携・協働しながら、食料・農業・農村に関する施策を総合的かつ計画的に推進することとする。

なお、本基本計画は、食料・農業・農村に関する各種施策の基本になるという性格を踏まえ、中長期的な食料・農業・農村をめぐる情勢の変化を見通しつつ、今後10年程度先までの施策の方向等を示すものとするが、情勢の変化及び施策の効果に関する評価を踏まえ、おおむね５年ごとに見直し、所要の変更を行うこととする。

第１　食料、農業及び農村に関する施策についての基本的な方針

１．これまでの施策の評価及び食料・農業・農村をめぐる情勢の変化と課題

前基本計画の下で、農業の成長産業化を促進するための産業政策と、農業・農村の有する多面的機能の維持・発揮を促進するための地域政策を車の両輪として、若者たちが希望を持てる「強い農業」と「美しく活力ある農村」の創出を目指し、食料・農業・農村施策の改革を進めてきた。

具体的には、農地中間管理機構を通じた担い手への農地の集積・集約化、農林水産物・食品の輸出促進、米政策改革による需要に応じた生産の推進、日本型直接支払制度の創設、農業協同組合及び農業委員会の改革など農政全般にわたる改革に取り組んできた。

この結果、生産農業所得は、平成29年には平成16年以降で最も高い3.8兆円となり、平成30年においても3.5兆円と高い水準を維持している。また、農林水産物・食品の輸出額は、７年連続で過去最高を更新し、平成24年比で倍増の9,121億円となった。さらに、49歳以下の新規就農者数も増加するなど、改革の成果は着実に現れてきている。

一方、少子高齢化・人口減少が本格化する中で、農業就業者数や農地面積が減少し続けるなど、生産現場は依然として厳しい状況に直面しており、今後、経営資源や農業技術が継承されず、生産基盤が一層脆《ぜい》弱化することが危惧される。また、中山間地域を中心に農村人口が減少し、農業生産のみならず地域コミュニティの維持が困難になることも懸念される。さらに、国際化の進展により、生産現場には関税削減等に対する懸念や不安も生じている。加えて、頻発する自然災害やCSF（豚熱）等の家畜疾病の発生、地球温暖化の進行等による影響への懸念も増している。

こうした中で、農業・農村の持続性を高め、食と環境を次世代に継承していくためには、これまでの改革を引き続き推進するとともに、経営規模の大小や中山間地域といった条件にかかわらず、成長産業化の土台となる生産基盤を強化していくことで、多様化する国内外の需要に対応しつつ、創意工夫により良質な農産物を合理的な価格で安定的に供給することができる農業構造を実現していく必要がある。

その際、ライフスタイルの変化や海外マーケットの拡大など国内外の新たな需要の取り込みや、事業者との連携・協働によるバリューチェーンの構築、急速に進展するデジタル技術の食料・農業分野への応用とこうした技術を活用する農業者の育成、農業部門への様々な形での人材・投資・技術の呼び込み、SDGsへの関心の高まりを持続可能な生産・消費・投資の機会創出につなげることなど、国内外の社会・経済の変化に的確に対応することで、生産性の向上を図り、食料・農業・農村の未来を切り拓いていくことが重要である。

同時に、農村を維持し、次の世代に継承していくために、所得と雇用機会の確保や、農村に住み続けるための条件整備、農村における新たな活力の創出といった視点から、幅広い関係者と連携した「地域政策の総合化」による施策を講じ、農村の持続

性を高め、農業・農村の有する多面的機能を適切かつ十分に発揮していくことも必要である。

以上のように、産業政策と地域政策を引き続き車の両輪として推進し、将来にわたって国民生活に不可欠な食料を安定的に供給し、食料自給率の向上と食料安全保障の確立を図ることが、本基本計画の課題である。

そして、課題の解決に当たっては、消費者・生産者・事業者が協力・協働する関係を構築することにより、農業・農村の有する価値と役割に対する国民の理解と支持を得ることが何より重要である。

2．施策の推進に当たっての基本的な視点

（1）消費者や実需者のニーズに即した施策の推進

国内における農産物・食品については、消費者の低価格志向が続く上に、今後本格的な少子高齢化・人口減少により、消費の減少が見込まれる。また、単身世帯や共働き世帯の増加など社会構造やライフスタイルの変化に伴い、食の外部化が進展すること等が見込まれる。我が国農業が国内市場の変化に対応し、生産を維持・拡大するためには、食品関連事業者等との連携を強化し、加工・業務用需要への対応や新たな市場の創出等、変化するニーズに即した生産体制・バリューチェーンを構築することが不可欠である。

一方、海外においては、人口増加・所得向上により、農林水産物・食品の市場は平成27（2015）年の890兆円から令和12（2030）年には1.5倍の1,360兆円に拡大すると見込まれる。あわせて、TPP11、日EU・EPA及び日米貿易協定により、世界のGDPの約６割を占める巨大な市場が構築されることとなる。

国内市場が縮小する中で、我が国農業は、新たな輸出目標を策定し、農林水産大臣を本部長とする司令塔組織の下で、農林水産物・食品の輸出の大幅な拡大を図り、世界の食市場を獲得していくことが不可欠である。輸出拡大の目的は、海外への販路の拡大を通じて農林漁業者の所得向上を図ることであり、国内生産の増大を通じて、食料自給率の向上に寄与する。このため、日本の農林水産物・食品の魅力の世界への発信、海外の販路開拓、海外の規制・需要に応じたグローバル産地づくり、輸出のための生産基盤の強化を進めていく必要がある。さらに、農林水産物及び食品の輸出のみならず、食産業（食品産業や農業等）の海外における活動を促進する必要がある。

また、消費者が安全な食品を安心して消費できるよう、引き続き、食品の安全確保と、適切な情報提供など食品に対する消費者の信頼の確保に向けた取組を推進する必要がある。

（2）食料安全保障の確立と農業・農村の重要性についての国民的合意の形成

国民に対する食料の安定的な供給については、国内の農業生産の増大を図ることを基本とし、輸入及び備蓄を適切に組み合わせることにより確保する必要がある。ま

た、凶作、輸入の途絶等の不測の事態が生じた場合にも、国民が最低限必要とする食料の供給の確保を図る必要がある。

農業者や農地面積の減少等の情勢変化等を踏まえれば、平素から農業の担い手や必要な農業労働力、農地面積、農業技術を確保しておくことにより、我が国の食料安全保障を一層確かなものとしていくことが重要である。

一方、国内の農業生産の増大を図るためには、生産面の取組と併せて、国産農産物が消費者から積極的に選択される状況を創り出す消費面の取組が重要である。このためには、商品を購入する場面だけではなく、「日本型食生活」の推進、農林漁業体験などの食育、地産地消などの施策を子どもから大人までの世代を通じた様々な場面で官民が協働して幅広く進めることにより、食料の供給機能や生態系の保全などの多面的機能を支える農業・農村の重要性についての国民の理解を深め、施策推進に当たって支持を得られるようにすることが求められる。こうした国民の理解と支持を政策の立案・推進の基盤として、我が国の食料・農業・農村の持続性を高めるため、消費者、生産者、事業者等が主体的に支え合う行動を引き出していく必要がある。

（３）農業の持続性確保に向けた人材の育成・確保と生産基盤の強化に向けた施策の展開

農業者の大幅な減少等により、農業の持続性が損なわれる地域が発生する事態が懸念されることから、これを防ぎ、我が国農業が成長産業として発展していくためには、効率的かつ安定的な農業経営が農業生産の相当部分を担う農業構造を確立することが重要である。人・農地プランによる地域農業の点検の加速化と各種施策の一体的な実施による効率的かつ安定的な経営を目指す経営体を含む「担い手」の育成・確保と農地中間管理機構を通じた農地の集積・集約化、また、そのための農業生産基盤整備の効果的な推進が喫緊の課題である。さらに、次世代の担い手への農地をはじめとする経営基盤の円滑な継承が必要である。

あわせて、新規就農の促進、女性の経営・社会参画、高齢者・障害者などを含む多様な人材の確保、新たな農業支援サービスの定着などを進め、農業現場を支える多様な人材や主体の活躍を促すことが重要である。

こうした観点から、経営規模の大小や中山間地域といった条件にかかわらず、需要に応じた生産体制の整備、生産性の向上等を進め、農業経営の底上げを図り、農業を国際競争や災害にも負けない足腰の強い産業にしていくための施策を展開する必要がある。

（４）スマート農業の加速化と農業のデジタルトランスフォーメーションの推進

人口減少社会に入り、産業競争力の低下や地域社会の活力低下が懸念される我が国において、デジタル技術の活用による産業や社会の変革（デジタルトランスフォーメーション）は極めて重要な課題である。ロボット、AI、IoTなど社会の在り方に影響を及ぼすデジタル技術が急速に発展する中、政府においても「Society 5.0」を提唱し、近年、ドローンやデータを活用した生産性を高める技術が農業分野においても実用段階に入った今こそ、その社会実装を強力に推進する必要がある。今後の農業者の高齢化や労働力不足に対応しつつ、生産性を向上させ、農業を成長産業にしていくためには、デジタル技術の活用により、データ駆動型の農業経営を通じて消費者ニーズに的確に対応した価値を創造・提供していく、新たな農業への変革（農業のデジタルトランスフォーメーション（農業DX））を実現することが不可欠である。また、地方公共団体などの農業関係職員の減少の懸念があることにも鑑み、農業現場のみならず、行政手続などの事務に関しても、デジタルトランスフォーメーションを進めていくことが重要である。

（5）地域政策の総合化と多面的機能の維持・発揮

農村、特に中山間地域では、少子高齢化・人口減少が都市に先駆けて進行しており、今後、地域内の共同活動や保全管理活動が成り立たなくなり、集落機能の維持が困難な地域が増加するのみならず、生活インフラも維持できなくなるおそれがある。

一方、「田園回帰」による人の流れは、全国的な広がりを持ちながら継続しており、農村の持つ価値や魅力が国内外で再評価され、農業と他の仕事を組み合わせた働き方である「半農半Ｘ」、デュアルライフ（二地域居住）やサテライトオフィスなどの多様なライフスタイルの普及や、関係人口の創出・拡大、インバウンド需要の取り込みが、地域活性化に貢献する動きがみられる。

また、農村は、国民に不可欠な食料を安定的に供給する基盤であるとともに、国土保全、水源涵《かん》養、景観の形成、文化の伝承など農業の有する多面的機能を発揮する場でもあり、この多面的機能は広く都市住民にも恵沢をもたらしている。

このことから、農村を維持し、次の世代に継承していくため、農村を活性化する施策を講じ、「地域政策の総合化」を図ることが重要である。

「地域政策の総合化」に当たっては、①農業の活性化や地域資源の高付加価値化を通じた所得と雇用機会の確保、②安心して地域に住み続けるための条件整備、③地域を広域的に支える体制・人材づくりや農村の魅力の発信等を通じた新たな活力の創出の「三つの柱」に沿って、効果的・効率的な国土利用の視点も踏まえて関係府省が連携した上で都道府県・市町村、事業者とも連携・協働し、農村を含めた地域の振興に関する施策を総動員して現場ニーズの把握や課題解決を地域に寄り添って進めていく必要がある。

こうした取組により農村の持続性を高めつつ、日本型直接支払制度も活用し、農業の有する多面的機能を適切かつ十分に発揮していくことで、その恵沢を国民にもたらし、併せて国民の理解を推進していくことが重要である。

（6）災害や家畜疾病等、気候変動といった農業の持続性を脅かすリスクへの対応強化

近年、大規模な自然災害が頻発し、農業関係の被害額は増加傾向にある。特に平成

30年と令和元年は、度重なる大規模災害により、被害額は平成23年の東日本大震災を除くと過去10年で最大規模となった。全国各地で頻発する大規模災害を踏まえ、予防的対応と発生後の迅速な対応、リスクへの備えとして農業保険（収入保険及び農業共済）の普及促進・利用拡大が急務である。

我が国への侵入リスクが高まっているASF（アフリカ豚熱）や26年ぶりに発生が確認されたCSF（豚熱）などの家畜疾病対策の重要性が一層高まる中で、水際の侵入防止体制と各農場での防疫体制の更なる強化が不可欠である。植物病害虫についても同様に、生産現場に甚大な被害を及ぼすことから、海外からの侵入、国内でのまん延防止に取り組んでいく必要がある。

また、地球温暖化等による気候変動は、我が国だけでなく、各国の農業生産や国民生活に様々な影響を及ぼす。このため、令和12年度に我が国の温室効果ガスを平成25年度比で26％削減するとの政府目標の達成に向け、農業分野においても、有機農業をはじめとする環境に配慮した持続可能な農業生産を推進する必要がある。

特に、新型コロナウイルス感染症とそれに伴う経済環境の悪化により、我が国の農林水産業・食品産業は深刻な需要減少や人手不足等の課題に直面している。このため、内需・外需の喚起と生産基盤の安定化に向けた対策を十分に講ずるとともに、新型コロナウイルス感染症による影響の調査・分析を行い、中長期的な課題等を整理する必要がある。

（７）農業・農村の所得の増大に向けた施策の推進

農業・農村が持続可能なものとなるためには、農地の集積・集約化や肉用牛・乳用牛の増頭・増産により、生産基盤を強化しつつ、農業・農村の持つ多様な地域資源を活かして輸出にもつながる魅力的な商品を生み出すことなどにより、新たな市場を開拓し、農業・農村の所得の増大と地域内での再投資、更なる価値の創出という好循環を生み出していくことが重要である。こうした観点から、平成25年12月に策定された「農林水産業・地域の活力創造プラン」においては、「今後10年間で農業・農村の所得倍増を目指す」こととされており、引き続き、農業生産額の増大や生産コストの縮減による農業所得の増大と、６次産業化など農業と食品産業等の連携や農村発イノベーションの推進等を通じた農村地域の関連所得の増大に向けて、更に施策を推進していく必要がある。

（８）SDGsを契機とした持続可能な取組を後押しする施策の展開

平成27年の国連サミットにおける「持続可能な開発目標（SDGs）」の採択以降、SDGsへの関心は世界的に高まっており、それとともに、SDGsに対する国内の取組も官民を問わず、着実に広がってきている。また、ESG投資（環境（Environment）、社会（Social）、ガバナンス（Governance）を重視した投資）の世界的な拡大により、企業が環境等への取組を主要な経営戦略の一つとする動きが加速している。

農業生産活動は、自然界の物質循環を活かしながら行われ、環境と調和した持続可能な農業の展開は重要なテーマである。これを進めるため、食料・農業・農村分野においても、経済・社会・環境の諸課題に統合的に取り組み、環境に配慮した生産活動を積極的に推進するとともに、これにより生み出される価値を「見える化」し、消費者の購買活動がこれを後押しする持続可能な消費を促進する必要がある。また、農村を含めた地域においても持続可能な地域づくりを進めていく必要がある。

第２　食料自給率の目標

１．食料自給率

（１）食料・農業・農村基本法における位置付け

基本法第２条において、国民に対する食料の安定的な供給については、国内の農業生産の増大を図ることを基本とし、輸入及び備蓄を適切に組み合わせて行われなければならないこと（第２項）、また、食料の供給は、高度化し、かつ、多様化する国民の需要に即して行われなければならないこと（第３項）が定められている。

平成の時代を通じて、我が国の食生活は大きく多様化した。現代の消費者は、国内外の様々な食品についての知識を持ち、輸送網の発達によって各地で生産された食品を手軽に購入できるようになった。さらに、ライフスタイルの変化に伴って、食の簡便化志向が高まり、外食や中食も発達した。

食料自給率は、このような国内の食料供給に対する国内生産の割合を示すものであり、その目標については、基本法第15条に基づき、その向上を図ることを旨とし、国内の農業生産及び食料消費に関する指針として、基本計画において定めることとされている。

（２）食料自給率の目標の示し方

①　「供給熱量ベース」と「生産額ベース」の総合食料自給率の目標

我が国の食料全体の供給に対する国内生産の割合を示す総合食料自給率の示し方については、基礎的な栄養価であるエネルギー（カロリー）に着目して、国民に供給される熱量（総供給熱量）に対する国内生産の割合を示す「供給熱量ベース」と、経済的価値に着目して、国民に供給される食料の生産額（食料の国内消費仕向額）に対する国内生産の割合を示す「生産額ベース」の二つがある。

前者は、国民の生命と健康の維持に不可欠な最も基礎的な物資である食料の供給の実態がより反映されるという特徴を有する指標である。また、後者は、高度な生産管理により高品質な農産物等を生み出すという我が国農林水産業の強みがより適切に反映されるとともに、比較的低カロリーであるものの、国民の健康の維持増進の上で重要な役割を果たす野菜や果実等の生産活動がより適切に反映されるという特徴を有する指標である。

このように、食料安全保障の状況を評価する観点からは供給熱量ベースの食料自給率が、農業の経済活動の状況を評価する観点からは生産額ベースの食料自給率が実態を測るのに適しており、これらはいずれも重要な指標である。

このため、食料自給率の目標については、供給熱量ベースと生産額ベースの目標をそれぞれ設定することとする。

②　飼料自給率の目標と国内生産に着目した食料国産率の目標

総供給熱量の約２割、食料の国内消費仕向額の約３割を占める畜産物の自給率は、飼料の自給の度合いに大きく影響を受けるため、国産飼料基盤に立脚した畜産業を確立する観点から、飼料自給率の目標を設定することとする。

これまで総合食料自給率の目標の設定に当たっては、飼料自給率の目標を反映することにより、輸入飼料による畜産物の生産分を除いている。この方法は、飼料の多くを輸入に依存している「国内生産」を厳密に捉えることから、総合食料自給率の目標が食料安全保障を図る上で基礎的な目標であることに変わりはない。他方、飼料自給率が向上しても、国内畜産業の生産基盤が脆《ぜい》弱化すれば、総合食料自給率は向上しない。農業者の一層の高齢化と減少が進む中においても農業の生産基盤を継承・強化し、農業の持続的発展を図っていく上で、国内生産を維持・拡大していくことが必要であり、そのためには国民に対して国産農産物の消費を促すことも必要である。

このため、国内生産に着目した目標として、「食料国産率」の目標を飼料自給率の目標と併せて設定し、双方の向上を図りながら総合食料自給率の向上を図ることとする。

（3）食料自給率の目標の設定の考え方

本基本計画の冒頭に記したとおり、将来にわたって、国民に対する食料の安定供給を確保するためには、農業の成長産業化を進めつつ、国内外の需要の変化に的確に対応した農業生産を推進するとの方針の下、国内の需要にも、輸出にも対応できる国内農業の生産基盤の強化を図ることにより、国内生産の維持・増大と農業者の所得向上を実現していく必要がある。また、このことを通じて、国民の生命と健康の維持に必要な食料の供給を増やしていく必要がある。

さらに、食料自給率は、国内生産だけではなく、食料消費の在り方等によって左右されるものであることから、人口減少や高齢化の進展、食の嗜《し》好の変化、食品ロス削減の意識の高まり等を踏まえ、食料消費を見通していく必要がある。

このため、（4）の「重点的に取り組むべき事項」等に取り組むこととし、その場合に実現可能な姿として、（5）の「令和12年度における食料消費の見通し及び生産努力目標」を示した上で、食料自給率の目標を設定することとする。

（4）食料自給率の向上に向けた課題と重点的に取り組むべき事項

①　食料消費

ア　消費者と食と農とのつながりの深化

ライフスタイルの変化等により、国民が普段の食生活を通じて農業・農村を意識する機会が減少しつつあることから、できるだけ多くの国民が、我が国の食料・農業・農村の持つ役割や食料自給率向上の意義を理解する機会を持ち、自らの課題として将来を考え、それぞれの立場から主体的に支え合う行動を引き出していくことが重要である。このため、食育や国産農産物の消費拡大、地産地消、和食文化の保護・継承、食品ロスの削減をはじめとする環境問題への対応等の施策を個々の国民が日常生活で取り組みやすいよう配慮しながら推進する必要がある。また、農業体験、農泊等の取組を通じ、国民が農業・農村を知り、触れる機会を拡大する必要がある。

イ　食品産業との連携

食をめぐる市場において食の外部化・簡便化が進展することに対応し、中食・外食における国産農産物の需要拡大を図ることが必要である。このため、産地において、安定供給体制を整備するとともに、農業と食品産業の安定的な取引関係の確立等、連携を強化する必要がある。また、国民の健康維持・増進に資する農林水産物・食品や和食の科学的エビデンスの獲得・蓄積等により、食品産業の活性化及び国産農産物の利用を促す必要がある。

② 農業生産

ア　国内外の需要の変化に対応した生産・供給

需要が旺盛な畜産物、加工・業務用需要に対応した野菜、高品質な果実、輸入品に代替する需要が見込まれる小麦や堅調に需要が増加している大豆等、国内外の需要の変化に的確に対応した生産・供給を計画的に進める必要がある。このため、優良品種の開発等による高付加価値化や生産コストの削減を進めるほか、更なる輸出拡大を図るため、諸外国の規制やニーズにも対応できるグローバル産地づくりを進める必要がある。

また、地域の生産者が新たなニーズを把握し、消費者が農業・農村に対する理解を深めるためにも、国や地方公共団体、農業団体等の後押しを通じて、生産者と消費者や事業者との交流、連携、協働等の機会を創出する必要がある。

イ　国内農業の生産基盤の強化

国内外の需要に応じた生産を進めるためには、国内農業の生産基盤の強化が必要である。このため、持続可能な農業構造の実現に向けた担い手の育成・確保と農地の集積・集約化の加速化、経営発展の後押しや円滑な経営継承を進めるとともに、農業生産基盤の整備やスマート農業の社会実装の加速化による生産性の向上、各品目ごとの課題の克服、生産・流通体制の改革等を進める必要がある。

さらに、荒廃農地の発生防止・解消に向けた対策を戦略的に進めるとともに、中山間地域等で耕作放棄も危惧される農地も含め、地域で徹底した話合いを行った上で、放牧など少子高齢化・人口減少に対応した多様な農地利用方策も含め農地の有効活用や適切な維持管理を進める必要がある。

（５）食料自給率の目標

① 食料消費の見通し及び生産努力目標

（４）で掲げた事項について、官民総力を挙げて取り組んだ結果、食料消費に関する課題が解決された場合の令和12年度における食料消費の見通しを主要品目ごとに示すこととする。

また、（4）で掲げた事項について、官民総力を挙げて取り組んだ結果、農業生産に関する課題が解決された場合に実現可能な国内の農業生産の水準として、令和12年度における生産努力目標を主要品目ごとに示すこととする。

令和12年度における食料消費の見通し及び生産努力目標は、第1表に整理したとおりである。政策の実施に当たっては、こうした食料消費の見通しや生産努力目標を見据えつつ、その時々の国内外の需要や消費動向の変化等に臨機応変に対応し、国内生産の維持・増大と農業者の所得向上を実現していく。

なお、農地面積の見通し、これらの生産努力目標を前提とした場合に必要となる延べ作付面積及び耕地利用率は第2表のとおりである。

（第１表）令和12年度における食料消費の見通し及び生産努力目標

	食料消費の見通し 国内消費仕向量 （万トン） （１人・１年当たり消費量 （kg/人・年））		生産努力目標 （万トン）		克服すべき課題
	平成30年度	令和12年度	平成30年度	令和12年度	
米	845 (54)	797 (51)	821	806	○事前契約・複数年契約などによる実需と結びついた生産・販売 ○農地の集積・集約化による分散錯圃《ほ》の解消・連坦《たん》化の推進 ○多収品種やスマート農業技術等による多収・省力栽培技術の普及、資材費の低減等による生産コストの低減
米 米粉用米・飼料用米を除く	799 (54)	714 (50)	775	723	○食の簡便化志向、健康志向等の消費者ニーズや中食・外食等のニーズへの対応に加え、インバウンドを含む新たな需要の取り込み ○コメ・コメ加工品の新たな海外需要の拡大、海外市場の求める品質や数量等に対応できる産地の育成
米粉用米	2.8 (0.2)	13 (0.9)	2.8	13	○大規模製造ラインに適した技術やアルファ化米粉等新たな加工法を用いた米粉製品の開発による加工コストの低減 ○国内産米粉や米粉加工品の特徴を活かした輸出の拡大
飼料用米	43 (－)	70 (－)	43	70	○飼料用米を活用した畜産物のブランド化と実需者・消費者への認知度向上・理解醸成及び新たな販路開拓 ○バラ出荷やストックポイントの整備等による流通段階でのバラ化経費の削減や輸送経路の効率化等、流通コストの低減 ○単収の大幅な増加による生産の効率化
小麦	651 (32)	579 (31)	76	108	○国内産小麦の需要拡大に向けた品質向上と安定供給 ○耐病性・加工適性等に優れた新品種の開発導入の推進 ○団地化・ブロックローテーションの推進、排水対策の更なる強化やスマート農業の活用による生産性の向上 ○ほ場条件に合わせて単収向上に取り組むことが可能な環境の整備
大麦・はだか麦	198 (0.3)	196 (0.3)	17	23	○国内産大麦・はだか麦の需要拡大に向けた品質向上と安定供給 ○耐病性・加工適性等に優れた新品種の開発導入の推進 ○団地化・ブロックローテーションの推進、排水対策の更なる強化やスマート農業の活用に

					よる生産性の向上 ○ほ場条件に合わせて単収向上に取り組むことが可能な環境の整備
大豆	356 (6.7)	336 (6.4)	21	34	○国産原料を使用した大豆製品の需要拡大に向けた生産量・品質・価格の安定供給 ○耐病性・加工適性等に優れた新品種の開発導入の推進 ○団地化・ブロックローテーションの推進、排水対策の更なる強化やスマート農業の活用による生産性の向上 ○ほ場条件に合わせて単収向上に取り組むことが可能な環境の整備
そば	14 (0.7)	13 (0.7)	2.9	4.0	○湿害軽減技術の普及による単収の向上及び安定化 ○高品質で機械化適性を有する多収品種の育成・普及
かんしょ	84 (3.8)	85 (4.0)	80	86	○需要が増加傾向にあるやきいも用及び輸出用に対応した品種の普及やかんしょの長期保存のための処理機能を備えた集出荷貯蔵体制の整備 ○でん粉原料用多収新品種の普及 ○省力栽培技術の導入による省力生産体系の推進 ○サツマイモ基腐《もとぐされ》病対策の実施
ばれいしょ	336 (17)	330 (17)	226	239	○需要が増加傾向にある加工食品向けの生産拡大 ○作業の共同化や外部化による労働力確保、高品質省力栽培体系や倉庫前集中選別など省力栽培技術の導入 ○ジャガイモシストセンチュウ抵抗性品種への転換
なたね	257 (－)	264 (－)	0.3	0.4	○単収の高位安定化 ○ダブルロー品種の開発・普及
野菜	1,461 (90)	1,431 (93)	1,131	1,302	○水田を活用した新産地の形成や、複数の産地と協働して安定供給を行う拠点事業者の育成等を通じた加工・業務用野菜の生産拡大 ○機械化一貫体系や環境制御技術の導入等を通じた生産性の向上 ○野菜の成人１日当たり摂取量の拡大［現況（平成30年）：281g　→　目標：350g］
果実	743 (36)	707 (36)	283	308	○省力樹形や機械作業体系の導入、園内作業道やかんがい施設等の基盤整備等を通じた労働生産性の向上 ○海外の規制・ニーズに対応した生産・出荷体制の構築、水田を活用した新産地の形成等を通じた輸出向け果実の生産拡大 ○消費者・実需者ニーズに対応した優良品目・品種への転換の加速化
砂糖	〈231〉 (〈18〉)	〈206〉 (〈17〉)	〈75〉	〈80〉	
てん菜	－	－	361	368	○直播《ちょくはん》栽培などの省力作業体系の導入による地

＜精糖換算＞	(－)	(－)	〈61〉	〈62〉	域輪作体系の構築 ○耐病性品種や風害軽減技術の導入などによる生産の安定化
さとうきび ＜精糖換算＞	－ (－)	－ (－)	120 〈13〉	153 〈18〉	○畑地かんがいの推進、島ごとの自然条件等に応じた品種、作型の選択・組合せにより自然災害等に強い生産体制の実現 ○近年の営農体系に適した単収を低下させない機械化適性のある品種の開発・普及 ○作業受託組織や共同利用組織の育成・活用 ○作業効率向上・安定生産に向け、スマート農業技術を含めた機械化一貫体系の確立・普及
茶	8.6 (0.7)	7.9 (0.7)	8.6	9.9	○輸出の大幅な拡大に向けた生産体制の構築 ○国内外のニーズに対応し、生産・流通・実需等が連携した商品開発等による需要の拡大 ○スマート農業技術の活用による省力化や生産コスト低減
畜産物	－ (－)	－ (－)	－	－	○需要に応える供給を確保するための生産基盤の強化
生乳	1,243 (96)	1,302 (107)	728	780	○性判別技術や牛舎の空きスペースも活用した増頭推進等による都府県酪農の生産基盤強化 ○中小・家族経営も含めた生産性向上・規模拡大、省力化機械の導入や外部支援組織の利用推進による労働負担軽減、後継者不在の経営資源の円滑な継承 ○需要の高い乳製品の競争力強化に向けた高品質生乳の生産、商品開発等の推進
牛肉 ＜枝肉換算＞	93 〈133〉 (6.5)	94 〈134〉 (6.9)	33 〈48〉	40 〈57〉	○繁殖雌牛の増頭推進、和牛受精卵の増産・利用推進、公共牧場等のフル活用による増頭 ○中小・家族経営も含めた生産性向上・規模拡大、省力化機械の導入や外部支援組織の利用推進による労働負担軽減、後継者不在の経営資源の円滑な継承 ○輸出促進による国産牛肉の需要拡大
豚肉 ＜枝肉換算＞	185 〈264〉 (13)	179 〈256〉 (13)	90 〈128〉	92 〈131〉	○家畜疾病予防と生産コスト削減のため、衛生管理の改善、家畜改良や飼養管理技術の向上 ○労働力低減に資する畜舎洗浄ロボット等の先端技術の普及・定着、環境問題への適切な対応 ○飼料用米等の国産飼料の利用
鶏肉	251 (14)	262 (15)	160	170	○高病原性鳥インフルエンザ等家畜疾病に対する防疫対策の徹底 ○家きんの改良、飼養管理の向上による生産コスト削減
鶏卵	274 (18)	261 (18)	263	264	○高病原性鳥インフルエンザ等家畜疾病に対する防疫対策の徹底 ○家きんの改良、飼養管理の向上による生産コスト削減 ○高品質、安全性等の PR を通じた、国内外の需要拡大
飼料作物	435	519	350	519	○気象リスク分散型の草地改良や優良品種普及

	(－)	(－)			による単収向上 ○条件不利な水田等での放牧や飼料生産、草地基盤整備の推進 ○コントラクター、公共牧場等の外部支援組織の ICT 化による作業の効率化

（参考）

	食料消費の見通し 国内消費仕向量（万トン） （1人・1年当たり消費量（kg/人・年））		生産努力目標 （万トン）		克服すべき課題
	平成 30 年度	令和 12 年度	平成 30 年度	令和 12 年度	
魚介類 ＜うち食用＞	716 〈569〉 (24) (〈24〉)	711 〈553〉 (25) (〈25〉)	392 〈335〉	536 〈474〉	○最大持続生産量（MSY）達成に向けた数量管理を基本とする新たな資源管理システムの導入による水産資源の増大 ○国内外の需要に見合った生産を確保しつつ、持続可能な産業構造とすることを目指す、養殖業の成長産業化の推進 ○マーケットインの発想による生産から加工・流通、販売・輸出の各段階の取組の強化による消費・輸出拡大
海藻類	14 (0.9)	13 (0.9)	9.3	9.8	○漁場の持続的な利用のための適正養殖可能数量の設定の推進 ○環境変化に対応したノリ養殖技術の開発
きのこ類	53 (3.5)	54 (3.8)	47	49	○健康志向、食の簡便化等の消費者ニーズに対応した商品開発等による需要の拡大 ○原木供給体制の強化や生産コストの低減等に向けた取組の推進 ○海外ニーズの高い高付加価値品目を中心とした輸出の促進

注１：政策の実施に当たっては、食料消費の見通しや生産努力目標を見据えつつ、その時々の国内外の需要や消費動向の変化等に臨機応変に対応し、国内生産の維持・増大と農業者の所得向上を実現していくものとする。

注２：飼料作物は可消化養分総量（TDN）である。

注３：各品目の生産努力目標は輸出目標を踏まえたものである。

注４：国内消費仕向量は、飼料用等を含む。また、１人・１年当たり消費量は、飼料用等を含まず、かつ、皮や芯などを除いた可食部分である。

（第２表）農地面積の見通し、延べ作付面積及び耕地利用率

	平成 30 年	令和 12 年
農地面積（万 ha）	442.0 （令和元年 439.7）	414
延べ作付面積（万 ha）	404.8	431
耕地利用率（%）	92	104

② 食料自給率等の目標

第1表の食料消費見通し及び生産努力目標を前提として、諸課題が解決された場合に実現可能な水準として示す食料自給率等の目標は、次のとおりとする。

ア 食料自給率

a 供給熱量ベースの総合食料自給率

・食料のカロリー（熱量）に着目した、国内に供給される食料の熱量に対する国内生産の割合
・飼料も含めた自給の程度を評価
・我が国の食料安全保障の状況を評価

	平成30年度	令和12年度
供給熱量ベースの総合食料自給率	**37%**	**45%**
1人・1日当たり国産供給熱量（分子）	912 kcal/人・日	1,031 kcal/人・日
1人・1日当たり総供給熱量（分母）	2,443 kcal/人・日	2,314 kcal/人・日

b 生産額ベースの総合食料自給率

・食料の経済的価値に着目した、国内に供給される食料の生産額に対する国内生産の割合
・飼料も含めた自給の程度を評価
・我が国の農林水産業による経済活動の状況を評価

	平成30年度	令和12年度
生産額ベースの総合食料自給率	**66%**	**75%**
食料の国内生産額（分子）	10兆6,211億円	11兆8,914億円
食料の国内消費仕向額（分母）	16兆2,110億円	15兆8,178億円

イ 飼料自給率及び食料国産率

＜飼料自給率＞
・国内に供給される飼料に対する国内生産の割合
・国産飼料生産の状況を評価
＜食料国産率＞
・国内に供給される食料に対する国内生産の割合
・飼料が国産か輸入かにかかわらず、畜産業の活動を反映し、国内生産の状況を評価

	平成30年度	令和12年度
飼料自給率	25%	34%
供給熱量ベースの食料国産率	46%	53%
生産額ベースの食料国産率	69%	79%

注１：それぞれの目標の計算方法は以下のとおり。

$$\text{供給熱量ベースの総合食料自給率}=\frac{\text{国産供給熱量}}{\text{供給熱量}}=\frac{\text{純食料(国産)}\times\text{単位熱量}\times\text{(畜産物)飼料自給率}}{\text{純食料}\times\text{単位熱量}}$$

$$\text{生産額ベースの総合食料自給率}=\frac{\text{食料の国内生産額}}{\text{食料の国内消費仕向額}}=\frac{\text{国内生産量(食用)}\times\text{国産単価}-\text{(畜産物)飼料輸入額}}{\text{国内消費仕向量(食用)}\times\text{国内消費仕向単価}}$$

$$\text{飼料自給率}=\frac{\text{純国内産飼料供給量(TDNトン)}}{\text{飼料供給量(TDNトン)}}$$

※ TDN（可消化養分総量）は、エネルギー含量を示す単位であり、飼料の実量とは異なる

$$\text{供給熱量ベースの食料国産率}=\frac{\text{国産供給熱量}}{\text{供給熱量}}=\frac{\text{純食料(国産)}\times\text{単位熱量}}{\text{純食料}\times\text{単位熱量}}$$

$$\text{生産額ベースの食料国産率}=\frac{\text{食料の国内生産額}}{\text{食料の国内消費仕向額}}=\frac{\text{国内生産量(食用)}\times\text{国産単価}}{\text{国内消費仕向量(食用)}\times\text{国内消費仕向単価}}$$

注２：令和12年度における生産額ベースの総合食料自給率及び食料国産率については、各品目の現状の単価を基準に、TPPの影響等を見込んでいる。

２．食料自給力

（１）食料自給力指標の考え方と食料自給率との関係

現代の食生活は、海外からの輸入食料の供給も含めて成り立っており、仮に、輸出国での不作や、他の輸入国との競争などによって、輸入食料の大幅な減少といった不測の事態が発生した場合は、国内において最大限の食料供給を確保する必要がある。この場合、我が国の農林水産業が有する食料の潜在生産能力（食料自給力）をフル活用することにより、生命と健康の維持に必要な食料の生産を高めることが可能であることから、平素から我が国の農林水産業が有する食料の潜在生産能力を把握し、その維持・向上を図ることが重要である。

他方、国民が現実に消費する食料が国内生産によってどの程度賄えているかを示す食料自給率については、

①　非食用作物（花き・花木等）が栽培されている農地が有する食料の潜在生産能力が反映されないこと

②　先進国に比べ経済力が低く、輸入余力が小さい国では、食料自給率が高くなる傾向にあること

③　高齢化等による食生活の変化といった消費構造に影響を受けること

から、我が国の農林水産業が有する食料の潜在生産能力を示す指標としては一定の限界がある。

このため、我が国の農地等の農業資源、農業者、農業技術といった潜在生産能力をフル活用することにより得られる食料の供給熱量を示す指標として、食料自給力指標（我が国の食料の潜在生産能力を評価する指標）を提示することとする。

食料安全保障を確保するためには、農業・農村を国民全体で支えることにより、農業生産の振興と農村の活性化を図ることが平素の備えとして必要である。食料自給率とともに食料自給力指標を示すことにより、我が国の農地等の農業資源、農業者、農業技術を確保していくことの重要性についての国民的な理解の促進と、食料安全保障に関する議論の深化を図ることとする。

（２）食料自給力指標の示し方

食料自給力指標については、その動向を定期的に検証する観点から、次のように試算を行うこととし、食料自給率の実績値と併せて、毎年、直近年度の値を公表する。

なお、食料自給力指標を初めて示した前基本計画においては、農地を最大限活用するものとしていたが、本基本計画においては、農地に加えて、農業労働力や省力化の農業技術も考慮するよう指標の改良を行った。さらに、将来（令和12年度）に向けた農地や農業労働力の確保、単収の向上が、それぞれ１人・１日当たりの供給可能熱量の増加にどのように寄与するかを定量的に評価できるようにした。

①　農地や農業労働力の最大活用

食料自給力指標は、再生利用可能な荒廃農地を含め、農地等を最大限活用することを前提として、そこから得られる最大限の熱量を求めるため、生命と健康の維持に必要な食料の生産を複数のパターンに分け、栄養バランスを一定程度考慮した上で、それぞれの熱量効率が最大化された場合の国内農林水産業生産による１人・１日当たり供給可能熱量により示すこととする。

加えて、農地以外の要素である農業労働力の状態についても指標に反映し、より実態に即した食料自給力を捉えることができるよう、各パターンの生産に必要な労働時間に対する現有労働力の延べ労働時間の充足率（労働充足率）を反映した供給可能熱量も示すこととする（図１）。

（図１）労働充足率を反映した供給可能熱量の考え方

$$\text{労働充足率} = \frac{\text{現有労働力の延べ労働時間}}{\text{農地を最大限活用した供給可能熱量（X）の生産に必要な労働時間}}$$

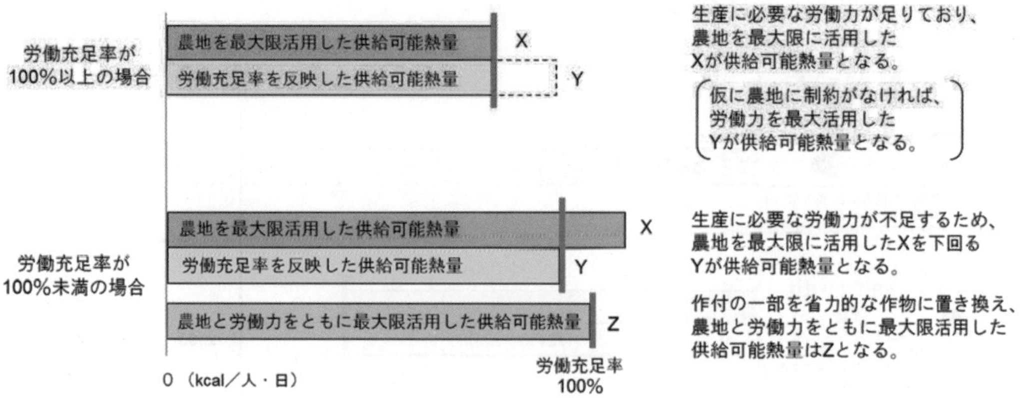

注：現有労働力の延べ労働時間とは、臨時雇用によるものも含め、現実に農作業に投入された延べ労働時間の推計値

②　生産のパターン

食料自給力指標の生産パターンについては、以下のとおりとする。

ア　栄養バランスを考慮しつつ、米・小麦を中心に熱量効率を最大化して作付け

イ　栄養バランスを考慮しつつ、いも類を中心に熱量効率を最大化して作付け

③　試算の前提

食料自給力指標は、その最も基礎的な構成である、農地、農業者、農業技術に着目して潜在生産能力を示すものであることから、それ以外の要素については以下の前提を置いて試算する。

ア　生産転換に要する期間は考慮しない。

イ　肥料、農薬、化石燃料、種子、農業用水、農業機械等の生産要素（飼料は除く。）については、国内の生産に十分な量が確保されているとともに、農業水利施設等が適切に保全管理・整備され、その機能が持続的に発揮されている。

④　関連指標

食料消費に対応した現実の国内生産（国産熱量）を支えている基礎的構成要素を明らかにする観点から、関連指標として、農産物については、①「農地・農業用水等の農業資源」、②「農業就業者」、③「農業技術」、水産物については、①「魚介類・海藻類の生産量」、②「漁業就業者数」の現状を提示する。

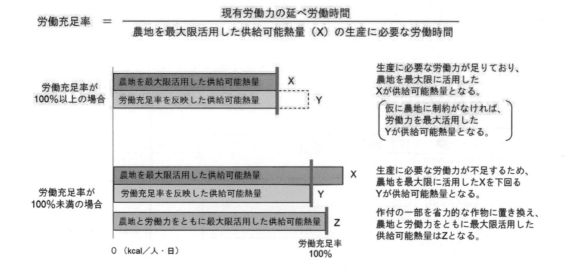

（3）直近（平成30年度）における食料自給力指標

（2）で示した方法で試算した直近（平成30年度）における食料自給力指標は、図2のとおりである。

（図2）平成30年度における食料自給力指標

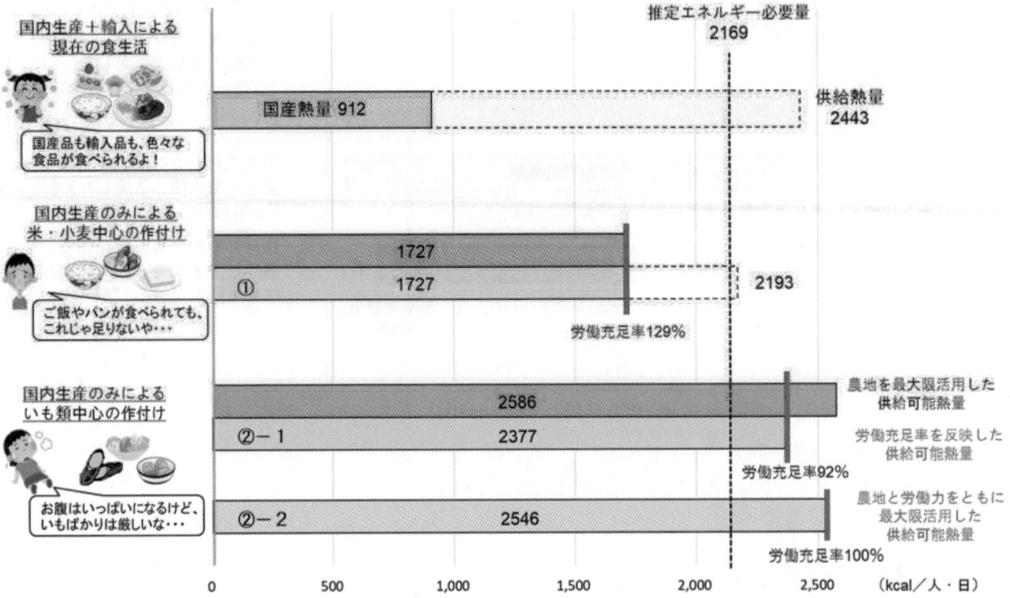

注1：推定エネルギー必要量とは、1人・1日当たりの「そのときの体重を保つ（増加も減少もしない）ために適当なエネルギー」の推定値をいう。

注2：再生利用可能な荒廃農地（平成30年：9.2万ha）の活用を含む。

（参考）平成30年度における供給可能熱量の品目別内訳

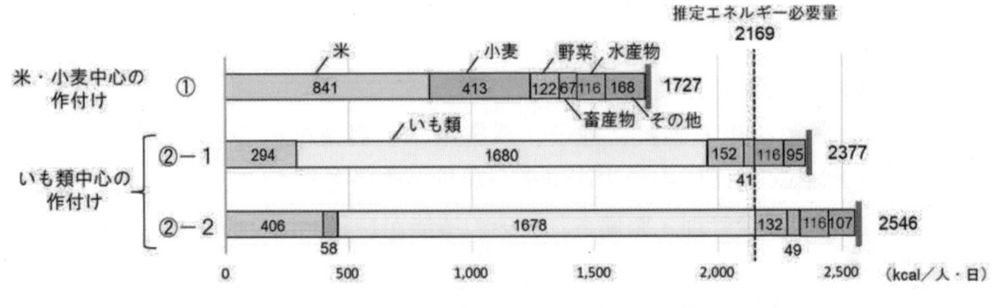

農地と労働力をともに最大限活用しつつ、いも類中心の作付けを減らし、推定エネルギー必要量を確保

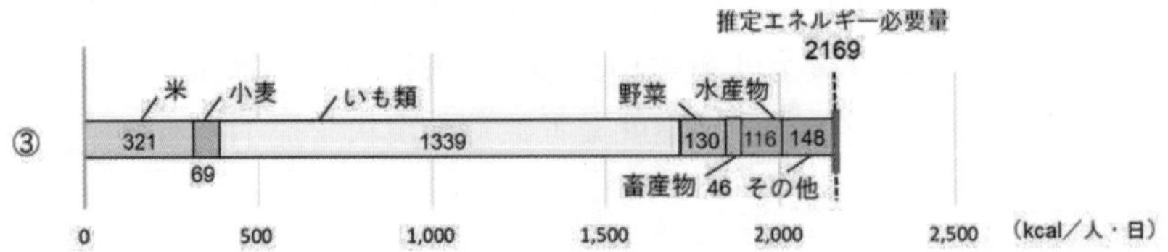

〈指標の見方〉

・現在の食生活に比較的近い米・小麦中心の作付けでは、農地面積の不足により、供給可能熱量（1,727kcal/人・日）が推定エネルギー必要量（2,169kcal/人・日）に達しない。（①）

・一方、カロリーの高いいも類中心の作付けで農地を最大限活用した場合の供給可能熱量は 2,586kcal/人・日となる。その作付けに必要な労働力は１割程度不足するものの、労働充足率を反映した供給可能熱量は、2,377kcal/人・日となり、推定エネルギー必要量を超える水準が確保される。（②－１）

・また、いも類中心の作付けの一部を米・小麦などの省力的な作物に置き換え、農地と労働力をともに最大限活用されるよう最適化した場合の供給可能熱量は 2,546kcal/人・日となり、推定エネルギー必要量を超える水準が確保される。（②－２）

・農地と労働力をともに最大限活用し、さらにいも類中心の作付けを減らし、その分、米・小麦・野菜等を組み合わせることで、推定エネルギー必要量が確保される。（③）

（４）将来（令和12年度）における食料自給力指標の見通し

本基本計画に基づき、今後、農地や農業労働力の確保、単収の向上等を図り、これらを含めて農地等を最大限活用することとして試算した将来（令和12年度）における食料自給力指標の見通しは、図３のとおりである。

（図３）令和12年度における食料自給力指標の見通し

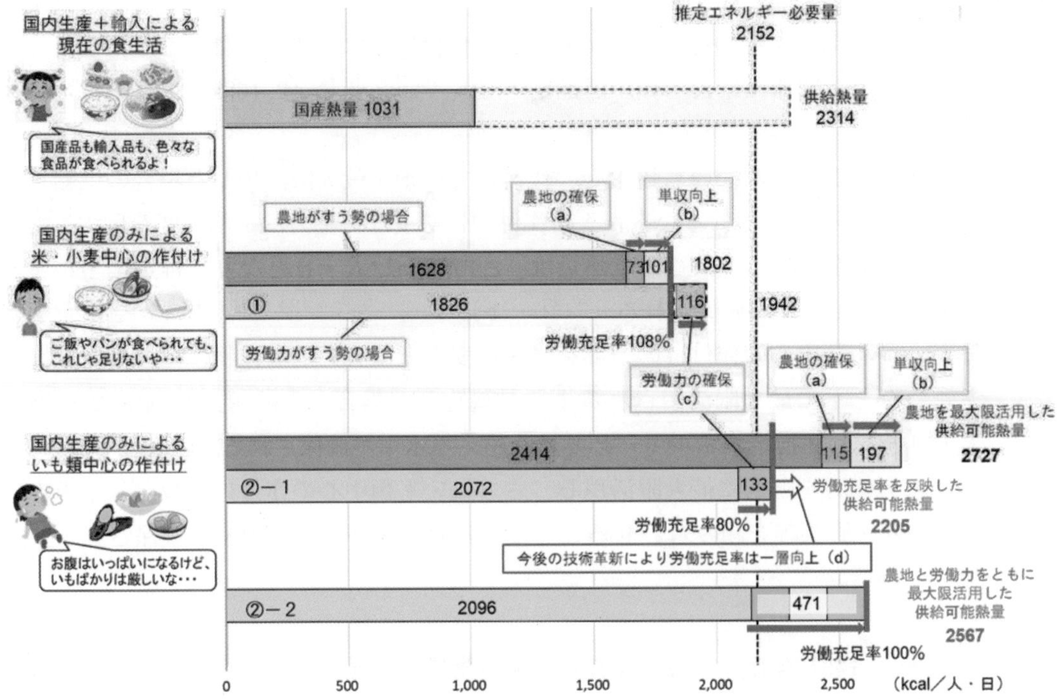

（参考）令和12年度における供給可能熱量の品目別内訳の見通し

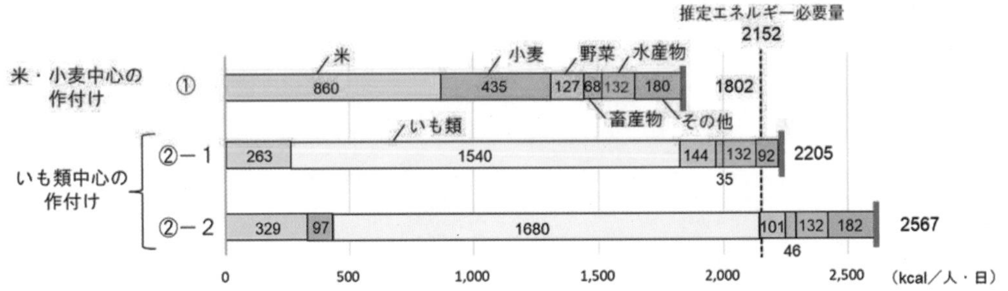

〈指標の見方〉

・農地の確保（a）や単収の向上（b）が進めば、農地を最大限活用した場合の供給可能熱量は、「農地がすう勢の場合」から押し上げられる。

・また、青年層の新規就農者の定着率の向上等により、労働力の確保（c）が進めば、労働充足率を反映した供給可能熱量は、「労働力がすう勢の場合」から押し上げられる。さらに、技術革新に伴って労働生産性が向上し、労働充足率が一層向上すれば、供給可能熱量は更に押し上げられる。（d）

・農地の確保、単収の向上、労働力の確保の全てが進み、かつ、農地と労働力をともに最大限活用されるよう最適化した場合の供給可能熱量は2,567kcal/人・日となり、推定エネルギー必要量を超える水準が確保される。

・農地・労働力がすう勢で、単収が現状程度であっても、農地と労働力をともに最大限活用されるよう最適化した場合の供給可能熱量は2,096kcal/人・日となり、ほぼ推定エネルギー必要量が確保される。

・こうした食料自給力指標と農地・単収・労働力等の関係を踏まえ、今後、農地の確保、単収の向上、労働力の確保や技術革新にしっかりと取り組んでいくことが重要である。

注1：「農地がすう勢の場合」とは、農地の転用及び荒廃農地の発生がこれまでと同水準で継続し、かつ、荒廃農地の発生防止・解消に係る施策を講じないと仮定し、農地面積が392万haとなった場合の試算。なお、農地面積以外の要素については、平成30年度の据え置きとしている。

注2：「農地の確保（a）」とは、施策効果により農地面積が414万haとなった場合の試算

注3：「単収向上（b）」とは、各品目の生産努力目標が達成された場合に想定される、単収や畜産物1頭羽当たりの生産能力、林水産物の生産量を見込んだ試算

注4：「労働力がすう勢の場合」とは、農業就業者（基幹的農業従事者、雇用者（常雇い）及び役員等（年間150日以上農業に従事））数のこれまでの傾向が継続した場合（131万人）の変化率を現有労働力の延べ労働時間に乗じて試算

注5：「労働力の確保（c）」とは、青年層の新規就農を促進した場合（140万人）の農業就業者数の変化率を現有労働力の延べ労働時間に乗じて試算

注6：水産物及び林産物については、関連データ不在により、労働充足率を100%としている。

（関連指標）

				平成30年度
農産物	農地・農業用水等の農業資源	農地面積（平成30年）		442.0万ha
			うち汎用田面積（平成30年）	109.9万ha
			うち畑地かんがい整備済み面積（平成30年）	48.8万ha
		再生利用可能な荒廃農地面積（平成30年）		9.2万ha
		機能診断済み基幹的水利施設の割合（平成30年）		73%
		耕地利用率（平成30年）		92%
		担い手への農地集積率		56%
	農業就業者	農業就業者数（基幹的農業従事者＋雇用者（常雇い）＋役員等（年間150日以上農業に従事））（平成27年）		208万人
			うち49歳以下	35万人
		延べ労働時間（試算値）		38億時間
	農業技術	主要品目の10a当たり収量及び1頭羽当たり生産能力	米（米粉用米・飼料用米を除く）	529kg
			小麦	361kg
			大豆	144kg
			かんしょ	2,230kg
			ばれいしょ	2,950kg
			野菜	2,853kg
			果実	1,295kg
			てん菜	6,300kg
			さとうきび	5,290kg
			生乳	8,636kg
			牛肉	450kg
			豚肉	78kg
			鶏肉	1.8kg
			鶏卵	19kg
			牧草	3,390kg
		主要品目の単位当たり投入労働時間	米	24時間/10a
			小麦	3.4時間/10a
			大豆	6.4時間/10a
			かんしょ	100時間/10a
			ばれいしょ	14時間/10a
			野菜	184時間/10a
			果実	218時間/10a
			てん菜	13時間/10a

			さとうきび	40 時間/10a
			生乳	133 時間/頭
			牛肉	34 時間/頭
			豚肉	2.9 時間/頭
			鶏肉	0.02 時間/羽
			鶏卵	0.3 時間/羽
			牧草	1.3 時間/10a
水産物	魚介類・海藻類の生産量		魚介類	392 万トン
			海藻類	9.3 万トン
	漁業就業者数（平成 30 年）			15 万人

注１：10a当たり収量については実績値を記載

注２：１頭羽当たり生産能力について、生乳は経産牛１頭当たり年間生産量、牛肉、豚肉、鶏肉はと畜１頭羽当たり枝肉生産量、鶏卵は成鶏めす１羽当たり年間生産量の値を記載

注３：単位当たり投入労働時間については、食料自給力指標の作付体系に対応し、労働充足率の計算に使用する統計値及び試算値

注４：延べ労働時間（試算値）は、農林業センサスにおける延べ労働日数及び農業構造動態調査を用いて試算した値

（参考）食料自給力指標の推移と見通し

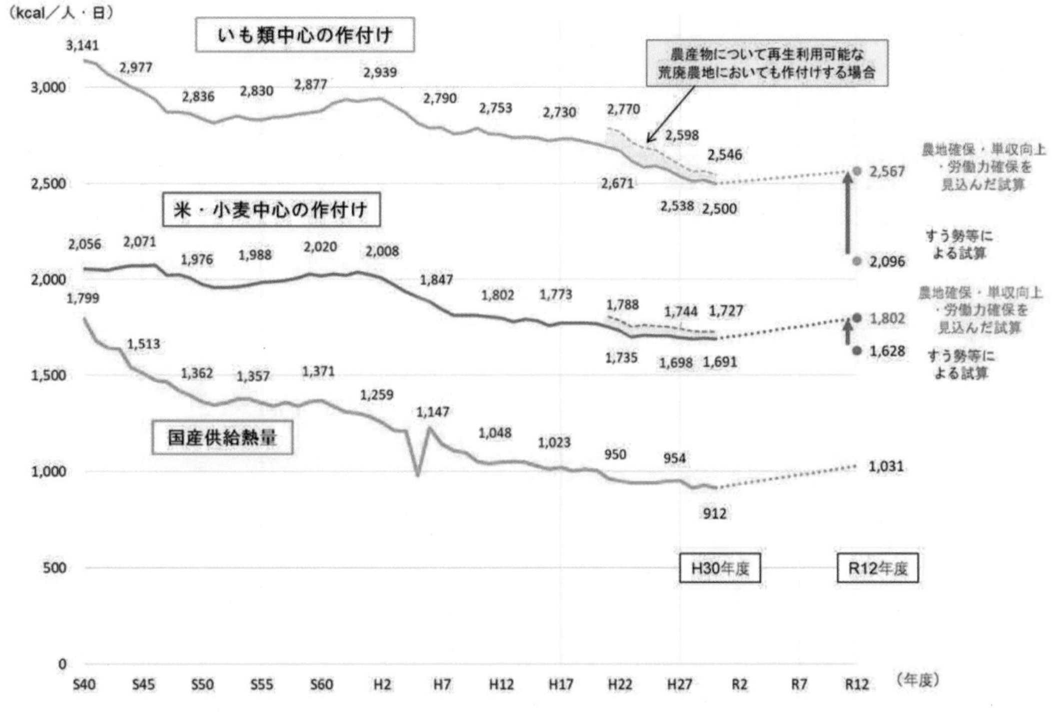

注１：労働力の充足状況を考慮した場合の最大供給可能熱量の推移。ただし、平成17年以前は統計データがそろわないため、労働力を考慮していない。
注２：平成30年度と令和12年度の間の点線については、２時点を直線で結んだものであり、途中年度の試算値を示すものではない。

〈食料自給力指標の推移の見方〉

・食料自給力指標は、農地面積の減少、単収の伸び悩み等により平成30年度まで低下傾向で推移している。
・令和12年度における、農地確保・単収向上・労働力確保を見込んだ試算は、すう勢等による試算と比べて、米・小麦中心の作付け、いも類中心の作付けともに供給可能熱量が押し上げられる。

第３　食料、農業及び農村に関し総合的かつ計画的に講ずべき施策

１．食料の安定供給の確保に関する施策

農業・食料関連産業は、国内総生産が全経済活動（545兆円）の１割に相当する55兆円と、我が国経済活動において重要な地位を占める中、高齢化やライフスタイルの変化による食の外部化・簡便化の進展等を踏まえ、消費者や実需者ニーズの多様化・高度化への対応を進めつつ、関係者の連携・協働による新たな価値の創出を推進する。また、拡大する海外需要に対応するため、政府一体となった輸出促進や日本食・食文化の海外普及や食産業等の海外展開等の取組を推進する。これらの施策により、農業・食品産業の競争力の強化を図り、食料供給の基盤を維持・強化する。

食料の安定供給の前提である食品の安全確保と食品に対する消費者の信頼確保、食生活・食習慣の変化等を踏まえた食育や消費者と生産者の関係強化を進める。また、食料供給に係るリスクを見据えた総合的な食料安全保障を確立する。

（１）新たな価値の創出による需要の開拓

①　新たな市場創出に向けた取組

国民の健康志向や高齢化等の食をめぐる市場変化に対応するため、介護食品の開発やスマートミール（病気の予防や健康寿命を延ばすことを目的とした、栄養バランスのとれた食事）の普及等を支援するとともに、食を通じた健康管理を支援するサービスの展開を促進する。また、農林水産物・食品の国民の健康維持・増進に関する科学的エビデンスを獲得するとともに、ビッグデータや新たな育種技術を活用したスマート育種等の研究開発を推進する。

さらに、多様な食の需要に対応するため、大豆等植物タンパクを用いる代替肉の研究開発等、食と先端技術を掛け合わせたフードテックの展開を産学官連携で推進し、新たな市場を創出する。

②　需要に応じた新たなバリューチェーンの創出

これまでの６次産業化の取組を発展させ、農業と、食品製造業などの２次産業、観光業などの３次産業との積極的な連携による付加価値の高いビジネスの創出を推進する。加えて、新市場を獲得するため、食品関連事業者や先端技術に関するベンチャー企業等が、農業者や農業協同組合等と協働で行う地域農産物やその加工品の輸出のための施設整備等を推進する。こうした付加価値の向上や民間活力の導入等により、農業者の所得向上を図る。

③　食品産業の競争力の強化

ア　食品流通の合理化等

食品流通におけるトラックドライバーなどの人手不足等の問題に対応し、サプライチェーン全体での合理化の取組を加速化する。

物流拠点（ストックポイント）の整備・活用や、集出荷場の集約等による共同輸

配送の取組を推進するとともに、産地における貯蔵施設の整備や、長期貯蔵に係る技術の実証・開発により産地の需給調整機能を拡大し、出荷の平準化を図る。

統一規格の輸送資材や関連機材の導入と併せて、これに適した段ボール等の導入等を進めることにより、積載率低下を抑制しつつ、手荷役から機械荷役への転換を図るとともに、トラック輸送から船舶・鉄道輸送へのモーダルシフト等を推進する。

電子タグ（RFID）等の技術を活用した商品・物流情報のデータ連携やトラック予約システムの導入等により、業務の効率化・省力化を推進する。

また、卸売市場の流通の効率化、品質衛生管理の高度化、情報通信技術等の利用を推進し、卸売市場の機能の強化を図るとともに、食品等の取引状況に関する定期的な調査等により取引の適正化を推進する。

イ　労働力不足への対応

食品産業における労働力不足の解消に向け、ロボット、AI、IoT等の基盤となる技術やシステムの共同での開発を支援することで、食品工場等の自動化、省人化を推進する。

また、食品産業における働き方改革を推進するため、関係府省と連携しつつ、専門家による助言などを通じて、勤務体系の見直しや業務効率化などの取組を推進する。

さらに、食品製造業の就業者の安全を確保するため、労働安全に係る研修・指導や安全性の高い技術・機械の現場実装等を推進する。

加えて、労働力不足克服に向け、食品関連企業の組織化を都道府県単位で推進し、人材育成や雇用促進等に関する連携強化を図る。また、食品産業の現場で特定技能制度による外国人材を円滑に受け入れるため、就労する外国人が働きやすい労働環境の整備を進め、試験実施機関等において食品関連事業者の求人情報の提供等を行う。

ウ　規格・認証の活用

消費者や実需者のニーズの多様化等の環境変化に対応し、取引の円滑化や消費者の選択合理化等に資するよう、JASの制定や国内外への普及、JASと調和のとれた国際規格の制定等規格・認証の活用を推進する。

輸出促進に資するよう、日本発の食品安全管理規格であるJFSの国内外での普及を推進する。

④　食品ロス等をはじめとする環境問題への対応

ア　食品ロスの削減

SDGsを踏まえた事業系食品ロスを令和12（2030）年度までに平成12（2000）年度比で半減させる目標の達成に向け、令和元年10月に施行された「食品ロスの削減の推進に関する法律」（令和元年法律第19号）に基づき、事業者、消費者、国、地方公共団体における食品ロス削減の取組を加速化する。

食品製造業、食品卸売業、食品小売業が一体となった納品期限の緩和、賞味期限の年月表示化・延長、受発注時の需要予測精度の向上やリードタイムの調整、欠品に対する取扱い等業界の商慣習の見直しを推進し、フードチェーン全体で食品ロスを削減する。また、飲食店及び消費者の双方での食べきりや食べきれずに残した料理の自己責任の範囲での持ち帰りの取組など、食品関連事業者と連携した消費者への働きかけを推進する。さらに、食品関連事業者による食品ロス削減の取組の積極的な公表を行い、消費者や他の食品関連事業者による取組状況の確認を促すことで、業界全体の取組につなげる。

さらに、新技術を活用した需要予測やフードシェアリング（そのままでは廃棄されてしまう食品と購入希望者とのマッチング）等の効果的な取組を推進する。また、未利用食品の利用を一層進めるため、食品関連事業者等とフードバンク活動団体とのマッチングを推進する。

それでも廃棄される食品については、食品関連事業者、再生利用事業者と農業者との連携により、資源として再生利用する取組を推進する。

イ　食品産業分野におけるプラスチックごみ問題への対応

「海洋プラスチックごみ対策アクションプラン」（令和元年５月海洋プラスチックごみ対策の推進に関する関係閣僚会議決定）等に基づき、新たな汚染を生み出さない世界の実現を目指し、プラスチックごみ対策を強力に推進する。

具体的には、使用済みペットボトルの100％有効利用に向けた、消費者が利用しやすい業界横断的な回収体制の構築等、食品分野における容器包装プラスチックの更なる資源循環を推進する。

また、過剰なプラスチック製容器包装の使用の抑制を図るため、食品分野におけるプラスチック製買物袋の有料化義務化の円滑な導入等を進める。

ウ　気候変動リスクへの対応

食品産業の原材料調達は気候変動による影響を受けやすく、今後そのリスクが一層高まることが懸念されるため、食品関連事業者による気候関連のリスクのマネジメントと、その情報を開示する取組を推進する。

（2）グローバルマーケットの戦略的な開拓

①　農林水産物・食品の輸出促進

国内においては、消費者の低価格志向に加え、今後は本格的な少子高齢化・人口減少に伴って、農林水産物・食品の消費の減少が見込まれる。このような中で、農業・農村の持続性を確保し農業の生産基盤を維持していくため、品目ごとの特性を踏まえて国内需要に応じた生産を拡大することに加え、我が国の高品質な農林水産物・食品を輸出に仕向けるための努力を官民の総力を挙げて行い、可能な限り輸出を拡大していく。

2019年の農林水産物・食品の輸出額は、9,121億円となり、７年連続で増加したものの、１兆円目標には至らなかった。今後の更なる輸出拡大のため、在外公館や

JETRO等の諸機関とも連携して、輸出先国・地域の市場規模、インフラ、食の志向等を踏まえた輸出可能性をより深く分析するとともに、海外の食品安全規制への対応の強化、海外の規制・ニーズに応じた生産ができる事業者の育成、輸出先のニーズに応じた供給力の強化、海外で売れる可能性を持った新たな商品の発掘・開発・売り込みの強化、加工による付加価値の高い輸出の取組の強化等を品目ごとの課題に応じた対応を進める。

ア　輸出阻害要因の解消等による輸出環境の整備

令和元年11月に成立した「農林水産物及び食品の輸出の促進に関する法律」（令和元年法律第57号）に基づき、令和２年４月に輸出促進を担う司令塔組織として農林水産物・食品輸出本部を農林水産省に創設し、輸出促進に関する政府の新たな戦略（基本方針）を定め、実行計画（工程表）の作成・進捗管理を行うとともに、関係府省間の調整を行うことにより、政府一体となった輸出の促進を図る。

同本部の下で、輸出阻害要因に対応して輸出拡大を図る体制を強化し、放射性物質や動植物検疫に関する輸入規制の緩和・撤廃をはじめとした食品安全等の規制等に対する輸出先国との協議の加速化、国際基準や輸出先国の基準の策定プロセスへの戦略的な対応、輸出向けの施設整備と施設認定の迅速化、輸出手続の迅速化、意欲ある輸出事業者の支援、輸出証明書の申請・発行の一元化、輸出相談窓口の利便性向上、輸出先国の衛生基準や残留基準への対応強化等、貿易交渉による関税撤廃・削減を速やかに輸出拡大につなげるための環境整備を進める。

海外の規制・ニーズに対応できる産地の生産基盤を強化するため、GFP（農林水産物・食品輸出プロジェクト）を通じた、グローバル産地づくりや、輸出向け施設整備に対するハード支援、品目ごとの課題に応じた輸出拡大に資する生産基盤の強化を推進する。また、日本政策金融公庫による低利融資等の支援を行う。

加工食品については、品目ごとに輸出が伸びている成功事例を分析し、他国へ展開するとともに、食品製造業における輸出拡大に必要な施設・設備の整備、AIやIoT等の革新的技術の活用による省力化・低コスト化、我が国の農林水産物を活用した海外のニーズに応える新商品の開発により、大幅な輸出拡大を図る。

イ　海外への商流構築、プロモーションの促進

GFPによる商社等のマッチングや輸出診断を進めるほか、生産者・生産者団体と現地市場をつなぐ商社機能の強化、輸出用包材の規格化やコールドチェーンの整備など輸出物流の効率化・高度化、加工による付加価値の高い輸出の取組の強化を推進する。輸出の商流構築支援、日本食品海外プロモーションセンター（JFOODO）による品目、国・地域を重点化したオールジャパンのプロモーション強化、輸出拡大が期待される分野・テーマ別の輸出先市場開拓等の支援を行う。

日本食・食文化の海外普及を日本産農林水産物・食品の輸出拡大につなげるため、普及活動を担う人材の育成や、日本産食材サポーター店等の発信拠点の拡大・活用を推進する。

また、訪日外国人に対して、日本の食を、食事としてだけでなく、それを生み出す農林水産業や風土、歴史等のほか、当該地域が誇る文化・芸術やスポーツ等、多様なストーリーや体験と組み合わせて情報発信することや農泊での体験等を通じて、訪日外国人の日本の食への関心を高めるとともに、帰国後の日本産食材の消費拡大につなげる。

ウ　食産業の海外展開の促進

成長著しいアジア地域などでは所得の向上により内需が拡大しており、第三国がその拡大する需要を取り込もうとしている中、農林水産物・食品の輸出のみならず、食産業（食品産業や農業等）の戦略的な海外展開を通じて広く海外需要を獲得していくことは、国内生産者の販路や稼ぎの機会を増やしていくことにつながる。

このため、モノの輸出のみならず、食料安全保障の確立や我が国農業の持続的発展の観点から、我が国の技術やノウハウを活用したグローバル・フードバリューチェーンの構築等を通じた食産業の海外展開など生産者等の所得向上につながる海外需要の獲得のための取組を戦略的に推進する。

上記の取組を総合的に進め、令和12年までに農林水産物・食品の輸出額を５兆円（内訳については、少額貨物（１ロット20万円以下）は除き、農産物1.4兆円、林産物0.2兆円、水産物1.2兆円、加工食品2.0兆円）とすることを目指す。

②　知的財産等の保護・活用

国内外の市場において、日本産品の特色や適正な生産・流通管理をアピールするため、戦略的な知的財産の活用を推進するとともに、模倣防止等の知的財産保護を推進する。

その一環として、地理的表示（GI）保護制度の更なる認知度向上を図るとともに、迅速かつ公平な登録審査、登録後の不正使用に対する適切な取締り等を実施する。さらに、GIの相互保護をEU以外の国にも拡大するなど、我が国GI産品の海外における保護を強化する。

我が国で開発された優良な植物新品種は日本の農業の強みの源泉の一つであるが、「種苗法」（平成10年法律第83号）に基づく現行の品種登録制度では、優良な植物新品種の海外への持ち出しが制限できず、また、育成者権が侵害されても立証が困難であることから、保護の強化に取り組む。

畜産関係者による創造的な家畜改良の賜物である優良な家畜の遺伝資源は知的財産としての価値を有しているため、家畜遺伝資源の売買契約の普及や契約外の使用・譲渡など不正競争行為に対する差止請求や罰則の整備などにより、家畜遺伝資源の保護の強化に取り組む。

海外における育成者権取得や侵害対応を促進するとともに、ASEAN＋3（日中韓）で構成される「東アジア植物品種保護フォーラム」等を通じて、我が国農産物の重要な市場であるASEAN諸国のUPOV条約加盟を促進するなど、海外において我が国の優良な植物新品種が適切に保護される環境整備に取り組む。

（３）消費者と食・農とのつながりの深化

①　食育や地産地消の推進と国産農産物の消費拡大

消費者や食品関連事業者に積極的に国産農産物を選択してもらえるよう、農林漁業体験、農泊、都市農業、地産地消などの取組間の連携強化により消費者と農業者・食品関連事業者との交流を進め、消費者が日本の食や農を知り、触れる機会の拡大を図る。また、食生活の多様化や世代の特性等も踏まえながら食育を推進するとともに、栄養バランスに優れた「日本型食生活」を、食生活・食習慣の変化に対応しつつ展開する。その際、学校等教育関係者、農業者、食品関連事業者、ボランティア等の多様な関係者が協働した取組を促進し、食育を効果的に推進する。

国産農産物の消費拡大につなげるため、地域の農産物の安定供給体制を構築することを通じ、学校や病院等施設の給食における地場産食材の活用や地産地消を推進する。

②　和食文化の保護・継承

「自然を尊重する」という心に基づいた日本人の食習慣で、栄養バランスのとれた食生活とされる和食文化の保護・継承及び和食の健康有用性の評価の更なる向上に向け、大学・研究機関、栄養関係者等が連携し、和食の健康有用性に関する科学的エビデンスを蓄積するとともに、その情報の国内外への発信を行う。また、企業において「健康経営」の観点から、社員食堂を通じて健康的な食事を提供するなど、従業員の健康に配慮した経営を推進するよう産業界への働きかけを強化する。

次世代への和食文化の継承のため、和食の献立開発支援等を通じた学校給食や家庭における和食提供の機会の拡大、栄養士・保育士等を対象とした研修等による和食の継承活動を行う中核的な人材の育成、子どもや忙しい子育て世代が手軽に和食に接する機会を拡大するための簡便な和食商品の開発・情報発信等官民協働の取組を推進する。さらに、関係府省と連携し、和食が持つ文化財としての価値を評価・見える化し、その発信を進めるほか、和食文化の特徴である地域固有の多様な食文化を保護・継承するため、地方公共団体、教育関係者、食品関連事業者等からなる体制を構築し、各地域の郷土料理の調査・データベース化等を推進する。

需要の高まる中食・外食をターゲットに、栄養バランスがとれ、地域に根差した食材を用いた食生活の実践を推進する。

また、平成25（2013）年の和食文化のユネスコ無形文化遺産登録を契機に海外において和食の人気が向上したことにより、我が国農林水産物・食品の輸出の拡大につながっているが、今後更に和食の評価（美味しさ、健康有用性、芸術性等）を高める取組を行い、一層の輸出拡大につなげる。

③　**消費者と生産者の関係強化**

家庭での調理機会の減少など、食と農の距離が拡大する一方で、消費者が農業者と直接結びつき農産物取引の事前契約を行う地域支援型農業（CSA：Community Supported Agriculture）も行われていることから、EC（電子商取引）サイトやSNS（ソーシャル・ネットワーキング・サービス）の活用等により産地と消費者とが結びつく取組を推進する。

①から③の取組を継続的かつ強力に推進するため、「SDGs・食料消費プロジェクト」を実施する。

（4）国際的な動向等に対応した食品の安全確保と消費者の信頼の確保

①　**科学の進展等を踏まえた食品の安全確保の取組の強化**

食品の安全を確保するため、「後始末より未然防止」の考え方を基本に、科学的知見に基づき、国際的な枠組みによる、リスク評価、リスク管理及びリスクコミュニケーションを引き続き着実に実施する。

具体的には、有害化学物質・微生物について、科学の進展や気候変動等により新たに対応が必要となったものも含めて、食品中の汚染実態の調査を実施するとともに、生産者・食品関連事業者と連携した安全性向上対策の策定・普及と一定期間後の効果検証に引き続き取り組む。

また、消費者・生産者・食品関連事業者との意見交換を踏まえて食品安全確保の取組を進めるとともに、食品安全に関する情報発信を積極的に行う。あわせて、得られた科学的知見等を基に、食品安全に関する国際基準や規範の策定に積極的に貢献する。

これらの取組等を基礎として、生産、製造の段階等ごとに食品の安全確保を図るために必要な取組について、以下のとおり推進する。

ア　生産段階における取組

肥料については、有機・副産物肥料を農家が安心して利用できる仕組みの構築や肥料配合の柔軟化に向け、新たな肥料制度の整備・活用を進めるとともに、肥料、土づくり、畜産、食品リサイクル等の関連施策の連携により、地力の維持向上、農業の生産性の向上、資源循環を実現する。

農薬については、より安全で有効な農薬を供給するため、現在登録されている全ての農薬について、定期的に最新の科学的知見に基づく再評価を実施するとともに、農薬の使用者に対する影響評価等、安全性に関する審査を一層充実する。

飼料については、輸入飼料の調達先の多様化への対応として、家畜の健康影響や畜産物を摂取した人の健康影響のリスクが高い有害化学物質等の汚染実態データ等を優先的に収集するとともに、諸外国における飼料安全情報の収集体制を構築する。また、より効果的かつ効率的に飼料の安全を確保するため、GMP（適正製造規範）

導入の実態調査や定着に向けたロードマップの作成等を行い、全ての飼料関係事業者におけるGMPの導入推進、国によるGMPに着眼した遵守状況の確認体制を構築する。

動物用医薬品については、動物用抗菌剤の農場単位での使用実態を把握できる仕組みの開発を検討するなど、動物用抗菌剤の予防的な投与を規制するとともに、薬剤耐性菌の全ゲノム解析等により、伝播《ぱ》経路を推定し、薬剤耐性菌の統合的なモニタリングやゲノム解析の結果に基づき、薬剤耐性菌のリスク低減措置を実施する。

イ　製造段階における取組

平成30年６月の「食品衛生法」（昭和22年法律第233号）の改正により、令和３年６月までに原則として全ての食品等事業者を対象にHACCP（食品衛生上の危害要因を分析し、特に重要な工程を監視・記録するシステム）に沿った衛生管理の導入が義務化されることから、小規模事業者も対応できるように支援するとともに、輸出の拡大等を目指す事業者が更なる衛生管理・品質管理の向上に取り組めるように人材育成や認証の活用等を推進する。

ウ　輸入に関する取組

輸入食品の安全を確保するため、輸出国政府との二国間協議や在外公館等を通じた関係政府機関との連絡体制・人脈の構築、問題発生時の情報収集及び働きかけ等の実施、情報等の入手のための関係府省の連携の推進、監視体制の強化等に取り組む。

②　食品表示情報の充実や適切な表示等を通じた食品に対する消費者の信頼の確保

ア　食品表示の適正化等

関係府省との連携を強化し、立入検査や食品表示の監視・取締りなどを行うとともに、科学的な分析手法等を活用し、効果的・効率的な監視や食品表示の適正化を推進する。

加工食品における原料原産地表示については、令和３年度末に義務化の経過措置が終了することから、経過措置期間内に確実に表示がされるよう、食品関連事業者に対するセミナー等により制度を周知する。また、外食・中食における原料原産地表示については、「外食・中食における原料原産地情報提供ガイドライン」（外食・中食産業等食品表示適正化推進協議会）に基づく外食・中食事業者の取組拡大に向け、中小事業者が円滑に取り組めるように、環境整備を図る。

さらに、栄養成分表示については、令和元年度末に義務化の経過措置が終了することを受け、消費者の適切な商品選択に資するよう、栄養バランスに係る食育の推進の一環として、消費者に対する制度の周知を行い、健康的な食生活を促進する。

イ　食品トレーサビリティの普及啓発

生産者における基礎トレーサビリティの取組率及び流通加工業者における内部トレーサビリティの取組率を向上させるため、フードチェーンを通じた新たな推進方策を策定し、推進方策に基づいた食品関連事業者等への普及啓発を実施する。

（5）食料供給のリスクを見据えた総合的な食料安全保障の確立

国民に対する食料の安定的な供給については、国内の農業生産の増大を図ることを基本とし、輸入及び備蓄を適切に組み合わせることにより確保する必要がある。また、凶作、輸入の途絶等の不測の事態が生じた場合であっても、国民が最低限度必要とする食料の供給の確保を図る必要がある。

近年、世界の食料生産は増加傾向で推移してきたものの、世界の人口増加や経済発展に伴う食料需要の増加、気候変動に伴う生産減少、家畜疾病・植物病害虫の発生や、新型コロナウイルス感染症などの新たな感染症の発生による輸入の一時的な停滞など、我が国の食料の安定供給に影響を及ぼす可能性のある要因（リスク）が顕在化している。このような中、シンガポールのような食料輸入国が、国内生産の増大を目標化するなどの新たな動きもみられる。また、我が国においても、近年、大規模な自然災害が頻発し、食料の安定供給のリスクが高まっている。さらに、近年は食料の調製・加工を海外拠点で行うケースも増えている中、自然災害、輸送障害などによる一時的・短期的なリスクは常に存在している。

このため、不測の事態に備え、平素からこれらのリスクの影響等の分析・評価や、海外からのエネルギーや農業資材の調達の状況を含めて、我が国の食料供給に影響を及ぼす中長期的課題に関する新たな調査分析を行い、対応策の検討、見直しを実施するとともに、輸入穀物等の安定的な確保、動植物防疫措置の強化等により、総合的な食料安全保障の確立を図る。

①　不測時に備えた平素からの取組

世界の人口増加や経済発展、気候変動、さらには、新型コロナウイルス感染症などの新たな感染症をはじめ我が国の主要な農林水産物の供給に影響を与える可能性のあるリスクについて、その影響度合い等を平素から分析し、影響を軽減するための対応策を検討、実施する。

また、実際に不測の事態が生じた場合に食料供給の確保が迅速に図られるよう、平素から、「緊急事態食料安全保障指針」（平成27年10月策定）に即して、国内における緊急的な食料の増産や供給、主食である米及び小麦の適正な備蓄水準の確保と円滑な活用、他の輸入国からの代替輸入の確保などの具体的な方策について、事態ごとのシナリオによるシミュレーションを実施し、対応手順の実効性の検証、必要に応じた見直しや更なる充実を行う。

さらに、大規模災害に備えた家庭備蓄の重要性の普及啓発を通じて、食料安全保障に関する理解の醸成を図る。

②　国際的な食料需給の把握、分析

事業者の的確な食料調達等に資するため、世界の穀物等の需給状況や短期見通し、輸入相手国の物流・インフラの状況など、幅広い情報を収集、分析し、定期的な情報発信を行う。

また、将来的な世界の食料需給を見据え、食料供給のリスク等に対応するため、中

長期的な需給予測を実施するとともに、衛星データを活用し、食料輸出国や発展途上国等における気象や主要農作物の作柄の把握・モニタリングを充実させるための研究を行う。

さらに、近年、食料の需要や生産に変化がみられる国や、気候変動により食料生産への影響が顕在化している国の状況、新型コロナウイルス感染症による食料供給への影響の実態も踏まえた新たな感染症等によるリスクについて調査・分析を行い、我が国の食料安全保障の観点から中長期的な課題や取り組むべき方向性を議論し、関係者で共有する。

③　輸入穀物等の安定的な確保

海外からの輸入に依存している穀物等の安定供給を確保するため、輸入相手国との良好な関係の維持・強化や関連情報の収集等を通じて輸入の安定化や多角化を図る。

主要穀物の輸入国である我が国として、主要穀物の輸出禁止・規制に関する規律強化を図るなど、主要穀物の安定供給の確保に資するよう交渉を進める。

不測の事態に備え、小麦や飼料穀物の適正な備蓄水準を確保する。

気候変動等に対応可能な品種の開発に資する遺伝資源を継続的に導入するため、国際的なルール作りへの参画を含め、有用な遺伝資源の保全と円滑な利活用のための環境整備を推進する。

④　国際協力の推進

飢餓・貧困や、栄養不良、気候変動、越境性動物疾病等の地球規模課題に対応するため、途上国に対する農業生産や食品安全等に関する研究開発及び技術協力、資金協力、食料援助等を実施する。

特に、農業分野でも大きな成長の可能性を含むアフリカについては、第７回アフリカ開発会議（TICAD7）の成果文書である「横浜行動宣言」等に基づき、専門家等の派遣を強化するほか、ICT技術を活用した農業者の組織化等、対象国のニーズに対応した企業の海外展開を推進する。

さらに、東アジア地域（ASEAN10か国、日本、中国及び韓国）における食料安全保障の強化と貧困の撲滅を目的とし、近年の気候変動により、頻繁に発生している強大な台風や洪水等、大規模災害の緊急時に備えるため、ASEAN+3（日中韓）緊急米備蓄（APTERR）の取組を推進する。

⑤　動植物防疫措置の強化

グローバル化の進展により、ヒト、モノの往来が頻繁になる中で、家畜の伝染性疾病や植物の病害虫の海外からの侵入防止のため、海外における発生状況等の最新情報に基づくリスク分析や動植物検疫探知犬などの活用による効率的かつ効果的な水際対策を推進する。また、国際的な連携を強化し、アジア地域における防除能力の向上を支援する。

家畜防疫の基本である、国内にウイルスを「侵入させない」ための水際対策の徹底と、万が一侵入した場合に備え、農場に「持ち込ませない」ための飼養衛生管理の強化等の国内防疫の徹底を推進する。さらに、家畜伝染性疾病の発生及びまん延を防止するため、産業動物獣医師の確保・育成を推進する。

我が国への侵入リスクが高まっているASF（アフリカ豚熱）については、バイオセキュリティの向上に加え、関係府省が一体となって情報発信・摘発強化などの水際対策を徹底する。

我が国で26年ぶりに発生が確認されたCSF（豚熱）については、バイオセキュリティの向上と円滑なワクチン接種を進め、エコフィードの加熱処理基準の引き上げを含む飼養衛生管理の強化・徹底を促すことで養豚場における発生を防ぐとともに、野生イノシシの捕獲の強化や経口ワクチンの散布により、野生イノシシ対策を推進する。

国内における植物病害虫の発生予防及びまん延防止のため、病害虫の発生予察情報に基づく適期防除、侵入病害虫の早期発見・早期防除、植物の移動規制等の対策の強化を推進するとともに、防除技術の高度化等に取り組む。

（6）TPP等新たな国際環境への対応、今後の国際交渉への戦略的な対応

TPP11、日EU・EPA及び日米貿易協定により、我が国は、名実ともに新たな国際環境に入った。これを受けて決定された「総合的なTPP等関連政策大綱」（令和元年12月TPP等総合対策本部決定）に基づき、新市場の開拓を推進するとともに、確実に再生産可能となるよう、生産基盤の強化など我が国農業の体質強化に向けた対策と経営安定・安定供給へ備えた措置を講ずることにより、経営規模の大小や中山間地域といった条件にかかわらず、意欲ある農業者が安心して経営に取り組めるようにする。また、これらの協定が我が国農業に与える影響を注視するとともに、対策の実績の検証や協定発効後の動向を踏まえつつ、既存施策を含め、定期的に点検・見直しを行い、必要な措置を講ずる。

経済連携交渉やWTO農業交渉等の今後の農産物貿易交渉においても、引き続き、我が国農産品のセンシティビティに十分配慮しつつ、我が国の農林水産業が、今後とも「国の基《もとい》」として発展し、将来にわたってその重要な役割を果たしていけるよう交渉を行うとともに、輸出重点品目の関税撤廃等、我が国農産品の輸出拡大につながる交渉結果の獲得を目指す。

2．農業の持続的な発展に関する施策

これから10年程度の間に、農業者の一層の高齢化と減少が急速に進むことが見込まれる中にあっても、我が国農業が成長産業として持続的に発展し、食料等の農産物の安定供給及び多面的機能の発揮という役割を果たしていかなければならない。このためには、生産性と収益性が高く、中長期的かつ継続的な発展性を有する、効率的かつ安定的な農業経営（主たる従事者が他産業従事者と同等の年間労働時間で地域における他産業従事者と遜色ない水準の生涯所得を確保し得る経営）を育成し、こうした農業経営が農業生産の相当部分を担い、国内外の需要の変化に対応しつつ安定的に農産物を生産・供給できる農業構造を確立することがこれまで以上に重要となっている。このため、経営感覚を持った人材が活躍できるよう、経営規模や家族・法人など経営形態の別にかかわらず、担い手（効率的かつ安定的な農業経営及びこれを目指して経営改善に取り組む農業経営（認定農業者、認定新規就農者、将来法人化して認定農業者になることが見込まれる集落営農））の育成・確保を進めるとともに、担い手への農地の集積・集約化、農業生産基盤の整備の効果的な実施、需要構造等の変化に対応した生産供給体制の構築とそのための生産基盤の強化、スマート農業の普及・定着等による生産・流通現場の技術革新、気候変動への対応などの環境対策等を総合的に推進する。

また、中小・家族経営など多様な経営体については、産地単位で連携・協働し、統一的な販売戦略や共同販売を通じて持続的に農業生産を行うとともに、地域社会の維持の面でも担い手とともに重要な役割を果たしている実態を踏まえた営農の継続が図られる必要がある。さらに、生産現場における人手不足等の問題に対応するため、ドローン等を使った作業代行やシェアリングなど新たな農業支援サービスの定着を促進する。

（１）力強く持続可能な農業構造の実現に向けた担い手の育成・確保

効率的かつ安定的な農業経営が農業生産の相当部分を担い、国内外の情勢変化や需要に応じた生産・供給が可能な農業構造を確立するため、このような農業経営を目指す経営体を含む担い手の育成・確保を進める。

その際、経営規模や家族・法人など経営形態の別にかかわらず、経営発展の段階や、中山間地域等の地理的条件、生産品目の特性などに応じ、経営改善を目指す農業者を幅広く担い手として育成・支援する。

また、農業内外からの人材確保・育成、経営基盤の継承、農業経営の法人化等を推進する。

①　認定農業者制度や法人化等を通じた経営発展の後押し

ア　担い手への重点的な支援の実施

認定農業者等の担い手が主体性と創意工夫を発揮した経営を展開できるよう、農地の集積・集約化や経営所得安定対策、出資や融資、税制などの支援を重点的に実施する。

その際、既存経営基盤では現状以上の農地引受けが困難な担い手も現れているこ

とから、地域の農業生産の維持への貢献という観点で、このような担い手への支援の在り方についても検討する。

イ　農業経営の法人化の加速化と経営基盤の強化

農業経営の法人化には、経営管理の高度化や安定的な雇用の確保、円滑な経営継承、雇用による就農機会の拡大など経営発展の効果が期待される。このため、税理士等の専門家や先進的な農業者による指導等を通じ、法人化のメリットや手続、財務・労務管理に関する情報やノウハウ等の普及啓発、親世代から子世代への経営継承のタイミングを捉えた法人化などを進め、農業経営の法人化を加速化する。

あわせて、地域の農地の集積・集約化、他産業での経験を有する者など多様な人材の確保、法人幹部や経営者となる人材の育成、経営統合・分社化等による広域での事業展開、輸出などに意欲的に取り組む法人への重点的な支援を実施するとともに、法人経営の計画的な経営継承を促進する。また、集落営農については農業者の高齢化等により今後更に脆《ぜい》弱化することが懸念されることを踏まえ、人・農地プランの実質化を通じ、令和２年度中に実態を把握する。その上で、地方農政局等と都道府県・市町村の連携強化や地域農業の各種計画の連携・統合により、法人化に向けた取組の加速化や地域外からの人材確保、地域外の経営体との連携や統合・再編、販売面での異業種との連携等に向けた方策について「地域営農支援プロジェクト」を設置し、総合的な議論を行い、必要な施策を実施する。

ウ　青色申告の推進

農業経営の着実な発展を図るためには、自らの経営を客観的に把握し経営管理を行うことが重要であることを踏まえ、農業者年金の政策支援、農業経営基盤強化準備金制度、収入保険への加入推進等を通じ、農業者による青色申告を推進する。

②　経営継承や新規就農、人材の育成・確保等

農業の経営継承は親子間・親族間が中心である現状も踏まえ、農地等の資源が次世代の担い手に確実に利用されるよう、計画的な経営継承を促進する。また、将来に向けて世代間のバランスのとれた農業就業構造を実現するためには、青年層の農業就業者を増加させていくことが重要であることから、農業の内外からの青年層の新規就農を促進する。

ア　次世代の担い手への円滑な経営継承

リタイアする農業者の農地その他の経営資源を継承すべき担い手においても高齢化が進んでいることから、関係機関・団体の連携、専門家による相談対応、資産評価等の支援体制の整備を進め、親子間・親族間を含めた担い手の計画的な経営継承、継承後の経営改善等を支援するほか、移譲希望者と就農希望者とのマッチングなど第三者への継承を促進する。

また、園芸施設・畜産関連施設、樹園地等の経営資源について、農業協同組合、公社等の第三者機関・組織と連携しつつ、再整備・改修等のための支援により、円滑な継承を促進する。

これらをパッケージ化した支援を行うことで、経営形態に応じた計画的かつきめ細やかな経営継承を推進し、経営資源の有効活用、速やかな経営の安定化につなげる。

イ　農業を支える人材の育成のための農業教育の充実

若い人に農業の魅力を伝え、将来的に農業を職業として選択する人材を育成するため、農業高校・農業大学校等の農業教育機関において、先進的な農業経営者等による出前授業、現場での実習、農業生産工程管理（GAP）に関する教育、企業や他の教育機関、研究機関等と連携したスマート農業技術研修等、実践的・発展的な教育内容の充実やそのための施設・設備等の整備を進める。また、地域農業のリーダーとして活躍し、経営感覚や国際感覚を持つ農業経営者を育成するため、産業界や海外と連携した研修・教育や、農業大学校等の専門職大学化などの農業教育機関の高度化を推進する。

さらに、就職氷河期世代をはじめとした幅広い世代の就農希望者に対する実践的なリカレント教育を推進する。

ウ　青年層の新規就農と定着促進

青年層の農業内外からの新規就農と定着促進のため、就農準備のための研修や就農後の早期の経営確立を支援するとともに、就農前段階の技術習得から就農後の技術指導、農地確保、地域における生活の確立等について就農準備段階から経営開始後まで、地方公共団体や農業協同組合、農業者、農地中間管理機構、農業委員会、企業等の関係機関が連携し、一貫して支援する地域の就農受入体制を充実する。

また、新規就農希望者が増えるよう、農業の「働き方改革」を推進し、ライフスタイルも含めた様々な魅力的な農業の姿や、就農に関する情報について、企業等とも連携して、ウェブサイトやSNS、就農イベントなどを通じた情報発信を強化する。また、自営や法人就農、短期雇用など様々な就農相談等にワンストップで対応できるよう、新規就農相談センターの相談窓口を強化する。

さらに、農業者の生涯所得の充実の観点から、農業者年金への加入を推進する。

次世代の農業人材の育成・確保に係る施策については、新規就農希望者の増加と新規就農者のより早期の経営発展・定着を促すものとなるよう、見直しを進め、総合的な政策パッケージとして示し、関係者の協力を得ながら進める。

エ　女性が能力を発揮できる環境整備

農業や地域に人材を呼び込み、また、農業を発展させていく上で、農業経営における女性参画は重要な役割を果たしているため、認定農業者の経営改善計画申請の際の共同申請や補助事業等の活用を推進する。また、地域農業に関する方針策定への女性参画を推進するため、地域をリードできる女性農業者を育成し、農業委員や農協役員への女性登用などを一層推進するとともに、全国の女性グループ間ネットワークを構築する。

さらに、「農業女子プロジェクト」における企業や教育機関との連携強化、地域活動の推進により女性農業者が活動しやすい環境を作る。またこれらの活動を発信し、若い女性新規就農者の増加につなげる。

オ　企業の農業参入

企業の農業参入は、農業界と産業界の連携による地域農業の発展に資するとともに、特に担い手が不足している地域においては農地の受皿として期待されることから、引き続き、農地中間管理機構を中心としてリース方式による企業の参入を促進する。

（2）農業現場を支える多様な人材や主体の活躍

農業者の一層の高齢化と減少が急速に進行し、農業の生産基盤の脆《ぜい》弱化が危惧される中、地域の農業生産や必要な農地を確保し、持続可能なものとしていくためには、担い手等への経営継承を促しつつ、産地単位で連携・協働し、統一的な販売戦略や共同販売を通じて継続的に農地を利用し生産を行う農業者や収穫時など農繁期の臨時労働者など、多様な人材や主体の活躍を促進することが重要である。このため、これら多様な人材や主体による農業生産や地域の下支えを図られるようにするとともに、ドローンを使った作業代行等の農業支援サービスの定着や、就職氷河期世代を含む若者や高齢者等の多様な人材を確保するための環境整備を進める。

①　中小・家族経営など多様な経営体による地域の下支え

生産現場においては、中小・家族経営など多様な経営体が農業協同組合や農業法人の品目部会等により産地単位で連携・協働し、統一的な販売戦略や共同販売を通じて農業生産を行い、地域社会の維持に重要な役割を果たしている実態に鑑み、生産基盤の強化に取り組むとともに、品目別対策や多面的機能支払制度、中山間地域等直接支払制度等、産業政策と地域政策の両面からの支援を行う。

②　次世代型の農業支援サービスの定着

生産現場における人手不足や生産性向上等の課題に対応し、農業者が営農活動の外部委託など様々な農業支援サービスを活用することで経営の継続や効率化を図ることができるよう、ドローンや自動走行農機などの先端技術を活用した作業代行やシェアリング・リース、食品関連事業者と連携した収穫作業などの次世代型の農業支援サービスの定着を促進する。

③　多様な人材が活躍できる農業の「働き方改革」の推進

人材獲得競争が激化する中で、農業の現場で必要な人材を確保していくためには、他産業と遜色ない働きやすい環境を整え、就職氷河期世代を含む若者、女性、他産業を退職した人材、高齢者、障害者、生活困窮者等、多様な人材を確保し、それぞれが持つ知見、経験、能力などの強みを活かしつつ、農業経営体や地域を支える取組の推進が必要である。

このため、労働時間の管理、休日・休憩の確保、男女別トイレの整備、キャリアパスの提示やコミュニケーションの充実、農作業安全対策の推進、GAPの実践による作業の標準化やマニュアル化等のマネジメントの強化、家族経営協定の締結による就業条件の整備、農福連携の推進など、誰もがやりがいがあり、働きやすい環境づくりを推進する。

また、農繁期等における労働力が確保できるよう、「地域人口の急減に対処するための特定地域づくり事業の推進に関する法律」（令和元年法律第64号）の仕組みも活用するとともに、他産業、大学、他地域との連携による多様な人材とのマッチングなど先進的な取組を行っている事例の発信・普及を図る。

こうした取組を進めてもなお不足する人材を確保するため、特定技能制度による農業現場での外国人材の円滑な受け入れに向けた環境整備を推進する。

（３）担い手等への農地集積・集約化と農地の確保

①　担い手への農地集積・集約化の加速化

ア　人・農地プランの実質化の推進

担い手への農地の集積・集約化に当たっては、人・農地プランの実質化（農業者の年齢階層別の就農や後継者の確保の状況を「見える化」した地図を用いて、地域を支える農業者が話し合い、当該地域の将来の農地利用を担う経営体の在り方を決めていく取組）による地域農業の点検の加速化と、各種施策の一体的な実施が不可欠である。このため、地域の農業者と、地方公共団体、農業委員会、農業協同組合、土地改良区といったコーディネーター役を担う組織や農地中間管理機構が一体となって人・農地プランの実質化を推進する。特に、中山間地域等においては、中山間地域等直接支払制度で作成する集落協定・集落戦略との連携、果樹産地においては、果樹産地構造改革計画との連携を進めるなど、現場の取組を促す。さらに、他の地域農業に関する計画と連携・統合を進め、取組の効率化を図る。また、地域における話合いへの女性農業者の参画を促進する。

これから10年程度の間に農業者の減少が急速に進むことが見込まれる中で、農業の生産基盤を維持する観点から、農地の引受け手となる経営体の役割が一層重要となる。このため、実質化された人・農地プランの実行を通じて、担い手への農地の集積・集約化を加速化する。さらに、地域の実情に応じて将来の農地利用を担う経営体として位置付けられた者（産地単位での統一的な販売戦略や共同販売を通じて継続的に農地利用を行う農業者等）の実態を把握・分析した上で、必要な措置を検討する。その際、中小・家族経営など地域の多様な経営体について、地域の農業生産を維持する上での協力関係が構築されるように配慮する。

イ　農地中間管理機構のフル稼働

農地中間管理事業の手続簡素化、体制の統合一本化（農地利用集積円滑化事業を農地中間管理事業に統合）に伴う推進体制の強化により、担い手への農地の集積・集約化を加速化する。特に、農地利用の効率化や、スマート農業を促進する等の観点で、農地の集積・集約化が今後、更に重要になることを踏まえた現場の取組の推進を図る。

ウ　所有者不明農地への対応の強化

所有者不明農地について、「農業経営基盤強化促進法等の一部を改正する法律」（平成30年法律第23号）に基づき創設した制度の利用を促すほか、民事基本法制等の見直しの検討状況を踏まえ、関係府省と連携して必要な検討を行う。

② 荒廃農地の発生防止・解消、農地転用許可制度等の適切な運用

多面的機能支払制度及び中山間地域等直接支払制度による地域・集落における今後の農地利用に係る話合いの促進や共同活動の支援、鳥獣被害対策による農作物被害の軽減、農地中間管理事業による農地の集積・集約化の促進、基盤整備の効果的な活用等による荒廃農地の発生防止・解消に向けた対策を戦略的に進める。

あわせて、有効かつ持続的に荒廃農地対策を戦略的に進めるため、農地の状況把握を効率的に行うための手法の検討のほか、荒廃農地の発生要因や地域、解消状況を詳細に調査・分析するとともに、有機農業や放牧・飼料生産など多様な農地利用方策とそれを実施する仕組みの在り方について「農村政策・土地利用の在り方プロジェクト」を設置して総合的に検討し、必要な施策を実施する。

また、農業振興地域制度及び農地転用許可制度について、国と地方公共団体が一体となって適切な運用を図ることにより、優良農地の確保と有効利用の取組を推進する。

（4）農業経営の安定化に向けた取組の推進

① 収入保険制度や経営所得安定対策等の着実な推進

ア　収入保険の普及促進・利用拡大

自然災害や価格下落等の農業経営における様々なリスクに対応し、農業経営の安定化を図るために収入保険が有効な手段であることから、昨今の自然災害等への対応を検証し、収入保険の普及促進・利用拡大を図る。このため、加入申請手続の簡素化など現場ニーズ等を踏まえた改善等を行うとともに、地域において、農業共済組合をはじめ行政、農業協同組合や農業法人協会等の関係団体や農外の専門家等が連携して推進体制を構築し、加入促進の取組を進める。

イ　経営所得安定対策等の着実な実施

「農業の担い手に対する経営安定のための交付金の交付に関する法律」（平成18年法律第88号）に基づく畑作物の直接支払交付金及び米・畑作物の収入減少影響緩和交付金、「畜産経営の安定に関する法律」（昭和36年法律第183号）に基づく肉用牛肥育・肉豚経営安定交付金（牛・豚マルキン）及び加工原料乳生産者補給金、「肉用子牛生産安定等特別措置法」（昭和63年法律第98号）に基づく肉用子牛生産者補給金、「野菜生産出荷安定法」（昭和41年法律第103号）に基づく野菜価格安定対策等の措置を安定的に実施する。

②　総合的かつ効果的なセーフティネット対策の在り方の検討等

ア　総合的かつ効果的なセーフティネット対策の在り方の検討

収入保険については、「農業保険法」（昭和22年法律第185号）において施行後４年を目途に制度の在り方等を検討する旨規定されていることを踏まえ、関連施策全体の検証を行う「災害等のリスクに強い農業プロジェクト」を設置し、米・畑作物の収入減少影響緩和交付金や、野菜価格安定制度など、農業保険以外の制度も含め、収入減少を補塡する関連施策全体の検証を行い、農業者のニーズ等を踏まえ、総合的かつ効果的なセーフティネット対策の在り方について検討し、令和４年を目途に必要な措置を講ずる。

イ　手続の電子化、申請データの簡素化等の推進

農業保険や経営所得安定対策など収入減少を補塡する機能を有する類似制度について、上記アの検討と併せ、申請内容やフローの見直しなどの業務改革を実施しつつ、手続の電子化の推進、申請データの簡素化等を行うとともに、総合的なセーフティネットの窓口体制の改善・集約化を検討し、申請側と審査側双方の利便性向上・事務負担軽減を図る。

（５）農業の成長産業化や国土強靭《じん》化に資する農業生産基盤整備

農地や農業用水は、農業生産における基礎的な資源であり、農業者の減少や高齢化等が進行する中で、良好な営農条件を備えた農地や農業用水の確保と有効利用、さらに、その次世代への継承を図ることが喫緊の課題となっている。このため、環境との調和に配慮しつつ、事業の重点化、コスト縮減等を通じた事業の効率的な実施を旨とし、「農業の成長産業化」の観点から我が国の様々な気候風土に適した農業の多様性を活かした農業生産基盤の整備、「国土強靭《じん》化」の観点から農業水利施設の長寿命化とため池の適正な管理・保全・改廃を含む農村地域の防災・減災対策を効果的に推進する。

また、農業者や農村人口の著しい高齢化・減少やスマート農業の発展等農業を取り巻く情勢の変化を見据え、農業の成長産業化や農業・農村の強靭《じん》化に向けた事業の計画的かつ効果的な実施に資するため、新たな土地改良長期計画を令和２年度末までに策定する。

①　農業の成長産業化に向けた農業生産基盤整備

担い手への農地の集積・集約化や生産コストの削減を進め、農業の競争力を強化するため、農地中間管理機構等との連携を図りつつ、農地の大区画化等を推進する。

また、高収益作物の導入、さらに、新たな産地形成を促進し、産地の収益力を向上させるために、関係部局と連携しつつ、高収益作物に転換するための水田の汎用化や畑地化、畑地や樹園地の高機能化を推進する。

加えて、農業構造や営農形態の変化に対応するため、自動走行農機やICT水管理等の営農の省力化等に資する技術の活用を可能にする農業生産基盤の整備を展開すると

ともに、関係府省と連携し、農業・農村におけるICT利活用に必要な情報通信環境の整備を検討し、農業の担い手のほぼ全てがデータを活用した農業を実践するために望ましい環境整備に取り組む。

②　農業水利施設の戦略的な保全管理

農業者の減少や高齢化、農業水利施設の老朽化等が進行する中、基幹から末端に至る一連の農業水利施設の機能を安定的に発揮させ、次世代に継承していくために、施設の点検、機能診断、監視等を通じた適切なリスク管理の下で計画的かつ効率的な補修、更新等を行うことにより、施設を長寿命化し、ライフサイクルコストを低減する戦略的な保全管理を徹底して推進する。

農業者の減少や高齢化が進む中でも、農業水利施設の機能が安定的に発揮されるよう、農業水利施設を更新する際、施設の集約や再編、統廃合等によるストックの適正化を推進する。さらに、施設の点検や機能診断等を省力化・高度化するため、ロボットやAI等の利用に関する研究開発や実証調査を推進する。

③　農業・農村の強靭《じん》化に向けた防災・減災対策

頻発化、激甚化する豪雨や地震等の災害に適切に対応し、安定した農業経営や農村の安全・安心な暮らしを実現するため、「国土強靭《じん》化基本計画」（平成26年６月閣議決定。平成30年12月改定）等を踏まえ、農業水利施設等の長寿命化や耐震化、耐水対策、非常用電源の設置等のハード対策と、ハザードマップの作成や地域住民への啓発活動等のソフト対策を適切に組み合わせて推進する。

なお、平成30年7月豪雨を踏まえ見直しを行った新たな基準により再選定された防災重点ため池については、ため池の位置図や緊急連絡体制の整備など避難行動につなげる対策を進めるとともに、防災・減災対策の優先度が高いため池から、ハザードマップの作成や、堤体の改修・廃止等を着実に進める。加えて、「農業用ため池の管理及び保全に関する法律」（平成31年法律第17号）に基づき、ため池の適正な管理や都道府県による特定農業用ため池の指定などを通じて、決壊による周辺地域への被害の防止に必要な措置を確実に進める。

また、豪雨による湛《たん》水などの災害リスクの高まりに対応し、排水機能を改善して災害の未然防止や軽減を図るため、新たに改定した排水の計画基準に基づき農業水利施設等を整備することにより排水対策を推進する。加えて、気候変動を踏まえた効果的な排水対策等の方向性を示すとともに、既存ダムの洪水調節機能の強化に向けて取り組む。

④　農業・農村の構造の変化等を踏まえた土地改良区の体制強化

土地改良区の組合員の減少、ICT水管理等の新技術、管理する土地改良施設の老朽化に対応するため、准組合員制度の導入、土地改良区連合の設立、貸借対照表を活用した施設更新に必要な資金の計画的な積立の促進等、「土地改良法の一部を改正する法律」（平成30年法律第43号）の改正事項の定着を図り、土地改良区の運営基盤の強化を推進する。

（６）需要構造等の変化に対応した生産基盤の強化と流通・加工構造の合理化

消費者や実需者のニーズを踏まえ、国産農産物の供給を行う担い手や中小・家族経営など多様な人材の総合力の発揮、スマート農業の社会実装、水田のフル活用等を効果的に推進していくことを基礎に、「農業生産基盤強化プログラム」（令和元年12月農林水産業・地域の活力創造本部決定）を踏まえ、各品目の生産基盤を強化するとともに、労働安全性の向上や生産資材の低コスト化、流通・加工の合理化等を推進する。

①　肉用牛・酪農の生産拡大など畜産の競争力強化

ア　生産基盤の強化

牛肉・牛乳乳製品など畜産物の国内需要の増加への対応と輸出拡大に向けて、肉用牛については、高品質な牛肉を安定的に供給できる生産体制を構築するため、肉用繁殖雌牛の増頭、受精卵の増産・利用等を推進する。酪農については、都府県酪農の生産基盤の維持・回復と北海道酪農の持続的成長を目指し、酪農経営の持続的展開を図るため、都府県における牛舎の空きスペースも活用した地域全体での増頭・増産に加え、性判別技術の活用による乳用後継牛の確保、高品質な生乳の生産による多様な消費者ニーズに対応した牛乳乳製品の供給を推進する。

また、労働力負担軽減・省力化に資するロボット、AI、IoT等の先端技術の普及・定着、生産関連情報などのデータに基づく家畜改良や飼養管理技術の高度化、農業者と外部支援組織等の役割分担・連携の強化、GAP、アニマルウェルフェアの普及・定着を図る。

加えて、中小・家族経営の経営資源の継承、子牛や国産畜産物の生産・流通の円滑化に向けた家畜市場や食肉処理施設及び生乳の処理・貯蔵施設の再編等の取組を推進し、肉用牛・酪農など畜産の生産基盤を強化する。あわせて、米国・EU並みの衛生水準を満たす輸出認定施設の増加を推進する。

イ　生産基盤強化を支える環境整備

増頭に伴う家畜排せつ物の土づくりへの活用を促進するため、家畜排せつ物処理施設の機能強化・堆肥のペレット化等を推進する。飼料生産については、特に単収増が見込める畑地における作付、草地整備・草地改良、放牧、公共牧場の利用、水田を活用した飼料生産、子実用とうもろこしの生産、エコフィード等の製造・利用の拡大など、国産飼料の生産・利用を推進する。

また、和牛は、我が国固有の財産であり、家畜遺伝資源の不適正な流通は、我が国の畜産振興に重大な影響を及ぼすおそれがあることから、家畜遺伝資源の流通管理の徹底、知的財産的価値の保護強化に取り組む。

加えて、市街地から離れて建設される畜産業の用に供する畜舎等の利用実態を踏まえた安全基準やその執行体制等を検討し、生産コストの低減に資するよう「建築基準法」（昭和25年法律第201号）の適用の対象から除外する特別法を整備する。

②　新たな需要に応える園芸作物等の生産体制の強化

ア　野菜

需要が拡大する加工・業務用野菜について、輸入品から国産への置き換えを目指し、生産体制の強化を図るため、機械化一貫体系が確立していない品目向けの機械開発、ドローンによる肥料・農薬散布の普及、ロボット、AI、IoT、環境制御技術等を活用したデータ駆動型農業への転換を推進する。

加えて、水田を活用した加工・業務用野菜の産地化、複数産地の連携等による周年供給体制の構築、農業協同組合や中間事業者等が核となり、地縁的なまとまりにとらわれず生産の安定化・供給量調整等を行う新たな生産事業体の創出等を推進する。また、消費者への安定供給に向け、豊作時の価格低落や不作時の価格高騰を防止・緩和するための具体策を検討する。

イ　果樹

高品質な国産果実への国内需要や輸出拡大に対応するため、優良品目・品種への転換を一層加速するとともに、省力樹形の導入、園地の区画整理やかんがい施設の整備等の基盤整備、ロボット、AI、IoT等の先端技術の開発・導入等による労働生産性の向上、平坦《たん》で条件のよい水田等を活用した新産地の育成等を推進する。また、そのために必要となる苗木・花粉等の生産・供給体制の強化、消費者ニーズに対応した高品質な品種の育成、輸出に対応した品質保持技術の開発等を推進する。

ウ　花き

国内需要への安定供給及び国産シェアの回復に向け、需要に対応した生産と労働生産性向上に対応した新品種・新技術の開発・普及や、暑熱対策等による周年供給体制の確立、鮮度保持技術の開発を推進する。

また、国内外の新たな市場を開拓するため、輸出に対応した栽培体系の確立、国際園芸博覧会への政府出展やインバウンド等を活用した海外需要の創出、日常生活における花きの利用拡大等を推進する。

エ　茶、甘味資源作物等の地域特産物

地域経済における地域特産物の重要性を踏まえ、実需者ニーズに対応した生産や生産性の向上に向けた取組を推進する。

茶については、更なる輸出拡大に向けて、海外需要や多様化した消費者ニーズに対応するため、抹茶や有機茶等への転換や改植・新植、必要な施設整備、スマート農業による省力化・生産コストの低減等を推進する。

また、甘味資源作物については、価格調整制度による国内生産の安定を図るとともに、砂糖に関する知識の普及や食文化の発信等により砂糖の需要拡大を図る。

薬用作物については、品質規格を満たす栽培技術を確立した産地の育成に向け、実需者主導の産地づくりや、除草や乾燥などの省力化栽培技術の開発・導入を推進する。

③ 米政策改革の着実な推進と水田における高収益作物等への転換

ア 消費者・実需者の需要に応じた多様な米の安定供給

国内の米の消費の減少が今後とも見込まれる中、水田活用の直接支払交付金による支援等も活用し水田のフル活用を図るとともに、米政策改革を定着させ、国からの情報提供等も踏まえつつ、生産者や集荷業者・団体が行う需要に応じた生産・販売を着実に推進する。

米の生産については、農地の集積・集約化による分散錯圃《ほ》の解消や作付の連担化・団地化、多収品種の導入やスマート農業技術等による省力栽培技術の普及、資材費の低減等による生産コストの低減等を推進し、生産性向上を図る。

また、主食用米については、事前契約・複数年契約などによる安定取引が主流となるよう、その比率を高めながら質を向上させるとともに、中食・外食事業者の仕入状況に関する動向等の情報提供を行うことにより、実需と結びついた生産・販売を一層推進する。

加えて、米飯学校給食の推進・定着や米の機能性など「米と健康」に着目した情報発信、企業と連携した消費拡大運動の継続的展開などを通じて、米消費が多く見込まれる消費者層やインバウンドを含む新たな需要の取り込みを進めることで、米の１人当たり消費量の減少傾向に歯止めをかける。また、拡大する中食・外食等の需要に対応した生産を推進する。

さらに、国内の主食用米の需要が減少する中、「コメ海外市場拡大戦略プロジェクト」を通じ、日本産コメ・コメ加工品の新たな海外需要の拡大を図るため、産地や輸出事業者と連携して戦略的なプロモーション等を行うとともに、高まる海外ニーズや規制の情報、輸出事例等について産地やメーカー、加工・流通サイドへの情報提供を行い、海外市場の求める品質や数量等に対応できる産地の育成等を推進する。

イ 麦・大豆

麦については、国産麦の購入希望数量が販売予定数量を上回っている状況にあり、大豆についても、健康志向の高まりにより需要が堅調に伸びている。湿害、連作障害、規模拡大による労働負担の増加、気象条件の変化等の低単収要因を克服し、実需の求める量・品質・価格の安定を実現して更なる需要の拡大を図る必要がある。

このため、「麦・大豆増産プロジェクト」を設置し、実需者の求める量・品質・価格に着実に応えるため食品産業との連携強化を図るとともに、作付の連坦《たん》化・団地化やスマート農業による生産性向上等を通じたコストの低減、基盤整備による水田の汎用化、排水対策の更なる強化、耐病性・加工適性等に優れた新品種の開発・導入、収量向上に資する土づくり、農家自らがスマートフォン等で低単収要因を分析してほ場に合わせた単収改善に取り組むことができるソフトの普及等を推進する。

ウ 高収益作物への転換

国のみならず地方公共団体等の関係部局が連携し、水田の畑地化・汎用化のための基盤整備、栽培技術や機械・施設の導入、販路確保等の取組を計画的かつ一体的に推進する。これにより、野菜や果樹等の高収益作物への転換を図り、輸入品が一定の割合を占めている加工・業務用野菜の国産シェアを奪還するとともに、青果物の更なる輸出拡大を図る。

エ　米粉用米・飼料用米

米粉用米については、ノングルテン米粉第三者認証制度や米粉の用途別基準の活用、ピューレ等の新たな米粉製品の開発・普及により国内需要が高まっており、引き続き需要拡大を推進するとともに、加工コストの低減や海外のグルテンフリー市場に向けて輸出拡大を図っていく。また、実需者の求める安定的な供給に応えるため、生産と実需の複数年契約による長期安定的な取引の拡大等を推進する。

飼料用米については、地域に応じた省力・多収栽培技術の確立・普及を通じた生産コストの低減を実現するとともに、バラ出荷等による流通コストの低減、耕畜連携の推進、飼料用米を給餌した畜産物のブランド化に取り組む。また、近年の飼料用米の作付けの動向を踏まえ、実需者である飼料業界等が求める米需要に応えられるよう、生産拡大を進めることとし、生産と実需の複数年契約による長期安定的な取引の拡大等を推進する。

オ　米・麦・大豆等の流通

米・麦・大豆等生産者と消費者双方がメリットを享受し、効率的・安定的に消費者まで届ける流通構造を確立するため、「農業競争力強化支援法」（平成29年法律第35号）及び「農業競争力強化プログラム」（平成28年11月農林水産業・地域の活力創造本部決定）に基づき、米卸売業者などの中間流通の抜本的な合理化を推進するとともに、統一規格の輸送資材や関連機材の導入、複数事業者や他品目との配送の共同化等による物流効率化を推進する。

④　農業生産工程管理の推進と効果的な農作業安全対策の展開

ア　農業生産工程管理の推進

食品安全や環境保全、労働安全、人権保護、農場経営管理等に資する農業生産工程管理（GAP）について、令和12年までにほぼ全ての産地で国際水準GAPが実施されるよう、現場での効果的な指導方法の確立や産地単位での導入を推進する。また、文部科学省と連携し、農業高校でのGAP教育を推進するなど、農業教育機関におけるGAPに関する教育の充実を図る。

イ　農作業等安全対策の展開

農業は、就業人口当たりの死亡事故発生率が他産業と比べて高い状況にある。このため、農作業事故の発生状況を把握し、調査・分析結果を活用することで、リスクの高い作業を行う場合に必要な安全対策の徹底を促すなど、地域の営農実態に応じた農作業安全対策を推進する。

また、GAPの実践による農作業事故リスクの低減効果を検証し、リスク管理のポイントを明確にすることにより、農作業事故の防止対策を効果的に推進する。加えて、効果的な暑熱対策の実践など熱中症対策の推進、労災保険の特別加入の促進、安全性の高い機械の開発や普及、現場実態や地域のニーズに応じた法面勾配や耕作道路幅員等の設計上の工夫など農作業の安全性に配慮した農業生産基盤整備に加え、農業水利施設の点検・操作時における安全対策を推進する。

さらに、農業だけではなく、林業、水産業、食品産業分野とも連携し、関連産業を挙げた作業安全意識の向上を図る運動など総合的な対策を推進する。

⑤　良質かつ低廉な農業資材の供給や農産物の生産・流通・加工の合理化

「農業競争力強化支援法」に基づき、農業者が自らの努力のみでは対応できない良質かつ低廉な農業資材の供給と農産物流通・加工の合理化を図るため、農業資材や農産物流通・加工に関する規制・規格の見直し、事業再編・参入の促進、農業資材価格や農産物流通の見える化等を推進するとともに、パレット流通体制の構築等により農業資材流通の合理化を進める。農産物流通や消費者ニーズの変化を踏まえ、農産物規格・検査について、規格項目の見直し、検査の高度化を行うとともに、産地における青果物の出荷規格の見直しに向けた取組を促進する。また、生産性向上に向けた農業用施設・流通加工施設の再編・機能強化を推進する。

（７）情報通信技術等の活用による農業生産・流通現場のイノベーションの促進

発展著しいデジタル技術を活用したデータ駆動型の農業経営によって、消費者ニーズに的確に対応した価値を創造・提供する農業（FaaS（Farming as a Service））への変革を進めるための施策を強力に推進する。ロボット、AI、IoT等の先端技術を活用したスマート農業の現場実装をはじめ、多様な取組を推進し、令和７年までに農業の担い手のほぼ全てがデータを活用した農業を実践することを目指す。また、現場のニーズに即した様々な研究開発について先端技術を含め幅広く推進する。

①　スマート農業の加速化など農業現場でのデジタル技術の利活用の推進

スマート農業については、「農業新技術の現場実装推進プログラム」（令和元年６月農林水産業・地域の活力創造本部了承）等に基づき、生産現場と産学官がスマート農業についての情報交流を行うプラットフォームを創設し、熟練農業者の技術継承や中山間地域等の地域特性に応じてスマート農業技術の実証・導入・普及までの各段階における課題解決を図る。また、スマート農業技術の導入に係るコスト低減を図るため、シェアリングやリースによる新たなサービスのビジネスモデルの育成や推進方策を示す「スマート農業推進サービス育成プログラム（仮称）」を策定するとともに、海外におけるスマート農業の展開に向け、知的財産の権利にも配慮しつつ、海外市場の獲得を目指していく。さらに、スマート農業のための農地の基盤整備や整備で得る座標データの自動運転利用、農業データ連携基盤（WAGRI）等を活用したデータ連携、関係府省と連携した農業・農村の情報通信環境の整備、技術発展に応じた制度的課題への対応を図るため、「スマート農業プロジェクト」を立ち上げ、生産性や収益性の観点からも現場実装が進むよう、必要な施策を検討・実施する。

また、農業者と連携しデジタル技術の開発・普及に取り組む企業が活躍できる環境整備や分析データの農業生産への活用等を推進する。さらに、農産物の生産・流通・消費に至る様々なデータを連携し、生産技術の改善、農村地域の多様なビジネス創出等を推進する。

スマート農業やデジタル技術を平素の農業生産に活用するのみならず、災害の発生が見込まれる有事の際においても、安全かつ迅速に対応できる取組を推進し、農業者をはじめ、国民生活の安全確保につなげる。

②　農業施策の展開におけるデジタル化の推進

農業現場と農林水産省が切れ目なくつながり、行政手続にかかる農業者等の負担を大幅に軽減し、経営に集中できるよう、法令や補助金等の手続をオンラインでできる農林水産省共通申請サービス（eMAFF）の構築や、徹底した行政手続の簡素化の促進、農業者等との直接的な情報提供・収集、農業分野における用語・データ形式の統一（データの標準化）、農業関係情報の二次利用可能な形での公開（オープンデータ化）、デジタル地図を用いた農地情報の一元的管理や効果的な活用方法を検討し、実行する。

農業現場における取組を含め、デジタル技術を活用した様々なプロジェクトを「農業DX構想」（仮称）として取りまとめ、デジタル技術の進展に合わせて随時プロジェクトを追加・修整しながら機動的に実行し、デジタル技術を活用し、自らの能力を存分に発揮して経営展開できる農業者が大宗を担う農業構造への転換を目指す。

③　イノベーション創出・技術開発の推進

先端技術のみならず、現場のニーズに即した様々な課題に対応した研究開発を推進していくため、基礎研究・応用研究・実用化研究等に従事する国立研究開発法人、公設試験研究機関、大学、企業が連携した研究開発を戦略的に講じていく。

ア　研究開発の推進

イノベーションの源泉となる基礎研究については、国の中長期的な戦略の下、技術開発を推進し、新産業や地球的規模の課題の解決につながる技術シーズを創出する。

研究開発の重点事項や目標を定める「農林水産研究イノベーション戦略」を毎年度策定するとともに、総合科学技術・イノベーション会議（CSTI）の下で行う研究プロジェクトへの積極的参画や、国立研究開発法人との連携強化を進める。また、Society5.0の実現に向け、産学官と農業の生産現場が一体となって、オープンイノベーションを促進するとともに、人材・知・資金が循環するよう農林水産分野での更なるイノベーション創出を計画的・戦略的に推進する。

イ　国際農林水産業研究の推進

気候変動に伴う食料・水資源問題、越境性家畜伝染病の防疫など地球規模の課題に対応するため、研究協定覚書（MOU）の積極的な締結や、海外の拠点整備による体制強化など国際共同研究を推進し、国際協力に資する技術開発や世界の先端技術の導入等を戦略的に推進する。

ウ　科学に基づく食品安全、動物衛生、植物防疫等の施策に必要な研究の更なる推進

食品安全、動物衛生、植物防疫、薬剤耐性等に関する問題の未然防止や発生後の被害拡大防止のためには、科学的根拠に基づいた施策が必要である。こうした施策・措置を決定する際に必要なデータや技術など、科学的知見を得るための研究（レギュラトリーサイエンスに属する研究）を計画的に推進する。また、家畜伝染病の発生等の新たな脅威に的確に対応するための研究を推進する。

エ　戦略的な研究開発を推進するための環境整備

我が国が開発した農林水産物が海外に流出しないよう、知的財産としての国内外での保護を推進する。また、我が国の農業と競合しない形で生産現場の経済的価値につなげられるよう戦略的な権利許諾を推進する。さらに、海外遺伝資源の入手環境整備、品種開発への活用を促進する。

最先端技術の研究開発や実用化に当たっては、消費者や食品関連事業者等との丁寧なコミュニケーションを通じ、国民が科学的な観点で判断できる環境整備を推進する。特にゲノム編集技術等は、飛躍的な生産性の向上等が期待される一方、国民の理解を深めていくことが重要であることから、国民への分かりやすい情報発信、双方向のコミュニケーション等の取組を強化する。

我が国の優位性が発揮できる重要な技術を早期に見定めて、将来における市場獲得を可能とするよう、公設試験研究機関、大学等と連携しつつ、研究開発段階からの国際標準の獲得を推進する。

オ　開発技術の迅速な普及・定着

開発された技術の迅速な現場実装に向け、現場ニーズに対応した技術の研究や開発を公設試験研究機関等と連携して促進するとともに、都道府県の普及指導員が、試験研究機関や企業等と連携し、農業者の生産性向上・経営発展に資する技術や品種の普及・定着に取り組む。これに当たって、普及指導員による新技術や新品種の導入等に係る地域の合意形成、新規就農者の支援、地球温暖化及び自然災害への対応等、公的機関が担うべき分野についての取組を一層強化する。

（８）気候変動への対応等環境政策の推進

①　気候変動に対する緩和・適応策の推進

農林水産分野の温室効果ガスの排出削減対策や農地による吸収源対策等を推進しつつ、温室効果ガス排出削減目標の確実な達成に向け取組の強化を図るため、「農林水産省地球温暖化対策計画」（平成29年３月農林水産省地球温暖化対策推進本部決定）を改定するとともに、再生可能エネルギーのフル活用と生産プロセスの脱炭素化、農畜産業からの排出削減対策の推進と消費者の理解増進、炭素隔離・貯留の推進とバイオマス資源の活用、海外の農林水産業の温室効果ガス排出削減を推進する。

特に、技術開発を伴う取組については、「革新的環境イノベーション戦略」（令和２年１月統合イノベーション戦略推進会議決定）に基づき、農林水産分野の環境イノベーションの創出に向けて、農地等への炭素隔離・貯留等に取り組む。

堆肥の施用等地球温暖化防止等に効果の高い取組を推進するため、環境保全型農業直接支払制度において、支援取組の効果の評価を行い、より環境保全効果の高い取組への支援の重点化を図り、全体の質の向上と面的拡がりを両立させるほか堆肥・バイオ炭等の施用による炭素の貯留効果の分析等についての検討を行う。

さらに、家畜排せつ物等のバイオマス資源を有効利用したバイオガス化の取組や省エネルギー性能の高い施設園芸設備・機器の導入等により、気候変動の緩和策を推進するとともに、再生可能エネルギーの主力電源化に寄与する。こうした取組により、農村において使用する電力の100％再生可能エネルギー化に向けて、体制を構築する。

また、気候変動による被害を回避・軽減するため、生産安定技術や対応品種・品目転換を含めた対応技術の開発・普及、農業者等自らが気候変動に対するリスクマネジメントを行う際の参考となる手引きを作成するなど、農業生産へのリスク軽減に取り組む。さらに、これまで輸入に依存していた亜熱帯・熱帯果樹等の新規導入や転換など気候変動がもたらす機会の活用を推進する。

これら気候変動に対する緩和・適応策の推進に当たっては、科学的なエビデンスに基づき生産現場へ導入・拡大することが鍵となることから、科学者が行政・企業・生産者等と連携し主体的に関与できる環境整備を検討する。

②　生物多様性の保全及び利用

食料生産が生物多様性に及ぼす影響に鑑み、原材料や資材調達を含めた持続可能な生産・消費の達成に向け「農林水産省生物多様性戦略」（平成24年２月改定）を改定し、グローバルなフードサプライチェーン全体における生物多様性保全の視点を取り込むこととする。

国内では、我が国が有する豊かな「自然資本」（自然環境を国民の生活や企業の経営基盤を支える重要な資本の一つとして捉える考え方）について、保全に留まらず創造し増大させるため、環境負荷の低減、景観や文化を育む農村を含めた地域の振興、消費者への普及・啓発などを通じて、環境創造型の農業を推進する。

このため、田園地域や里地・里山の保全・管理を推進する。また、生物多様性保全効果の見える化を通じ、有機農業や土着天敵の利用等、生物多様性保全に効果の高い取組を推進する。加えて、国際的なルール作りへの参画を含め、有用な遺伝資源の保全と円滑な利活用のための環境整備を推進する。

③　有機農業の更なる推進

国内外の有機食品の需要拡大に応じた安定供給体制づくりを進めるため、国際水準の有機農業に取り組む人材の育成や産地づくり、流通・加工・小売事業者等と連携した取組によるバリューチェーン構築や耕作放棄地等を活用した農地の確保などを進めるとともに、有機農業を活かして地域振興につなげている市町村等のネットワークづくりを進め、有機農業の取組面積拡大を図る。また、有機JASなど関連する制度等について、消費者がより合理的な選択ができるよう必要な見直しを行うとともに、諸外国との有機同等性の取得や海外への普及、有機JAS認証取得の推進等により、我が国の有機食品の輸出を促進する。

④　土づくりの推進

土づくりを推進するための土壌専門家の活用や全国的な土壌の実態把握に向けた都道府県の土壌調査結果の共有を推進するとともに、肥料制度の見直しにより利用しやすくなる堆肥等の活用を促進する。また、収量向上効果を含めた土壌診断データベースを構築し、データベースを用いた土壌診断の有用性を提示することで、全ての農業者が科学的データに基づく土づくりを実施できる環境の整備を図るとともに、ドローン等を用いた簡便かつ広域的な診断手法や土壌診断の高度化に向けた生物性評価軸の社会実装を推進する。

⑤　農業分野におけるプラスチックごみ問題への対応

農業分野のプラスチックごみ問題に対応するため、廃プラスチックの回収・適正処理の徹底や循環利用の促進、排出抑制のための中長期展張フィルムや生分解性マルチの利用拡大、被覆肥料の被膜殻の河川等への流出防止等の取組を推進する。

⑥　農業の自然循環機能の維持増進とコミュニケーション

SDGsの達成に向け、持続可能な農業を確立するため、有機農業をはじめとする生物多様性と自然の物質循環が健全に維持され、自然資本を管理・増大させる取組について消費者等に分かりやすく伝え、持続可能な消費行動を促す取組を推進する。

具体的には、気候変動や生物多様性等環境に配慮した生産等により生み出される価値を見える化するとともに、消費者の購買行動によりこれを後押しする仕組みを構築する。このため、消費行動が環境と経済へ与える影響の分析に加え、供給者と需要者のマッチング、持続可能な生産に関心の高い消費者と生産者の関係を強化する地域通貨等を使った仕組みの構築、ブロックチェーン等を活用したサプライチェーンをつなぐ情報管理とその見える化、各業界の自主的な基準作成の支援、各種国際イベントと連携した発信等に取り組む。

3．農村の振興に関する施策

国土の大宗を占める農村は、国民に不可欠な食料を安定供給する基盤であるとともに、農業・林業など様々な産業が営まれ、多様な地域住民が生活する場でもあり、さらには国土の保全、水源の涵《かん》養、美しく安らぎを与える景観の形成、生物多様性の保全、文化の伝承といった、多面的機能が発揮される場であることから、都市住民への恵沢も踏まえた多面的機能の十分な発揮を図るためにも農村の振興を図ることが必要である。

また、農村、特に中山間地域では、少子高齢化・人口減少が都市に先駆けて進行している一方で、「田園回帰」による人の流れが全国的な広がりを持ちながら継続しているなど、農村の持つ価値や魅力が国内外で再評価されており、こうした動きも踏まえ、地域住民に加えて関係人口も含めた幅広い主体の参画の下で、農村の振興に関する施策を推進していく必要がある。

農村の振興に当たっては、第一に、生産基盤の強化による収益力の向上等を図り農業を活性化することや、農村の多様な地域資源と他分野との組合せによって新たな価値を創出し所得と雇用機会を確保すること、第二に、中山間地域をはじめとした農村に人が住み続けるための条件を整備すること、第三に、農村への国民の関心を高め、農村を広域的に支える新たな動きや活力を生み出していくこと、この「三つの柱」に沿って、効果的・効率的な国土利用の視点も踏まえて関係府省が連携した上で、施策の展開を図ることが重要である。

このため、関係府省、都道府県・市町村、民間事業者など、農村を含めた地域の振興に係る関係者が連携し、現場の実態と課題やニーズを把握・共有した上で、その解決や実現に向けて、施策を総合的かつ一体的に推進する。

（1）地域資源を活用した所得と雇用機会の確保

①　中山間地域等の特性を活かした複合経営等の多様な農業経営の推進

中山間地域は、その人口は全国の約１割を占めるに過ぎないものの、農家数、農地面積及び農業産出額はいずれも全国の約４割を占めるなど、中山間地域等は我が国の食料生産を担うとともに、豊かな自然や景観を有し、多面的機能の発揮の面でも重要な役割を担っている。こうした少ない人口で維持されている中山間地域等を、今後も安定的に維持していくためには、小規模農家をはじめとした多様な経営体がそれぞれにふさわしい農業経営を実現する必要がある。このため、地形による制約等不利な生産条件を有する一方で、清らかな水、冷涼な気候等を活かした農作物の生産が可能である点を活かし、中山間地域等直接支払制度により生産条件に関する不利を補正しつつ、地域特性を活かした作物や現場ニーズに対応した技術の導入を推進するとともに、米、野菜及び果樹等の作物の栽培や畜産、林業も含めた多様な経営の組合せにより所得を確保する複合経営モデルを提示する。

また、中山間地域等の特色を活かした営農と所得の確保に向けて、必要な地域に対して、農業生産を支える水路、ほ場等の総合的な基盤整備と、生産・販売施設等との一体的な整備を推進する。

② 地域資源の発掘・磨き上げと他分野との組合せ等を通じた所得と雇用機会の確保

ア 農村発イノベーションをはじめとした地域資源の高付加価値化の推進

農村を舞台として新たな価値を創出し、所得と雇用機会の確保を図るため、「農村発イノベーション」（活用可能な農村の地域資源を発掘し、磨き上げた上で、これまでにない他分野と組み合わせる取組）が進むよう、農村で活動する起業者等が情報交換を通じてビジネスプランを磨き上げることができるプラットフォームの運営など、多様な人材が農村の地域資源を活用して新たな事業に取り組みやすい環境の整備などにより、現場の創意工夫を促す。

また、地域の農業者が農産物の加工、直売や観光農園、農家レストランの経営等の新規事業を立ち上げ、新たな付加価値を生み出す６次産業化を推進する。

さらに、現場発の新たな取組を抽出しつつ、複合経営等の多様な農業経営、農村発イノベーションをはじめとした地域資源の高付加価値化等の取組を様々に組み合わせて所得と雇用機会を確保するモデルを提示し、全国で応用できるよう積極的に情報提供する。

イ 農泊の推進

農村の所得向上と地域の活性化を図るため、農泊を持続的なビジネスとして実施できる体制を持つ地域を創出し、都市と農村の交流や増大するインバウンド需要の呼び込みを促進する。地域資源を活用した食事や体験・交流プログラムの充実、利用者がストレスなくサービスを受けられる受入環境の整備や利用者のニーズに対応した農泊らしい農家民宿や古民家等を活用した滞在施設の整備を進めるほか、日本政府観光局（JNTO）等との連携による国内外のプロモーションや、専門家の派遣による地域の課題に対応した現地指導等を実施する。

ウ ジビエ利活用の拡大

鳥獣被害防止に資するとともに、捕獲した鳥獣を農村の所得を生み出す地域資源に変えていくため、ジビエ利用に適した捕獲・搬入技術を習得した人材の育成、処理加工施設や移動式解体処理車等の整備、野生鳥獣肉の安全性の確保、衛生管理認証の普及、ペットフード等の多様な用途への利用、関係者が共有できる捕獲から処理加工までの情報のネットワーク化等を推進する。

エ 農福連携の推進

障害者の農業分野での活躍を通じて、農業経営の発展とともに、障害者の自信や生きがいを創出し、社会参画を実現する農福連携の一層の推進を図るため、「農福連携等推進ビジョン」（令和元年６月農福連携等推進会議決定）に基づき、農福連携のメリットの発信等を通じた認知度の向上、働きやすい環境の整備や専門人材の育成等を通じた取組の促進、各界の関係者が参加するコンソーシアムの設置と優良事例の普及等を通じた取組の輪の拡大を推進するほか、農福連携における「農」の広がりとして、林福連携や水福連携の取組を推進するとともに、「福」の広がりとして、高齢者、生活困窮者等に対する取組を推進する。

オ　農村への農業関連産業の導入等

「農村地域への産業の導入の促進等に関する法律」（昭和46年法律第112号）、「地域経済牽《けん》引事業の促進による地域の成長発展の基盤強化に関する法律」（平成19年法律第40号）等を活用した農村への産業の立地・導入、多様な人材による農村での起業の促進、地域の資源と資金を活用し農村の魅力ある産品やサービスを提供する地域商社等の地域密着型事業の支援等を実施する。

さらに、農村の多くは地域資源として豊かな森林を有していることから、健康、観光等の多様な分野で森林空間を活用して、新たな雇用と収入機会を確保する「森林サービス産業」を創出・推進する。

③　地域経済循環の拡大

ア　バイオマス・再生可能エネルギーの導入、地域内活用

農村の所得の向上・地域内の循環を図るため、地域資源を活用したバイオマス発電、小水力発電、営農型太陽光発電等の再生可能エネルギーの導入、地域が主体となった地域新電力の立上げ等による再生可能エネルギーの活用を促進する。また、農村を含めた地域における災害時のエネルギーの安定供給を図るため、大規模電力のみに依存しない、地域の再生可能エネルギーを用いた分散型エネルギーシステム構築に向けた技術開発、普及を行う。

こうした取組を効率的・効果的に推進するため、地域の再生可能エネルギーについて消費者が把握し選択できるよう、取組の見える化等の価値付けを推進する。

さらに、家畜排せつ物、食品廃棄物、稲わら・もみ殻等のバイオマスについて、発電に加え、エネルギー効率の高い熱利用や、発酵過程で発生する消化液等の利用を促進するほか、新たなバイオマス製品の製造・販売の事業化に向けた技術開発や普及等の推進を検討する。

イ　農畜産物や加工品の地域内消費

農村に安定的な所得や雇用機会を確保するため、地域内で生産された農畜産物や、これを原材料として地域内で加工された食品等について、地域内の学校や病院等施設の給食への活用、農産物直売所等での提供・販売や、各種イベント等での消費者への啓発を通して地産地消を実現し、農村で生み出された経済的な価値を地域内で循環させる地域経済循環を確立する。

ウ　農村におけるSDGsの達成に向けた取組の推進

農村では、森林、土壌、水、大気などの豊富な自然環境、それを利用した農業などの経済活動、そして人々の暮らしを支える地域社会という、SDGsの理念を構成する環境・経済・社会の三要素が密接に関連している。このことを踏まえ、再生可能エネルギーの活用や農畜産物等の地産地消等、地域資源を活用した地域経済循環の構築等により、各地域が自立・分散型の社会を形成し、地域資源等を補完し支え合う「地域循環共生圏」の創造に取り組むことができるよう、農村におけるSDGsの達成に向け、地域における人材の発掘、核となるステークホルダーの組織化等の環境整備を促進する。

加えて、農村におけるSDGsの達成に向けた取組事例を普及させることにより、環境と調和した活動に取り組む地方公共団体や企業等の連携を強化する。

④　多様な機能を有する都市農業の推進

都市農業は、新鮮な農産物の供給のみならず、農業体験の場の提供や都市住民の農業への理解の醸成といった役割を果たすなど、多様な機能を有している。こうした都市農業の有する多様な機能を発揮するため、農業経営の維持発展、立地条件を活かした地産地消、農作業体験や交流活動等の取組を促進する。

都市の農地の有効な活用や適正な保全に向けて、「都市農地の貸借の円滑化に関する法律」（平成30年法律第68号）の仕組みが現場で円滑かつ適切に活用されるよう、農地所有者と都市農業者、新規就農者等の多様な主体とのマッチング体制の構築を促進するなど、環境の整備を推進する。

また、都市農業の安定的な継続や多様な機能の発揮のため、計画的な都市農地の保全を図る生産緑地、田園住居地域等の積極的な活用を促進し、農と住の調和するまちづくりを進める。

（2）中山間地域等をはじめとする農村に人が住み続けるための条件整備

①　地域コミュニティ機能の維持や強化

ア　世代を超えた人々による地域のビジョンづくり

地域を維持していくため、あらゆる世代の人々が参画して行う地域の将来像についての話合いを促していく。

具体的には、中山間地域等直接支払制度の活用により農用地や集落の将来像の明確化を支援するほか、農村が持つ豊かな自然や食を活用した地域の活動計画づくり等を支援する。その際、少子高齢化・人口減少、地方公共団体の職員数の減少を踏まえ、計画の策定等に係る地域の事務負担の軽減を進める。

また、地域で共同した耕作・維持活動に加え、放牧や飼料生産など、少子高齢化・人口減少にも対応した多様な農地利用方策とそれを実施する仕組みについて「農村政策・土地利用の在り方プロジェクト」を設置し、総合的な議論を行い、必要な施策を実施する。

イ　「小さな拠点」の形成の推進

生活サービス機能等を基幹集落へ集約した「小さな拠点」の更なる形成拡大と質的向上を図るため、農産物販売施設、廃校施設など、特定の機能の発揮を想定して設置された施設について、地域づくり、農業振興、観光、文化、福祉、防犯等の面から多機能化し、地域活性化の拠点等として活用していくための支援の在り方を示す。

また、「小さな拠点」間や「小さな拠点」と周辺集落等を結ぶ交通網を整備するなど、コンパクト・プラス・ネットワークの取組とも連携した効果的な「小さな拠点」の形成を推進する。

ウ 地域コミュニティ機能の形成のための場づくり

地域コミュニティの形成や交流のための場づくりを推進するため、公民館がNPO法人や企業、農業協同組合など多様な主体と連携して地域の人材の育成・活用や地域活性化を図るための支援を実施する。

② 多面的機能の発揮の促進

農業の有する多面的機能の適切かつ十分な発揮のための地域資源の共同保全活動、中山間地域等における農業生産活動、自然環境の保全に資する農業生産活動等への支援を行う日本型直接支払制度（多面的機能支払制度、中山間地域等直接支払制度及び環境保全型農業直接支払制度）について、構成する３制度の連携強化を図りつつ、集落内外の組織や非農家の住民と協力しながら、活動組織の広域化等や人材確保、省力化技術の導入を推進する。

とりわけ、高齢化や人材不足の深刻化が懸念されている中山間地域等においては、中山間地域等直接支払制度について、今後も安心して営農に取り組めるよう、第５期対策への移行に当たり交付金の返還措置を見直すとともに、農用地や集落の将来像の明確化を図る集落戦略の作成や集落の地域運営機能の強化、棚田地域における振興活動等、将来を見据えた活動を支援する。

また、地域住民等による森林の保全管理活動等の取組を支援するに当たり、中山間地域等における農地等の維持保全にも資する取組を優先的に支援する。

③ 生活インフラ等の確保

ア 住居、情報基盤、交通等の生活インフラ等の確保

中山間地域等をはじめとする農村に安心して住み続けられるようにするため、住居、情報基盤、交通等の生活インフラ等を確保するための取組を推進する。具体的には、「農地付き空き家」に関する情報提供や取得の円滑化、農業・農村におけるICT利活用に必要な情報通信環境の整備の検討、コミュニティバス・移動販売等の地域内交通・食料品アクセスの確保・維持、小規模校等における教育活動の充実等の取組を推進する。

イ 定住条件整備のための総合的な支援

年齢や性別等を問わず誰もが農村に住み続けることができるよう、定住条件の整備に向けた医療・交通等の分野横断的な取組に係る活動計画について、地域の創意工夫を踏まえた策定を支援するほか、産業の振興、生活の安心・安全確保、集落の維持・活性化等の観点から先進的で波及性のある取組に対して支援する。

また、中山間地域等において、必要な地域に対して、農業生産基盤の総合的な整備と、農村振興に資する施設の整備とを一体的に推進し、定住条件を整備する。

なお、農業水利施設は、防火用水の供給や親水空間などの機能を有しており、地域住民もその恩恵を享受している一方で、近年の農村の都市化・混住化等に伴い、その安全性の確保が一層求められている。このため、水路等への転落を防止するための安全施設の整備など、農業水利施設の安全対策を推進する。

④ 鳥獣被害対策等の推進

捕獲等の対策に携わる人材の不足や野生鳥獣の生息域の拡大等による鳥獣被害の深刻化・広域化に対応するため、関係府省が連携し、戦略的に各種対策を組み合わせることにより鳥獣被害対策を抜本的に強化する。

「鳥獣による農林水産業等に係る被害の防止のための特別措置に関する法律」（平成19年法律第134号）に基づく鳥獣被害対策実施隊の設置・体制強化を推進するとともに、地域ぐるみで行う侵入防止柵の設置、里山や森林における緩衝帯づくり等の環境整備を行うほか、ICTやドローン技術等を活用した効率的なスマート捕獲の技術の開発・普及等を含めた捕獲強化や、若者や農業協同組合等の一層の参画を促進するなど新しい人材の育成・確保等に取り組む。

また、複数の地方公共団体が連携した広域的対策や、特定外来生物対策、森林や市街地における対策に取り組むとともに、農業協同組合等地域の多様な主体の被害対策への参画の促進や、捕獲の効果を高めるような方法について関係団体等と協議・連携するなど、関係者が一体となった取組を推進する。

（3）農村を支える新たな動きや活力の創出

① 地域を支える体制及び人材づくり

ア 地域運営組織の形成等を通じた地域を持続的に支える体制づくり

地域を維持していくためには、リーダーの世代交代等に関係なく地域を持続的に支えることができる体制を維持・構築することが重要である。このため、中山間地域等において、「小さな拠点」の形成と併せて、農業協同組合などの多様な組織による地域づくりの取組を推進するとともに、生活サービスの維持・確保、仕事・収入の確保等の地域課題の解決に取り組む地域運営組織等の地域づくり団体の設立や集落協定の広域化等を推進する。体制の構築に当たっては、集落営農等の活動を地域づくりなどの分野に多角化していくことや、地域運営組織等の活動を農地の利用及び管理などに広げていくことに対する支援の在り方を示す。

イ 地域内の人材の育成及び確保

地域づくりを支える人材を中長期的な視点から育成していくため、地域が直面する課題の解決や地域活性化に資する学習等を推進する。

また、地域人口の急減に直面している地域において、「地域人口の急減に対処するための特定地域づくり事業の推進に関する法律」の仕組みを活用し、地域内の様々な事業者を多業（一つの仕事のみに従事するのではなく、複数の仕事に携わる働き方）により支える人材の確保及びその活躍を推進することにより、地域社会の維持及び地域経済の活性化を図る。

ウ　関係人口の創出・拡大や関係の深化を通じた地域の支えとなる人材の裾野の拡大

関係人口の創出・拡大や関係の深化を通じて地域の支えとなる人材の裾野の拡大を図るため、体験農園、農泊、ふるさと納税等の様々なきっかけを通じて地域への関心や関わりを持った者が、関心や関わりを段階的に深め、地域活動への参画や援農・就農等に効果的につなげていくための仕組みを具体化する。また、子どもの農村での宿泊による農業体験や自然体験活動等を行う「子ども農山漁村交流プロジェクト」を推進する。

さらに、関係人口の創出・拡大や関係の深化に向けて、地方公共団体へのモデル的な支援、官民連携によるプラットフォームの構築、様々なコーディネート体制の構築等を推進するほか、居住・就農を含む就労・生活支援等の総合的な情報をワンストップで提供する「移住・交流情報ガーデン」の利用促進を図る。多様な概念である関係人口について、農業や農村との関わりも含め、その実態を把握するため、客観的な把握手法の確立とその類型化を図るとともに、ライフスタイルの多様化を見据えた今後の社会の在り方や対応策を示す。

エ　多様な人材の活躍による地域課題の解決

農村が抱える諸課題の解決を図るため、地域おこし協力隊やふるさとワーキングホリデー等、地域外の人材を活用する取組を推進するほか、民間事業者と連携し、技術を有する企業や志ある若者などの斬新な発想を採り入れた取組や、特色ある農業者や地域課題の把握、対策の検討等を支援する取組等を推進する。

②　農村の魅力の発信

ア　副業・兼業などの多様なライフスタイルの提示

農村で副業・兼業などの多様なライフスタイルを実現するための、農業と他の仕事を組み合わせた働き方である「半農半X」やデュアルライフ（二地域居住）を実践する者等を増加させるための方策や、本格的な営農に限らない多様な農への関わりへの支援体制の在り方を示す。また、働き方改革の実現に貢献するとともに、農村地域における副業・多業などの多様なライフスタイルの実現にも資するよう、都市部の企業等に対し、サテライトオフィス開設に向けた「お試し勤務」の誘致を行う取組を推進する。

イ　棚田地域の振興と魅力の発信

貴重な国民的財産である棚田について、その保全と棚田地域の振興を図るため、美しい景観を活かした観光や、棚田オーナー制度等を通じた都市住民との交流、棚田米の販売などの地域の創意工夫を活かした取組を、「棚田地域振興法」（令和元年法律第42号）に基づき、関係府省が連携して総合的に支援する。また、棚田カードの作成や人的ネットワークの形成等を通じ、新たな側面から棚田の魅力を積極的にPRする。

ウ　様々な特色ある地域の魅力の発信

棚田、景観作物地帯等の景観、農村の歴史や伝統文化を活かした農泊等の地域づくりを推進するため、「景観法」（平成16年法律第110号）に基づく景観農業振興地域整備計画、「地域における歴史的風致の維持及び向上に関する法律」（平成20年法律第40号）に基づく歴史的風致維持向上計画等の制度や、「日本遺産」等の施策を活用した特色ある地域の魅力の発信を推進する。

③　多面的機能に関する国民の理解の促進等

農業の多面的機能に関する国民の理解の促進を図るため、世界農業遺産・日本農業遺産及び世界かんがい施設遺産について、国民の認知度向上に取り組むほか、都市と農村の交流、観光の促進等に向けた取組を推進する。また、都市農業が有する都市の防災などの多様な機能の理解醸成等に向けた取組を推進する。

さらに、地域の若者や女性の発想、農業以外の分野からの新たな視点により、農村の魅力の掘り起こし・磨き上げ・発信を促進し、また農村のポテンシャルを引き出して地域の活性化や所得向上に取り組む優良事例を選定し、全国へ発信することを通じて、国民への理解の促進・普及等を図るとともに、農業の多面的機能の評価に関する調査、研究等を進める。

（４）「三つの柱」を継続的に進めるための関係府省で連携した仕組みづくり

農村政策の企画・立案・推進を総合的に進め、上記（１）から（３）までの柱に沿って施策を効率的・効果的に実施していくため、農村の実態や要望について、農林水産省が中心となって、都道府県や市町村、関係府省や民間とともに、現場に出向いて直接把握し、把握した内容を調査・分析した上で、課題の解決を図る取組を継続的に実施するための仕組みを構築する。

農村の振興に当たっては、第２期「まち・ひと・しごと創生総合戦略」（令和元年12月閣議決定）等に掲げる施策と十分に連携しながら、地方への人や資金の流れを強化しつつ、関係府省、都道府県や市町村、民間事業者など、農村を含めた地域の振興に係る関係者が連携するとともに、農村を含めた地域振興施策を担う都道府県や市町村の人材育成などの点も含め、総合的に推進していく。

4．東日本大震災からの復旧・復興と大規模自然災害への対応に関する施策

（1）東日本大震災からの復旧・復興

①　地震・津波災害からの復旧・復興

地震・津波被災地域においては、農林水産関係インフラについて、復興・創生期間内（令和2年度まで）に復旧はおおむね完了する見込みである。引き続き、農地等の整備の完了を目指し、復旧・復興を着実に進める。

②　原子力災害からの復旧・復興

東京電力福島第一原子力発電所の事故に対応し、関係府省が連携し、食品の安全を確保する取組や、農業者の経営再開の支援、国内外の風評被害の払拭に向けた取組等を引き続き推進する。

具体的には、放射性セシウム基準値を下回る農産物のみを流通させることで引き続き食品の安全が確保されるよう、農産物の出荷前の放射性物質の検査を実施し、検査結果に応じた出荷制限を行う。

また、引き続き、生産現場の協力を得て、品目ごとの特性に応じた放射性物質の低減対策、吸収抑制対策、収穫後の検査等の取組を推進する。

原子力被災12市町村における営農再開に向け、農地等の除染、農業者の帰還の進捗状況に合わせた農地・農業用施設等の復旧・整備、除染後の農地等の保全管理から農産物や家畜の作付・飼養実証、大規模化や施設園芸の導入、必要な資金の手当等の新たな農業への転換まで、一連の取組を切れ目なく支援する。

加えて、大規模で労働生産性の著しく高い農業経営の展開に向け、外部からの参入も含めた農地の利用集積や6次産業化施設の整備の促進を図るとともに、原子力被災12市町村に対し、福島県や農業協同組合と連携して人的支援を行う。また、先端技術の現場への実装に向けた研究開発・現地実証を進めるとともに、得られた成果の社会実装を促進する。

なお、営農再開に当たっては、人・農地プランの実質化や中山間地域等直接支払制度の集落協定・集落戦略の作成等を通じて地域の将来像を明確化することにより、復旧・復興の取組を着実に進める。

こうした被災地における取組に加え、今なお残っている科学的根拠に基づかない風評や偏見・差別の払拭に向け、「風評払拭・リスクコミュニケーション強化戦略」（平成29年12月原子力災害による風評被害を含む影響への対策タスクフォース決定）に基づき、政府一体となった取組を進める。その際、農産物中の放射性物質の検査結果や農業現場での取組等について、消費者等への科学的根拠に基づく正確かつ分かりやすい情報提供を実施する。また、食品産業事業者、地方公共団体等の協力を得て、福島県など被災地の農産物・食品の販売拡大を後押しする取組を効果的に推進する。

我が国の農林水産物・食品の放射性物質に係る輸入規制を20の国・地域が依然として継続しており、政府一体となり、我が国が実施している安全確保のための措置や検

査結果等の科学的データの情報提供、輸入規制の緩和や撤廃に向けた働きかけを継続して実施する。

（２）大規模自然災害への備え

①　災害に備える農業経営の取組の全国展開等

近年大規模災害が頻発する中で被害を最小化するためには、過去の災害の教訓を最大限活かし、事前防災を徹底する必要がある。その際、事前防災に係る技術開発を進め、ハード対策とソフト対策をバランスよく組み合わせるとともに、最新技術を農業分野においてフル活用することにより、人的被害・物的被害の最小化、さらには被災後のできるかぎり迅速な営農再開を目指す。

自然災害等の農業経営へのリスクに備えるため、異常気象にも対応した品種や栽培技術の導入、産地の分散、農業用ハウスの保守管理の徹底や補強、低コスト耐候性ハウスの導入、農業保険等の普及促進・利用拡大、事業継続計画（BCP）の普及など、災害に備える農業経営に向けた取組を全国展開する。

また、地域において、農業共済組合をはじめ行政、農業協同組合や農業法人協会等の関係団体、農外の専門家等による推進体制を構築し、「農業技術の基本方針」（令和元年改定）に基づく作物ごとの災害対策に係る農業者向けの研修やリスクマネジメントの取組事例の普及、農業高校、農業大学校等における就農前の学習等を推進する。

さらに、基幹的な畜産関係施設等における電源確保対策や卸売市場における業務継続のための施設整備を推進する。

②　異常気象などのリスクを軽減する技術の確立・普及

気候変動や自然災害に強く、食料の安定供給を可能とする持続的な産地づくりを推進するため、異常気象による生育不良、品質低下・病害虫等による被害を軽減できる品種や生産安定技術を開発・普及する。

③　農業・農村の強靱《じん》化に向けた防災・減災対策

「国土強靱《じん》化基本計画」等を踏まえ、農業水利施設等の耐震化、非常用電源の設置等のハード対策とともにハザードマップの作成等のソフト対策を適切に組み合わせて推進する。

平成30年7月豪雨で多くのため池が被災した教訓を踏まえ見直しを行った新たな基準により再選定した防災重点ため池については、ため池の位置図や緊急連絡体制の整備など避難行動につながる対策を進めるとともに、防災・減災対策の優先度が高いため池から、ハザードマップの作成や、堤体の改修・統廃合を着実に進める。

さらに、頻発化、激甚化する豪雨等に対応するため、気候変動を踏まえた農業水利施設の排水対策等の方向性を示すとともに、既存ダムの洪水調節機能の強化に向けて取り組む。

④　初動対応をはじめとした災害対応体制の強化

「令和元年台風第15号・第19号をはじめとした一連の災害に係る検証チーム」中間とりまとめ（令和2年1月とりまとめ）等を踏まえ、大規模な災害が発生した際、発災直後の的確かつ迅速な初動対応によって、被害の拡大防止や早期復旧が可能となることから、地方農政局等と農林水産本省との連携体制の構築を促進するとともに、地方農政局等の体制を強化する。また、地方公共団体における災害対応職員の不足に対応するため、国からの派遣人員の充実など、国の応援体制を充実させる。

被災地のニーズは時間の経過とともに変化することから、それらのニーズの変化を的確に捉え、被災者に寄り添った丁寧な対応を行うため、被災者支援のフォローアップ体制の充実を図り、早期の営農再開に努める。

⑤　不測時における食料安定供給のための備えの強化

大規模自然災害の発生時には、食料のサプライチェーンの機能を維持し、プッシュ型支援など被災地への応急食料の供給や全国的な食料供給の確保を図る。このため、食品産業事業者による事業継続計画（BCP）の策定や事業者、地方公共団体等の連携・協力体制の構築、卸売市場における業務継続のための施設整備等を促進する。

主食である米や麦、飼料穀物の適正な備蓄水準を確保する。

近年の大規模災害の発生を踏まえ、食品の家庭備蓄の定着に向けて、企業、地方公共団体や教育機関と連携しつつ、普段の食品を多めに買い置きし、古いものから消費し、消費したら買い足すローリングストックなどによる日頃からの家庭備蓄の重要性や、乳幼児、高齢者、食物アレルギー等への配慮の必要性に関する普及啓発を行う。

（3）大規模自然災害からの復旧

地震や豪雨等の自然災害により被災した農業者の早期の営農再開を支援するため、「大規模災害時における農林水産業施設及び公共土木施設災害復旧事業査定方針」（平成29年1月策定）等に基づき災害査定の効率化を進めるとともに、査定前着工制度の活用を促進し、農地・農業用施設の早期復旧を進める。また、被災した地方公共団体等への国の技術職員（MAFF-SAT）の派遣により、迅速な被害の把握や被災地の早期復旧を支援する。さらに、被災を機に作物転換、規模拡大、大区画化等に取り組む産地への支援や令和元年度に発生した台風第15号及び第19号等による被災地でのスマート農業の実証等新たな取組による営農再開を支援する。

5．団体に関する施策

食料・農業・農村に関する団体（農業協同組合系統組織、農業委員会系統組織、農業共済団体、土地改良区等）は、農業経営の安定、食料の安定供給、農業の多面的機能の発揮等において重要な役割を果たしていくことが求められている。

我が国では、農業者や農村人口の著しい高齢化・減少、これに伴う農地面積の減少などにより、農業の生産基盤が損なわれることが懸念される状況を踏まえ、各団体が、食料・農業・農村に関する諸制度の在り方の見直しと併せて、その機能や役割を効果的かつ効率的に発揮できるようにすることが重要である。

ア　農業協同組合系統組織

平成26年６月から５年間の農協改革集中推進期間において、農業者の所得向上に向け、農産物の有利販売・生産資材の有利調達等を行う農協系統組織の自己改革の取組は進展した。今後も、農業者の所得向上に向けた取組を継続・強化する必要がある。そのためにも、信用事業をはじめとして農協系統組織を取り巻く環境が厳しさを増す中、農協系統組織が農村地域の産業や生活のインフラを支える役割等を引き続き果たしながら、各事業の健全性を高め、経営の持続性を確保することが必要である。このような課題認識に立ち、引き続き、自己改革の取組を促す。

イ　農業委員会系統組織

平成27年に制度改正を行った「農業委員会等に関する法律」（昭和26年法律第88号）に基づく取組状況を定期的に点検し、制度を円滑に実施する。農業委員・農地利用最適化推進委員による現場活動等を通じて、担い手への農地の集積など農地利用の最適化を一層促進する。特に、人・農地プランの実質化に向けた積極的な取組を推進する。

ウ　農業共済団体

地域において、農業共済組合を主体として行政、農業協同組合や農業法人協会等の関係団体や農外の専門家等と連携し、農業保険の推進体制を構築し、農業保険を広く推進する。また、農業保険を普及する農業共済団体の職員の能力強化を図る。あわせて、全国における１県１組合化の実現に加え、農業被害の防止に係る情報・サービスの農業者への提供や、広域被害等の発生時において円滑な保険事務等が実施できる体制を構築する。

エ　土地改良区

農業・農村の構造変化やスマート農業への対応、事務コストの縮減など土地改良区の運営体制の強化を図るため、土地改良区の合併又は土地改良区連合の設立を推進する。

さらに、事務運営の一層の適正化を図るため、貸借対照表の作成・活用や員外監事の導入等、「土地改良法の一部を改正する法律」（平成30年法律第43号）の改正事項の定着を図る。

6．食と農に関する国民運動の展開等を通じた国民的合意の形成に関する施策

本基本計画に基づき食料・農業・農村に関する各般の施策を講ずる上で、基本となるのは国民の理解と支持である。我が国の地理的特徴を活かして生産される我が国の高品質な農産物・食品や農村固有の美しい景観・豊かな伝統文化は、我が国を象徴する新たな魅力として国内外で評価が高まっている。

一方、農村人口が減少し、都市化が進むとともに、食品の加工・流通が高度化してきた中で、食と農の距離が拡大し、消費者が日々の生活の中で農業を身近に感じることが少なくなってきている。このため、我が国の食料安全保障を一層確かなものとしていく観点からも、国内農業の重要性や持続性の確保について国民各層が認識を共有した上で、農村を維持し、次世代に継承していくことを国民共通の課題と捉え、国産農産物の積極的な選択などの具体的な行動に移すための機会を創出していくことが重要である。

このような問題意識の下、我が国の農業・農村をめぐる状況として、農業者の一層の高齢化と減少が急速に進み、農業の生産基盤の脆《ぜい》弱化や地域コミュニティの衰退、頻発する大規模自然災害が生じていることに加え、国際的な食料需給をめぐる状況として、世界の人口増加や経済発展に伴う食料需要の増加、気候変動や家畜疾病等の発生などにより、我が国の食料の安定供給に関するリスクが顕在化している等の実態を分かりやすい形で発信していく。

あわせて、消費者が国産農産物を積極的に選択する状況を創り出す消費面の取組を進めるため、子どもから大人までの世代を通じた農林漁業体験などの食育や地産地消といった施策について、消費者、食品関連事業者、農業協同組合をはじめとする生産者団体を含め官民が協働して幅広く進め、農産物・食品の生産に込められた思いや創意工夫等についての理解を深めつつ、食と農とのつながりの深化に着目した新たな国民運動を展開する。このため、「SDGs・食料消費プロジェクト」において、継続的かつ効果的な取組を推進するとともに、品目ごとの消費拡大に向けた取組状況を検証するなど、必要な措置を講ずる。

こうした取組を通じて、我が国の食と環境を支える農業・農村への国民の理解を醸成することで、農は「国の基《もとい》」との認識を国民全体で共有し、食料自給率の向上と食料安全保障の確立を図ることが必要である。

7．新型コロナウイルス感染症をはじめとする新たな感染症への対応

新型コロナウイルス感染症とそれに伴う経済環境の悪化により、我が国の農林水産業・食品産業は、深刻な需要減少や人手不足等の課題に直面している。将来にわたって国民が必要とする食料の安定供給を確保するためにも、この状況を速やかに解消し、生産基盤・経営の安定を図ることが重要である。

このため、国産農産物の消費拡大運動などによる内需の喚起、輸出先国の情勢変化や輸出商流の維持に対応した輸出の促進、入国制限がかけられていない国々も含めた農業労働力の確保、国産原料への切替えや経営改善などの中食・外食・加工業者対策などを機動的に講じていく。

また、新型コロナウイルス感染症による食料供給の状況について、消費者に分かりやすく情報を提供するとともに、今回の事態も踏まえた新たな感染症等によるリスクについて調査・分析を行い、中長期的な課題や取り組むべき方向性を明らかにしていく。

第４　食料、農業及び農村に関する施策を総合的かつ計画的に推進するために必要な事項

（１）国民視点や地域の実態に即した施策の展開

我が国の国土は、南北に長く地理的条件や気象条件が異なり、稲作、畑作、施設園芸、果樹、畜産地帯といった地域の特性を活かした多様な農業が営まれており、経営形態・経営規模は、家族経営、法人経営、中小規模から大規模まで多様化している。このため、現場主義に立ち、現場の課題やニーズ等を積極的に把握しながら、地域の実態に即した施策の展開を図る。

施策の決定や推進の過程において、ホームページ、SNS等の媒体による意見募集、全国各地での国民との意見交換、ワークショップ等を積極的に行うこと等により、透明性を確保しつつ、幅広い国民の参画を推進する。

（２）EBPMと施策の進捗管理及び評価の推進

施策の企画・立案に当たっては、達成すべき政策目的を明らかにした上で、合理的根拠に基づく施策の立案（EBPM：Evidence-Based Policy Making）を推進する。また、政策効果に着目した達成すべき目標の設定と、データの活用に基づく政策評価を積極的に実施し、施策の効果、問題点等を検証するとともに、政策評価に関する情報の公開を進める。あわせて、食料・農業・農村政策審議会企画部会において、政策評価結果を報告し、これらにより、必要に応じて施策の内容を見直し、翌年以降の施策の改善に反映させていくものとする。

また、施策の企画・立案段階から決定に至るまでの検討過程において、施策を科学的・客観的に分析し、その必要性や有効性を明らかにする。こうした施策の企画・立案に必要となる統計調査については、新たな施策ニーズを踏まえ的確に実施する。

本基本計画に基づく施策の推進に当たって、関係府省や地方公共団体、企業、NPO等が連携・協働して行う取組や、中長期的な観点から分析・議論を要する取組については、「プロジェクト」方式を活用し、進捗管理を行いながら、施策の具体化を進める。

（３）効果的かつ効率的な施策の推進体制

既存の施策の見直しや新たな施策の導入に当たっては、施策の趣旨や内容について、分かりやすい表現等を用い、農業者等の理解に努める。その際、地方公共団体、地域の関係機関等との連携や情報の共有を図り、農業者等への的確な伝達に努めるとともに、デジタル媒体をはじめとする複数の広報媒体を効果的に組み合わせた広報活動を推進する。これにより、農業・農村を活性化する取組の創出、後押し等につなげる。

地方公共団体の職員数の減少が懸念される中においても、農業・農村の現場が抱える課題や行政ニーズの変化等に迅速かつ効果的・効率的に対応するため、行政・組織

の在り方を含め、施策の推進体制を見直す。具体的には、現場と農政を結ぶ機能の充実や、意欲的に取り組む地方公共団体と地方農政局等との連携強化による都道府県や市町村における本基本計画を踏まえた施策の実施、人・農地プランや中山間地域等直接支払制度の集落戦略をはじめとした地域農業の振興等に関する計画の連携・統合等に取り組む。

なお、現場で施策の効果が発現するまでに一定の期間を要することから、施策の効果や現場の声を踏まえつつ、必要に応じ規制等の見直しも含め、施策を安定的に講じていくことが重要である。

（４）行政のデジタルトランスフォーメーションの推進

デジタル技術を活用したデータ駆動型の農業経営を実現するためには、農業政策や行政手続などの事務についてもデジタルトランスフォーメーションを進めることが必要である。このため、農林水産省共通申請サービス（eMAFF）の構築と併せた法令に基づく手続や補助金・交付金の手続における添付書類や申請パターン等の抜本見直し、デジタル技術の積極活用による業務の抜本見直し、行政関係データの連携などを促進する。また、データサイエンスを推進する職員の養成・確保など職員の能力向上を図るとともに、得られたデータを活用したEBPMや政策評価を積極的に実施する。

（５）幅広い関係者の参画と関係府省の連携による施策の推進

食料・農業・農村に関する施策は、国民生活や経済社会の幅広い分野に関係しているため、国はもとより地方公共団体、農業者、消費者、事業者及びそれぞれの関係団体等の適切な役割分担の下、施策を総合的かつ計画的に推進する。

その推進に当たっては、「農林水産業・地域の活力創造プラン」、「成長戦略フォローアップ」（令和元年６月閣議決定）、第２期「まち・ひと・しごと創生総合戦略」等の政府が取りまとめた文書に掲げる数値目標や施策の方向を踏まえるとともに、関係府省の密接な連携が不可欠であるため、内閣総理大臣を本部長とする「農林水産業・地域の活力創造本部」を活用して、政府一体となって取り組む。

（６）SDGsに貢献する環境に配慮した施策の展開

自然資本や環境に立脚した食料・農業・農村分野は、SDGsが目指す環境・経済・社会の統合的向上において果たす役割が非常に大きく、他産業に率先してSDGsの実現に貢献することが求められる。このため、施策の推進に当たっては、「農林水産省環境政策の基本方針」を踏まえ、①環境負荷低減への取組と、環境も経済も向上させる環境創造型産業への進化、②生産から廃棄までのサプライチェーンを通じた取組と、これを支える政策のグリーン化及び研究開発の推進、③事業体としての農林水産省の環境負荷低減の取組と自己改革に配慮しつつ実施する。

（7）財政措置の効率的かつ重点的な運用

厳しい財政事情の下で限られた予算を最大限有効に活用する観点から、毎年の施策の推進に当たっては、事業成果が着実に上がるよう、施策の不断の点検と見直しを行うとともに、目的に応じた施策の選択と集中的実施を行う。また、様々な観点からのコスト縮減に取り組み、効果的な施策の実施を図る。

新たな施策の実施に当たっては、既存の施策を不断に見直すことにより、施策の実施に伴う国民負担を合理的なものにするとともに、新たな施策に伴う負担の必要性について、国民に分かりやすく情報を提示し、国民の理解と納得を得るよう努める。

食料・農業・農村基本計画に係る目標・展望等
［食料・農業・農村基本計画参考資料］

食料自給率目標と食料自給力指標について（説明参考資料）

食料自給率目標

これまでの基本計画における食料自給率目標の考え方

	総合食料自給率目標		食料自給率目標の考え方
	カロリーベース	生産額ベース	
平成12年基本計画	45%	74%（参考値）	計画期間内における食料消費及び農業生産の指針となるものであることから、実現可能性や、関係者の取組及び施策の推進への影響を考慮して設定
平成17年基本計画	45%	76%	望ましい食生活や消費者ニーズに応じた国内生産の指針としての役割を有することを踏まえ、計画期間内における実現可能性を考慮して設定
平成22年基本計画	50%	70%	我が国の持てる資源をすべて投入した時にはじめて可能となる高い目標として設定
平成27年基本計画	45%	73%	消費の見通しや消費者ニーズを踏まえた国内生産の指針としての役割や、平成22年基本計画の検証結果を踏まえた、計画期間内における実現可能性を考慮して設定

新たな食料自給率目標における国内消費や国内生産の算定の考え方

＜目標年度における国内消費（分母）＞

○ 人口減少や高齢化の進展に伴う摂取熱量の減少のほか、食品ロス削減の政府目標等を踏まえ、目標年度における1人・1日当たり供給熱量や国内消費仕向額を算定

＜目標年度における国内生産（分子）＞

○ 需要が旺盛な畜産物、加工・業務用需要に対応した野菜、高品質な果実、輸入品に代替する需要の見込まれる小麦や堅調に需要が増加している大豆など、国内外の需要の変化に対応した生産・供給を見込み、目標年度における1人・1日当たり国産熱量や国内生産額を算定

飼料自給率を反映しない「食料国産率」の目標について

現在の食料自給率目標（飼料自給率を反映）

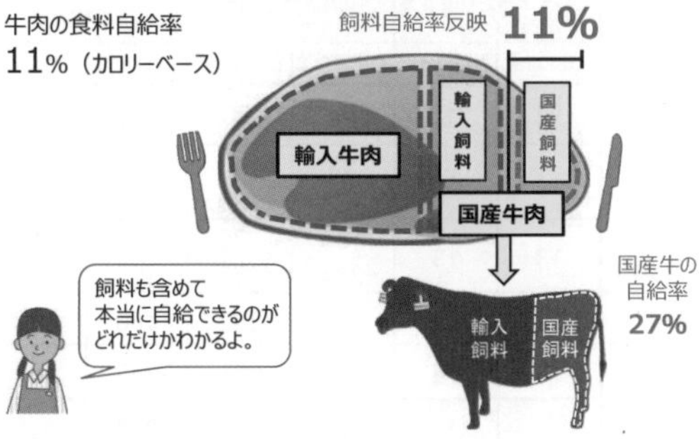

・国産飼料のみで生産可能な部分を厳密に評価できる。
・国産飼料の生産努力が反映される。

》 我が国の食料安全保障の状況を評価

食料国産率目標【新規】（飼料自給率を反映しない）

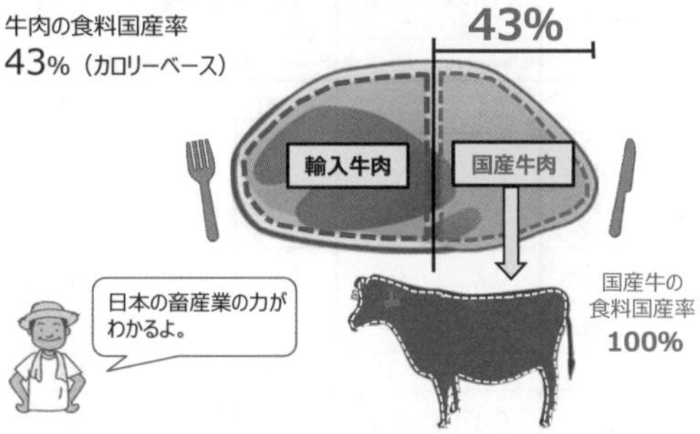

・需要に応じて増頭・増産を図る畜産農家の努力が反映される。
・日ごろ、国産畜産物を購入する消費者の実感と合う。

》 飼料が国産か輸入かにかかわらず、畜産業の活動を反映し、国内生産の状況を評価

⇒ 「食料国産率」と「飼料自給率」の双方の向上を図りながら、「飼料自給率を反映した食料自給率」の向上を図る

（参考１）
・FAOの手引きでは、食料自給率の算出における飼料自給率の考慮の仕方については、特に決まりなし。
・諸外国の対応 飼料自給率を考慮
（目標設定） 韓国
（実績公表） 韓国、スイス、ノルウェー、ドイツ
飼料自給率を考慮せず
（目標設定） 台湾
（実績公表） 台湾、スイス、ノルウェー、ドイツ
＊スイス、ノルウェー、ドイツはともに公表

（参考２）
＜食料国産率（平成30年度）＞

	カロリーベース	生産額ベース
総合食料自給率	46%（37%）	69%（66%）
畜産物の自給率	62%（15%）	68%（56%）
牛肉	43%（11%）	64%（56%）
豚肉	48%（ 6%）	56%（43%）
鶏卵	96%（12%）	96%（65%）

（ ）内は飼料自給率を反映した食料自給率

2

新たな基本計画における食料自給率目標等

○ 新たな食料自給率等の目標を、食料消費見通し及び生産努力目標を前提として、諸課題が解決された場合に実現可能な水準として、以下の通り示す。

		平成30年度（基準年度）		令和12年度（目標年度）	
法定目標	供給熱量ベースの総合食料自給率	37%	（1人・1日当たり国産供給熱量(912kcal) / 1人・1日当たり総供給熱量(2,443kcal)）	45%	（1人・1日当たり国産供給熱量(1,031kcal) / 1人・1日当たり総供給熱量(2,314kcal)）
法定目標	生産額ベースの総合食料自給率	66%	（食料の国内生産額(10兆6,211億円) / 食料の国内消費仕向額(16兆2,110億円)）	75%	（食料の国内生産額(11兆8,914億円) / 食料の国内消費仕向額(15兆8,178億円)）

飼料自給率	25%	（純国内産飼料生産量(619万TDNトン) / 飼料需要量(2,452万TDNトン)）	34%	（純国内産飼料生産量(869万TDNトン) / 飼料需要量(2,531万TDNトン)）
供給熱量ベースの食料国産率	46%	（1人・1日当たり国産供給熱量(1,129kcal) / 1人・1日当たり総供給熱量(2,443kcal)）	53%	（1人・1日当たり国産供給熱量(1,235kcal) / 1人・1日当たり総供給熱量(2,314kcal)）
生産額ベースの食料国産率	69%	（食料の国内生産額(11兆2,272億円) / 食料の国内消費仕向額(16兆2,110億円)）	79%	（食料の国内生産額(12兆4,794億円) / 食料の国内消費仕向額(15兆8,178億円)）

農地面積	442.0万ha （令和元年 439.7万ha）	414万ha
延べ作付面積	404.8万ha	431万ha
耕地利用率	92%	104%

（参考）平成27年基本計画

		平成25年度（基準年度）		平成37年度（目標年度）	
法定目標	供給熱量ベースの総合食料自給率	39%	（1人・1日当たり国産供給熱量(939kcal) / 1人・1日当たり総供給熱量(2,424kcal)）	45%	（1人・1日当たり国産供給熱量(1,040kcal) / 1人・1日当たり総供給熱量(2,313kcal)）
法定目標	生産額ベースの総合食料自給率	65%	（食料の国内生産額(9兆8,567億円) / 食料の国内消費仕向額(15兆1,200億円)）	73%	（食料の国内生産額(10兆4,422億円) / 食料の国内消費仕向額(14兆3,953億円)）

飼料自給率	26%	（純国内産飼料生産量(616万TDNトン) / 飼料需要量(2,380万TDNトン)）	40%	（純国内産飼料生産量(889万TDNトン) / 飼料需要量(2,243万TDNトン)）

3

令和12年度における食料消費の見通し及び生産努力目標①

品目	食料消費の見通し 1人・1年当たり消費量（kg/人・年）		食料消費の見通し 国内消費仕向量（万トン）		生産努力目標（万トン）	
	平成30年度	令和12年度	平成30年度	令和12年度	平成30年度	令和12年度
米	54	51	845	797	821	806
米（米粉用米、飼料用米を除く）	54	50	799	714	775	723
米粉用米	0.2	0.9	2.8	13	2.8	13
飼料用米	–	–	43	70	43	70
小麦	32	31	651	579	76	108
大麦・はだか麦	0.3	0.3	198	196	17	23
大豆	6.7	6.4	356	336	21	34
そば	0.7	0.7	14	13	2.9	4.0
かんしょ	3.8	4.0	84	85	80	86
ばれいしょ	17	17	336	330	226	239
なたね	–	–	257	264	0.3	0.4
野菜	90	93	1,461	1,431	1,131	1,302
果実	36	36	743	707	283	308
てん菜〈精糖換算〉	〈18〉	〈17〉	〈231〉	〈206〉	361 〈61〉	368 〈62〉
さとうきび〈精糖換算〉					120 〈13〉	153 〈18〉
茶	0.7	0.7	8.6	7.9	8.6	9.9

品目	食料消費の見通し 1人・1年当たり消費量（kg/人・年）		食料消費の見通し 国内消費仕向量（万トン）		生産努力目標（万トン）	
	平成30年度	令和12年度	平成30年度	令和12年度	平成30年度	令和12年度
生乳	96	107	1,243	1,302	728	780
牛肉〈枝肉換算〉	6.5	6.9	93 〈133〉	94 〈134〉	33 〈48〉	40 〈57〉
豚肉〈枝肉換算〉	13	13	185 〈264〉	179 〈256〉	90 〈128〉	92 〈131〉
鶏肉	14	15	251	262	160	170
鶏卵	18	18	274	261	263	264
飼料作物	–	–	435	519	350	519

注：飼料作物は良質粗飼料の可消化養分総量（TDN）である。

（参考）

品目	食料消費の見通し 1人・1年当たり消費量（kg/人・年）		食料消費の見通し 国内消費仕向量（万トン）		生産努力目標（万トン）	
	平成30年度	令和12年度	平成30年度	令和12年度	平成30年度	令和12年度
魚介類〈うち食用〉	24 〈24〉	25 〈25〉	716 〈569〉	711 〈553〉	392 〈335〉	536 〈474〉
海藻類	0.9	0.9	14	13	9.3	9.8
きのこ類	3.5	3.8	53	54	47	49

注：国内消費仕向量は、1人・1年当たり消費量に人口を乗じ、これに減耗量等を加えたものである。

4

令和12年度における食料消費の見通し及び生産努力目標②

品目	食料消費の見通し 1人・1年当たり消費量(kg/人・年)		食料消費の見通し 国内消費仕向量（万トン）		生産努力目標（万トン）		克服すべき課題
	平成30年度	令和12年度	平成30年度	令和12年度	平成30年度	令和12年度	
米	54	51	845	797	821	806	○事前契約・複数年契約などによる実需と結びついた生産・販売 ○農地の集積・集約化による分散錯圃の解消・連坦化の推進 ○多収品種やスマート農業技術等による多収・省力栽培技術の普及、資材費の低減等による生産コストの低減
米（米粉用米、飼料用米を除く）	54	50	799	714	775	723	○食の簡便化志向、健康志向等の消費者ニーズや中食・外食等のニーズへの対応に加え、インバウンドを含む新たな需要の取り込み ○コメ・コメ加工品の新たな海外需要の拡大、海外市場の求める品質や数量等に対応できる産地の育成
米粉用米	0.2	0.9	2.8	13	2.8	13	○大規模製造ラインに適した技術やアルファ化米粉等新たな加工法を用いた米粉製品の開発による加工コストの低減 ○国内産米粉や米粉加工品の特徴を活かした輸出の拡大
飼料用米	–	–	43	70	43	70	○飼料用米を活用した畜産物のブランド化と実需者・消費者への認知度向上・理解醸成及び新たな販路開拓 ○バラ出荷やストックポイントの整備等による流通段階でのバラ化経費の削減や輸送経路の効率化等、流通コストの低減 ○単収の大幅な増加による生産の効率化
小麦	32	31	651	579	76	108	○国内産小麦の需要拡大に向けた品質向上と安定供給 ○耐病性・加工適性等に優れた新品種の開発導入の推進 ○団地化・ブロックローテーションの推進、排水対策の更なる強化やスマート農業の活用による生産性の向上 ○ほ場条件に合わせて単収向上に取り組むことが可能な環境の整備
大麦・はだか麦	0.3	0.3	198	196	17	23	○国内産大麦・はだか麦の需要拡大に向けた品質向上と安定供給 ○耐病性・加工適性等に優れた新品種の開発導入の推進 ○団地化・ブロックローテーションの推進、排水対策の更なる強化やスマート農業の活用による生産性の向上 ○ほ場条件に合わせて単収向上に取り組むことが可能な環境の整備
大豆	6.7	6.4	356	336	21	34	○国産原料を使用した大豆製品の需要拡大に向けた生産量・品質・価格の安定供給 ○耐病性・加工適性等に優れた新品種の開発導入の推進 ○団地化・ブロックローテーションの推進、排水対策の更なる強化やスマート農業の活用による生産性の向上 ○ほ場条件に合わせて単収向上に取り組むことが可能な環境の整備

5

令和12年度における食料消費の見通し及び生産努力目標③

品目	食料消費の見通し				生産努力目標（万トン）		克服すべき課題
	1人・1年当たり消費量(kg/人・年)		国内消費仕向量（万トン）				
	平成30年度	令和12年度	平成30年度	令和12年度	平成30年度	令和12年度	
そば	0.7	0.7	14	13	2.9	4.0	○湿害軽減技術の普及による単収の向上及び安定化 ○高品質で機械化適性を有する多収品種の育成・普及
かんしょ	3.8	4.0	84	85	80	86	○需要が増加傾向にあるやきいも用及び輸出用に対応した品種の普及やかんしょの長期保存のための処理機能を備えた集出荷貯蔵体制の整備 ○でん粉原料用多収新品種の普及 ○省力栽培技術の導入による省力生産体系の推進 ○サツマイモ基腐病対策の実施
ばれいしょ	17	17	336	330	226	239	○需要が増加傾向にある加工食品向けの生産拡大 ○作業の共同化や外部化による労働力確保、高品質省力栽培体系や倉庫前集中選別など省力栽培技術の導入 ○ジャガイモシストセンチュウ抵抗性品種への転換
なたね	−	−	257	264	0.3	0.4	○単収の高位安定化 ○ダブルロー品種の開発・普及
野菜	90	93	1,461	1,431	1,131	1,302	○水田を活用した新産地の形成や、複数の産地と協働して安定供給を行う拠点事業者の育成等を通じた加工・業務用野菜の生産拡大 ○機械化一貫体系や環境制御技術の導入等を通じた生産性の向上 ○野菜の成人1日当たり摂取量の拡大[現況（平成30年）:281g　→　目標:350g]
果実	36	36	743	707	283	308	○省力樹形や機械化作業体系の導入、園内作業道やかんがい施設等の基盤整備等を通じた労働生産性の向上 ○海外の規制・ニーズに対応した生産・出荷体制の構築、水田を活用した新産地の形成等を通じた輸出向け果実の生産拡大 ○消費者・実需者ニーズに対応した優良品種・品目への転換の加速化
てん菜 （精糖換算）	〈18〉	〈17〉	〈231〉	〈206〉	361 〈61〉	368 〈62〉	○直播栽培などの省力作業体系の導入による地域輪作体系の構築 ○耐病性品種や風害軽減技術の導入などによる生産の安定化
さとうきび （精糖換算）					120 〈13〉	153 〈18〉	○畑地かんがいの推進、島ごとの自然条件等に応じた品種、作型の選択・組合せにより自然災害等に強い生産体制の実現 ○近年の営農体系に適した単収を低下させない機械化適性のある品種の開発・普及 ○作業受託組織や共同利用組織の育成・活用 ○作業効率向上・安定生産に向け、スマート農業技術を含めた機械化一貫体系の確立・普及
茶	0.7	0.7	8.6	7.9	8.6	9.9	○輸出の大幅な拡大に向けた生産体制の構築 ○国内外のニーズに対応し、生産・流通・実需等が連携した商品開発等による需要の拡大 ○スマート農業技術の活用による省力化や生産コスト低減

⑥

令和12年度における食料消費の見通し及び生産努力目標④

品目	食料消費の見通し				生産努力目標（万トン）		克服すべき課題
	1人・1年当たり消費量(kg/人・年)		国内消費仕向量（万トン）				
	平成30年度	令和12年度	平成30年度	令和12年度	平成30年度	令和12年度	
畜産物	—	—	—	—	—	—	○需要に応える供給を確保するための生産基盤の強化
生乳	96	107	1,243	1,302	728	780	○性判別技術や牛舎の空きスペースも活用した増頭推進等による都府県酪農の生産基盤強化 ○中小家族経営も含めた生産性向上・規模拡大、省力化機械の導入や外部支援組織の利用推進による労働負担軽減、後継者不在の経営資源の円滑な継承 ○需要の高い乳製品の競争力強化に向けた高品質生乳の生産、商品開発等の推進
牛肉 〈枝肉換算〉	6.5	6.9	93 〈133〉	94 〈134〉	33 〈48〉	40 〈57〉	○繁殖雌牛の増頭推進、和牛受精卵の増産・利用推進、公共牧場等のフル活用による増頭 ○中小家族経営も含めた生産性向上・規模拡大、省力化機械の導入や外部支援組織の利用推進による労働負担軽減、後継者不在の経営資源の円滑な継承 ○輸出促進による国産牛肉の需要拡大
豚肉 〈枝肉換算〉	13	13	185 〈264〉	179 〈256〉	90 〈128〉	92 〈131〉	○家畜疾病予防と生産コスト削減のため、衛生管理の改善、家畜改良や飼養管理技術の向上 ○労働力低減に資する畜舎洗浄ロボット等の先端技術の普及・定着、環境問題への適切な対応 ○飼料用米等の国産飼料の利用
鶏肉	14	15	251	262	160	170	○高病原性鳥インフルエンザ等家畜疾病に対する防疫対策の徹底 ○家禽の改良、飼養管理の向上による生産コスト削減
鶏卵	18	18	274	261	263	264	○高病原性鳥インフルエンザ等家畜疾病に対する防疫対策の徹底 ○家禽の改良、飼養管理の向上による生産コスト削減 ○高品質、安全性等のPRを通じた、国内外の需要拡大
飼料作物	−	−	435	519	350	519	○気象リスク分散型の草地改良や優良品種普及による単収向上 ○条件不利な水田等での放牧や飼料生産、草地基盤整備の推進 ○コントラクター、公共牧場等の外部支援組織のICT化による作業の効率化

注：飼料作物は良質粗飼料の可消化養分総量（TDN）である。

⑦

令和12年度における食料消費の見通し及び生産努力目標⑤

（参考）

品目	食料消費の見通し				生産努力目標（万トン）		克服すべき課題
	1人・1年当たり消費量(kg/人・年)		国内消費仕向量（万トン）				
	平成30年度	令和12年度	平成30年度	令和12年度	平成30年度	令和12年度	
魚介類（うち食用）	24 〈24〉	25 〈25〉	716 〈569〉	711 〈553〉	392 〈335〉	536 〈474〉	○最大持続生産量（MSY）達成に向けた数量管理を基本とする新たな資源管理システムの導入による水産資源の増大 ○国内外の需要に見合った生産を確保しつつ、持続可能な産業構造とすることを目指す、養殖業の成長産業化の推進 ○マーケットインの発想による生産から加工・流通、販売・輸出の各段階の取組の強化による消費・輸出拡大
海藻類	0.9	0.9	14	13	9.3	9.8	○漁場の持続的な利用のための適正養殖可能数量の設定の推進 ○環境変化に対応したノリ養殖技術の開発
きのこ類	3.5	3.8	53	54	47	49	○健康志向、食の簡便化等の消費者ニーズに対応した商品開発等による需要の拡大 ○原木供給体制の強化や生産コストの低減等に向けた取組の推進 ○海外ニーズの高い高付加価値品目を中心とした輸出の促進

注：国内消費仕向量は、飼料用等を含む。また、1人・1年当たり消費量は、飼料用等を含まず、かつ皮や芯などを除いた可食部分である。

各食料・農業・農村基本計画における生産努力目標等①

生産努力目標

（単位：万トン（飼料作物は万TDNトン））

		平成12年基本計画			平成17年基本計画		平成22年基本計画		平成27年基本計画		令和2年基本計画	
		平成9年度（基準年度）	平成10年度（参考）	平成22年度（目標年度）	平成15年度（基準年度）	平成27年度（目標年度）	平成20年度（基準年度）	平成32年度（目標年度）	平成25年度（基準年度）	平成37年度（目標年度）	平成30年度（基準年度）	令和12年度（目標年度）
米		1,003	946	969	891	891	882	975	872	872	821	806
	米（米粉用米、飼料用米を除く）	–	–	–	–	–	881	855	859	752	775	723
	米粉用米	–	–	–	–	–	0.1	50	2.0	10	2.8	13
	飼料用米	–	–	–	–	–	0.9	70	11	110	43	70
小麦		57	57	80	86	86	88	180	81	95	76	108
大麦・はだか麦		19	14	35	20	35	22	35	18	22	17	23
大豆		15	16	25	23	27	26	60	20	32	21	34
そば		–	–	–	–	–	2.7	5.9	3.3	5.3	2.9	4.0
かんしょ		113	114	116	94	99	101	103	94	94	80	86
ばれいしょ		340	306	350	293	303	274	290	241	250	226	239
なたね		–	–	–	–	–	0.1	1.0	0.2	0.4	0.3	0.4
野菜		1,431	1,364	1,498	1,286	1,422	1,265	1,308	1,195	1,395	1,131	1,302
果実		459	394	431	368	383	341	340	301	309	283	308
砂糖		78	83	87	90	84	94	84	69	80	75	80
	てん菜（精糖換算）	369(62)	416(66)	375(66)	416(74)	366(64)	425(74)	380(64)	344(55)	368(62)	361(61)	368(62)
	さとうきび（精糖換算）	145(16)	167(18)	162(21)	139(16)	158(20)	160(19)	161(20)	119(14)	153(18)	120(13)	153(18)
茶		9.1	8.3	9.3	9.2	9.6	9.6	9.5	8.5	9.5	8.6	9.9
生乳		863	855	993	840	928	795	800	745	750	728	780
牛肉		53	53	63	51	61	52	52	51	52	33(48)	40(57)
豚肉		129	129	135	127	131	126	126	131	131	90(128)	92(131)
鶏肉		123	121	125	124	124	138	138	146	146	160	170
鶏卵		257	253	247	253	243	255	245	252	241	263	264
飼料作物（良質粗飼料）		394	390	508	352	524	435	527	350	501	350	519

各食料・農業・農村基本計画における生産努力目標等②

生産努力目標（参考）

（単位：万トン）

		平成12年基本計画			平成17年基本計画		平成22年基本計画		平成27年基本計画		令和2年基本計画	
		平成9年度（基準年度）	平成10年度（参考）	平成22年度（目標年度）	平成15年度（基準年度）	平成27年度（目標年度）	平成20年度（基準年度）	平成32年度（目標年度）	平成25年度（基準年度）	平成37年度（目標年度）	平成30年度（基準年度）	令和12年度（目標年度）
魚介類		673	604	699	546	702	503	568	429	515	392	536
	うち食用	501	463	539	480	542	—	—	370	449	335	474
海藻類		14	13	14	12	13	11	13	10	11	9.3	9.8
きのこ類		37	38	41	40	43	45	49	46	46	47	49

総合食料自給率・飼料自給率

	平成12年基本計画			平成17年基本計画		平成22年基本計画		平成27年基本計画		令和2年基本計画	
	平成9年度（基準年度）	平成10年度（参考）	平成22年度（目標年度）	平成15年度（基準年度）	平成27年度（目標年度）	平成20年度（基準年度）	平成32年度（目標年度）	平成25年度（基準年度）	平成37年度（目標年度）	平成30年度（基準年度）	令和12年度（目標年度）
カロリーベース（%）	41	40	45	40	45	41	50	39	45	37	45
生産額ベース（%）	71	70	74	70	76	65	70	65	73	66	75
飼料自給率（%）	25	25	35	24	35	26	38	26	40	25	34

注1：平成12年基本計画では、生産額ベースの総合食料自給率は参考扱い。

注2：目標年度における生産額ベースの総合食料自給率は、各品目の単価が基準年度と同水準として試算したものである。

注3：飼料自給率は、粗飼料及び濃厚飼料を可消化養分総量（TDN）に換算して算出したものである。

農地面積・延べ作付面積・耕地利用率

	平成12年基本計画			平成17年基本計画		平成22年基本計画		平成27年基本計画		令和2年基本計画	
	平成9年度（基準年度）	平成10年度（参考）	平成22年度（目標年度）	平成15年度（基準年度）	平成27年度（目標年度）	平成20年度（基準年度）	平成32年度（目標年度）	平成25年度（基準年度）	平成37年度（目標年度）	平成30年度（基準年度）	令和12年度（目標年度）
農地面積（万ha）	495	491	470	474	450	463（平成21年461）	461	454（平成26年452）	440	442.0（令和元年439.7）	414
延べ作付面積（万ha）	472	462	495	445	471	426	495	417	443	404.8	431
耕地利用率（%）	95	94	105	94	105	92	108	92	101	92	104

10

食料自給率目標の前提としたデータ

	生産努力目標（単位：万トン）		主要品目の10a当たり収量（単位：kg）		主要品目の作付面積、飼養頭羽数（単位：万ha、万頭、百万羽）		品目別自給率（単位：%）	
	平成30年度	令和12年度	平成30年度	令和12年度	平成30年度	令和12年度	平成30年度	令和12年度
米（米粉用米・飼料用米を除く）	775	723	532	547	147	132	97	98
米粉用米	2.8	13	523	584	0.5	2.3		
飼料用米	43	70	538	720	8.0	9.7		
小麦	76	108	399	454	21	24	12	19
大麦・はだか麦	17	23	289	337	6.1	6.7	9	12
大豆	21	34	167	200	15	17	6	10
そば	2.9	4.0	45	60	6.4	6.6	21	31
かんしょ	80	86	2,230	2,520	3.6	3.4	95	100
ばれいしょ	226	239	2,960	3,200	7.6	7.5	67	72
なたね	0.3	0.4	163	194	0.2	0.2	0.1	0.2
野菜	1,131	1,302	2,811	3,137	40	42	77	91
果実	283	308	1,294	1,476	22	21	38	44
砂糖	75	80	—	—	—	—	34	38
てん菜	361<61>	368<62>	6,300	6,410	5.7	5.7	—	—
さとうきび	120<13>	153<18>	5,290	6,320	2.8	3.0	—	—
茶	8.6	9.9	208	258	4.2	3.8	100	125
生乳	728	780	—	—	133	132	59（25）	60（40）
肉類（計）	—	—	—	—	—	—	51（7）	55（10）
牛肉	33<48>	40<57>	—	—	251	303	36（10）	43（16）
豚肉	90<128>	92<131>	—	—	916	853	48（6）	51（8）
鶏肉	160	170	—	—	138	148	64（8）	65（10）
鶏卵	263	264	—	—	142	144	96（12）	101（15）
飼料作物	350	519	3,510	4,134	89	117	76	100

注1：米（米粉用米・飼料用米を除く）の10a当たり収量は、作物統計における水稲（米粉用米を含み、飼料用米を除く）の値であり、平成30年度の実績は平年収量である。
　米粉用米、飼料用米、小麦、大麦・はだか麦及び大豆の平成30年度の10a当たり収量の実績は平均収量である。

注2：砂糖の生産量は、精糖と含みつ糖の生産量を合計した値である。

注3：てん菜及びさとうきびの生産量のうち、< >内の数字は精糖換算した際の値である。

注4：作付面積のうち、さとうきびは収穫面積の値である。

注5：牛肉、豚肉の生産努力目標の数字は部分肉ベース、< >内の数字は枝肉ベースである。

注6：生乳、肉類（計）、牛肉、豚肉、鶏肉、鶏卵の品目別自給率のうち、（ ）内の数字は飼料自給率を考慮した値である。

注7：飼料作物の生産量は、良質粗飼料の可消化養分総量（TDN）である。

注8：品目別自給率は、重量ベースである。

11

食料自給力指標

食料自給力指標について

1. 輸入食料の大幅な減少といった不測の事態が発生した場合は、国内において最大限の食料供給を確保する必要があることから、平素から我が国農林水産業が有する食料の潜在生産能力を把握しておくことが重要。

2. しかしながら、食料自給率については、非食用作物（花き・花木等）が栽培されている農地が有する潜在的な食料生産能力が反映されないなど、食料の潜在生産能力を評価する指標としては一定の限界。

3. このため、我が国農林水産業が有する潜在生産能力をフルに活用することにより得られる食料の供給熱量を示す指標として、食料自給力指標（我が国の食料の潜在生産能力を評価する指標）を設定。

4. 食料自給力指標を初めて示した前基本計画においては、農地を最大限活用するものとしていたが、本基本計画においては、農地に加えて、農業労働力や省力化の農業技術も考慮するよう指標を改良。
　さらに、将来（令和12年度）に向けた農地や農業労働力の確保、単収の向上が、それぞれ1人・1日当たりの供給可能熱量の増加にどのように寄与するかを定量的に評価。

5. 生産のパターンは、
ア　栄養バランスを考慮しつつ、米・小麦を中心に熱量効率を最大化して作付け
イ　栄養バランスを考慮しつつ、いも類を中心に熱量効率を最大化して作付け
とし、各パターンの生産に必要な労働時間に対する現有労働力の延べ労働時間の充足率（労働充足率）を反映した供給可能熱量も示す。

6. 食料自給力指標の直近年度における試算値及び過去からの試算値の推移は、毎年8月頃に食料自給率と併せて公表。

7. 食料自給力指標の公表を通じて、我が国の農地、農業者、農業技術を確保していくことの重要性についての国民的理解の促進と、食料安全保障に関する議論の深化を図る。

平成30年度における食料自給力指標

○ 現在の食生活に比較的近い米・小麦中心の作付けでは、農地面積の不足により、供給可能熱量（1,727kcal/人・日）が推定エネルギー必要量（2,169kcal/人・日）に達しない。（①）
○ 一方、カロリーの高いいも類中心の作付けで農地を最大限活用した場合の供給可能熱量は2,586kcal/人・日となる。その作付けに必要な労働力は1割程度不足するものの、労働充足率を反映した供給可能熱量は、2,379kcal/人・日となり、推定エネルギー必要量を超える水準が確保される。（②－1）
○ また、いも類中心の作付けの一部を米・小麦などの省力的な作物に置き換え、農地と労働力をともに最大限活用されるよう最適化した場合の供給可能熱量は2,547kcal/人・日となり、推定エネルギー必要量を超える水準が確保される。（②－2）

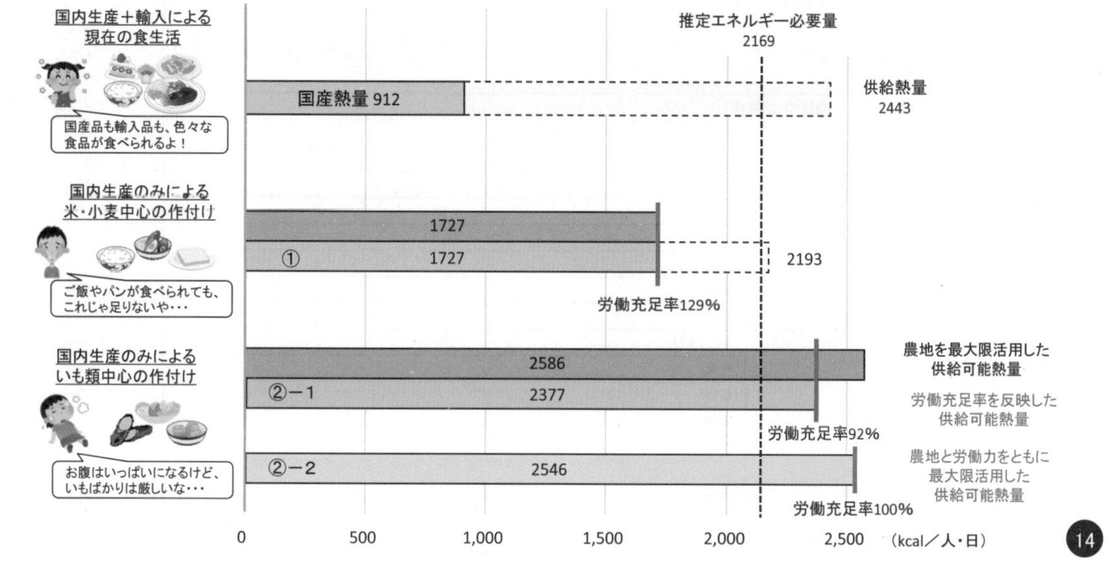

14

令和12年度における食料自給力指標の見通し

○ 農地の確保（a）や単収の向上（b）が進めば、農地を最大限活用した場合の供給可能熱量は、「農地がすう勢の場合」から押し上げられる。
○ また、青年層の新規就農者の定着率の向上等により、労働力の確保（c）が進めば、労働充足率を反映した供給可能熱量は、「労働力がすう勢の場合」から押し上げられる。さらに、技術革新に伴って労働生産性が向上し、労働充足率が一層向上すれば、供給可能熱量は更に押し上げられる。（d）
○ 農地の確保、単収の向上、労働力の確保の全てが進み、かつ、農地と労働力をともに最大限活用されるよう最適化した場合の供給可能熱量は2,567kcal/人・日となり、推定エネルギー必要量を超える水準が確保される。
○ 農地・労働力がすう勢で、単収が現状程度であっても、農地と労働力をともに最大限活用されるよう最適化した場合の供給可能熱量は2,096kcal/人・日となり、ほぼ推定エネルギー必要量が確保される。

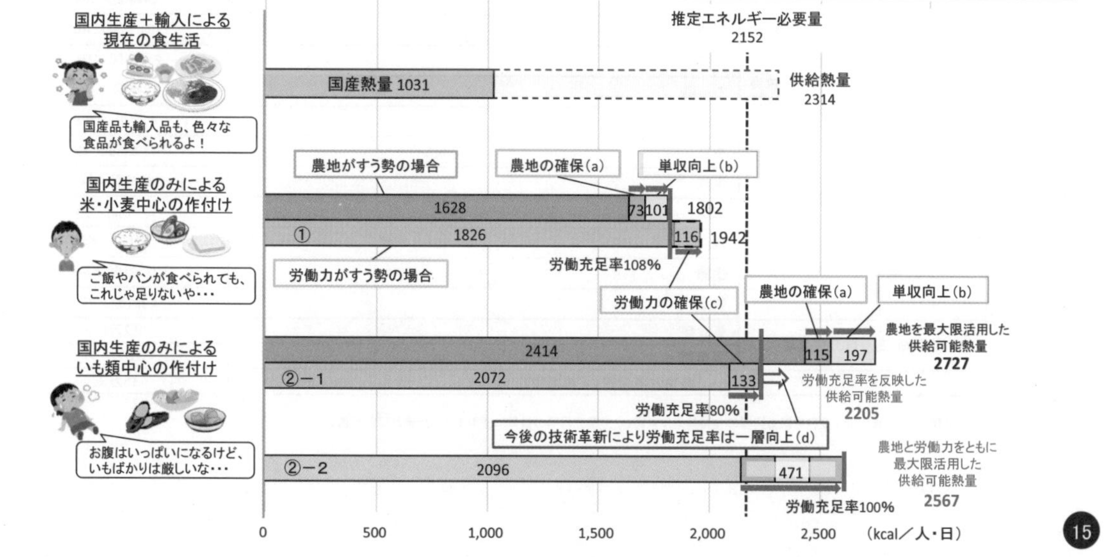

15

食料自給力指標の関連指標 ①

				平成30年度
農産物	農地・農業用水等の農業資源	農地面積（平成30年）		442.0万ha
			うち汎用田面積（平成30年）	109.9万ha
			うち畑地かんがい整備済み面積（平成30年）	48.8万ha
		再生利用可能な荒廃農地面積（平成30年）		9.2万ha
		機能診断済み基幹的水利施設の割合（平成30年）		73%
		耕地利用率（平成30年）		92%
		担い手への農地集積率		56%
	農業就業者	農業就業者数（基幹的農業従事者＋雇用者（常雇い）＋役員等（年間150日以上農業に従事））（平成27年）		208万人
			うち49歳以下	35万人
		延べ労働時間（試算値）		38億時間
	農業技術	主要品目の10a当たり収量及び1頭羽当たり生産能力	米（米粉用米・飼料用米を除く）	529kg
			小麦	361kg
			大豆	144kg
			かんしょ	2,230kg
			ばれいしょ	2,950kg
			野菜	2,853kg
			果実	1,295kg
			てん菜	6,300kg
			さとうきび	5,290kg
			生乳	8,636kg
			牛肉	450kg
			豚肉	78kg
			鶏肉	1.8kg
			鶏卵	19kg
			牧草	3,390kg

注1：延べ労働時間（試算値）は、農林業センサスにおける延べ労働日数（組替集計）及び農業構造動態調査を用いて試算した値。
注2：10a当たり収量については実績値を記載。
注3：1頭羽当たり生産能力について、生乳は経産牛1頭当たり年間生産量、牛肉、豚肉、鶏肉はと畜1頭羽当たり枝肉生産量、鶏卵は成鶏めす1羽当たり年間生産量の値を記載。

16

食料自給力指標の関連指標 ②

				平成30年度
農産物	農業技術	主要品目の単位当たり投入労働時間	米	24時間／10a
			小麦	3.4時間／10a
			大豆	6.4時間／10a
			かんしょ	100時間／10a
			ばれいしょ	14時間／10a
			野菜	184時間／10a
			果実	218時間／10a
			てん菜	13時間／10a
			さとうきび	40時間／10a
			生乳	133時間／頭
			牛肉	34時間／頭
			豚肉	2.9時間／頭
			鶏肉	0.02時間／羽
			鶏卵	0.3時間／羽
			牧草	1.3時間／10a
水産物	魚介類・海藻類の生産量		魚介類	392万トン
			海藻類	9.3万トン
	漁業就業者数（平成30年）			15万人

注：単位当たり投入労働時間については、食料自給力指標の作付体系に対応し、労働充足率の計算に使用する統計値及び試算値。

17

食料自給力指標の推移

○ 食料自給力指標は、農地面積の減少、単収の伸び悩み等により平成30年度まで低下傾向で推移。
○ 令和12年度における、農地確保・単収向上・労働力確保を見込んだ試算は、すう勢等による試算と比べて、米・小麦中心の作付け、いも類中心の作付けともに供給可能熱量が押し上げられる。

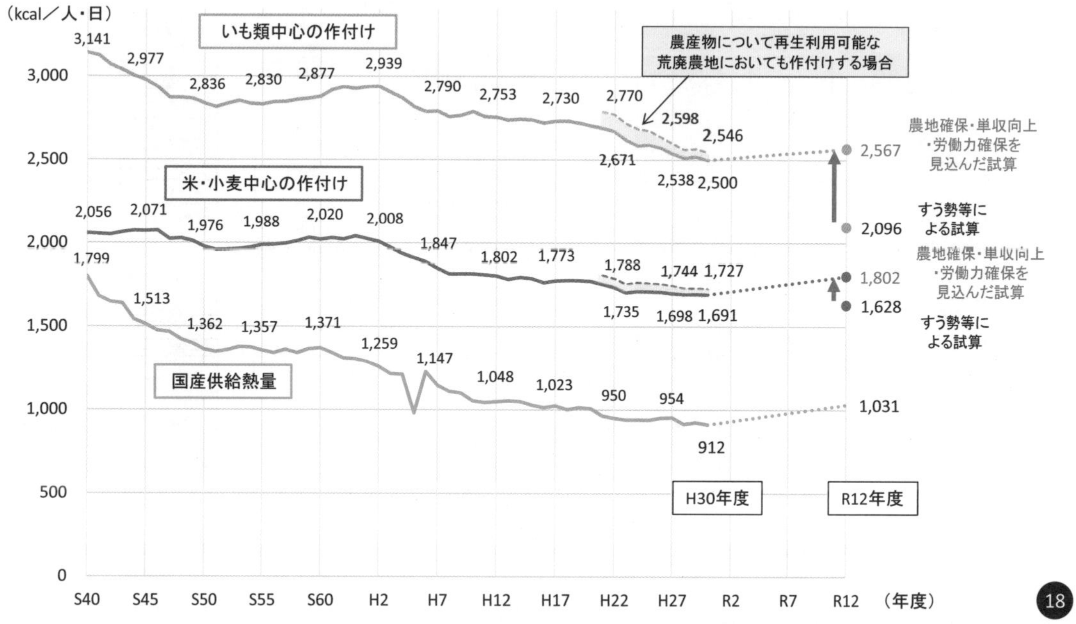

18

食料自給力指標の推移（データ）

食料自給力指標の推移

○ 現在の農地で作付けする場合

	昭和40年度	41年度	42年度	43年度	44年度	45年度	46年度	47年度	48年度	49年度	50年度	51年度	52年度	53年度	54年度	55年度	56年度	57年度
米・小麦中心の作付け	2,056	2,053	2,049	2,063	2,072	2,071	2,074	2,023	2,026	2,010	1,976	1,958	1,960	1,963	1,972	1,988	1,990	1,996
いも類中心の作付け	3,141	3,125	3,069	3,038	3,003	2,977	2,935	2,870	2,870	2,864	2,836	2,814	2,834	2,852	2,834	2,830	2,844	2,846

	58年度	59年度	60年度	61年度	62年度	63年度	平成元年度	2年度	3年度	4年度	5年度	6年度	7年度	8年度	9年度	10年度	11年度	12年度
米・小麦中心の作付け	2,011	2,030	2,020	2,029	2,022	2,040	2,025	2,008	1,973	1,936	1,910	1,887	1,847	1,814	1,814	1,814	1,808	1,802
いも類中心の作付け	2,859	2,866	2,877	2,918	2,935	2,925	2,936	2,939	2,902	2,868	2,815	2,787	2,790	2,756	2,765	2,788	2,757	2,753

	13年度	14年度	15年度	16年度	17年度	18年度	19年度	20年度	21年度	22年度	23年度	24年度	25年度	26年度	27年度	28年度	29年度	30年度
米・小麦中心の作付け	1,782	1,794	1,786	1,762	1,773	1,776	1,775	1,771	1,754	1,735	1,703	1,711	1,709	1,706	1,698	1,693	1,693	1,691
いも類中心の作付け	2,737	2,742	2,738	2,720	2,730	2,731	2,719	2,704	2,689	2,671	2,618	2,586	2,591	2,573	2,538	2,514	2,520	2,500

○ 再生利用可能な荒廃農地においても作付けする場合

	平成21年度	22年度	23年度	24年度	25年度	26年度	27年度	28年度	29年度	30年度
米・小麦中心の作付け	1,806	1,788	1,754	1,764	1,759	1,755	1,744	1,730	1,729	1,727
いも類中心の作付け	2,786	2,770	2,716	2,684	2,674	2,636	2,598	2,562	2,567	2,546

試算上の耕地利用率の推移

○ 現在の農地で作付けする場合

	昭和40年度	41年度	42年度	43年度	44年度	45年度	46年度	47年度	48年度	49年度	50年度	51年度	52年度	53年度	54年度	55年度	56年度	57年度
米・小麦中心の作付け いも類中心の作付け	114%	114%	113%	113%	112%	112%	112%	112%	112%	112%	112%	112%	112%	112%	113%	113%	113%	114%

	58年度	59年度	60年度	61年度	62年度	63年度	平成元年度	2年度	3年度	4年度	5年度	6年度	7年度	8年度	9年度	10年度	11年度	12年度
米・小麦中心の作付け いも類中心の作付け	114%	114%	115%	116%	116%	117%	117%	118%	119%	119%	120%	120%	120%	120%	120%	120%	120%	120%

	13年度	14年度	15年度	16年度	17年度	18年度	19年度	20年度	21年度	22年度	23年度	24年度	25年度	26年度	27年度	28年度	29年度	30年度
米・小麦中心の作付け いも類中心の作付け	120%	120%	120%	120%	120%	120%	121%	121%	121%	121%	121%	121%	121%	121%	121%	121%	121%	121%

○ 再生利用可能な荒廃農地においても作付けする場合

	平成21年度	22年度	23年度	24年度	25年度	26年度	27年度	28年度	29年度	30年度
米・小麦中心の作付け いも類中心の作付け	126%	126%	126%	126%	126%	126%	126%	125%	125%	125%

19

食料自給力指標（米・小麦中心の作付け）の作付体系

栄養バランスを一定程度考慮して、米・小麦を中心に熱量効率を最大化して作付け
○ 田では、表作では水稲を作付け。都府県の二毛作可能田においては、裏作で小麦を作付け。ただし、沖縄においては水稲の二期作を実施。
○ 畑では、実際の生産条件を考慮し、1作目では小麦、大豆、野菜、果実、てん菜、さとうきび、牧草を作付け。都府県の二毛作可能畑においては、2作目で小麦を作付け。
○ 農業用水については、全ての田及び畑かん施設整備済みの畑に水を供給する用水施設、汎用田における排水施設等の農業水利施設が適切に保全管理・整備され、その機能が持続的に発揮されているものと仮定。

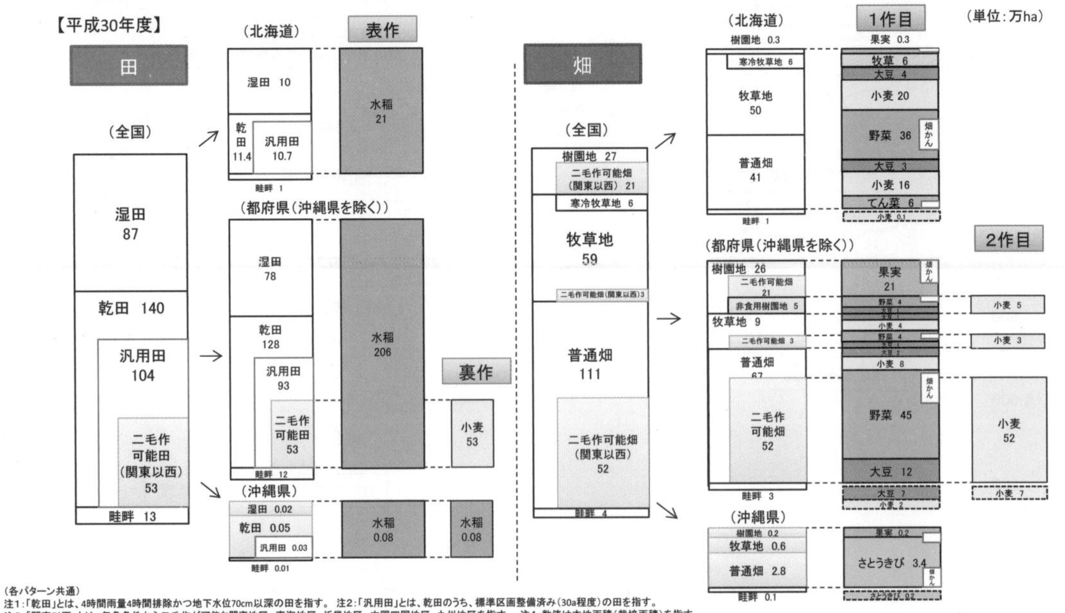

(各パターン共通)
注1:「乾田」とは、4時間雨量4時間排除かつ地下水位70cm以深の田を指す。 注2:「汎用田」とは、乾田のうち、標準区画整備済み(30a程度)の田を指す。
注3:「関東以西」とは、気象条件から二毛作が可能な関東地区、東海地区、近畿地区、中国四国地区、九州地区を指す。 注4:数値は本地面積(栽培面積)を指す。

20

食料自給力指標（いも類中心の作付け）の作付体系

栄養バランスを一定程度考慮して、いも類を中心に熱量効率を最大化して作付け
○ 田では、表作では水稲又はいも類を作付け。都府県の二毛作可能田においては、裏作で野菜を作付け。ただし、沖縄においては水稲の二期作を実施。
○ 畑では、実際の生産条件を考慮し、1作目ではいも類、果実、てん菜、さとうきび、牧草を作付け。都府県の二毛作可能畑においては、2作目で野菜を作付け。
○ 農業用水については、全ての田及び畑かん施設整備済みの畑に水を供給する用水施設、汎用田における排水施設等の農業水利施設が適切に保全管理・整備され、その機能が持続的に発揮されているものと仮定。

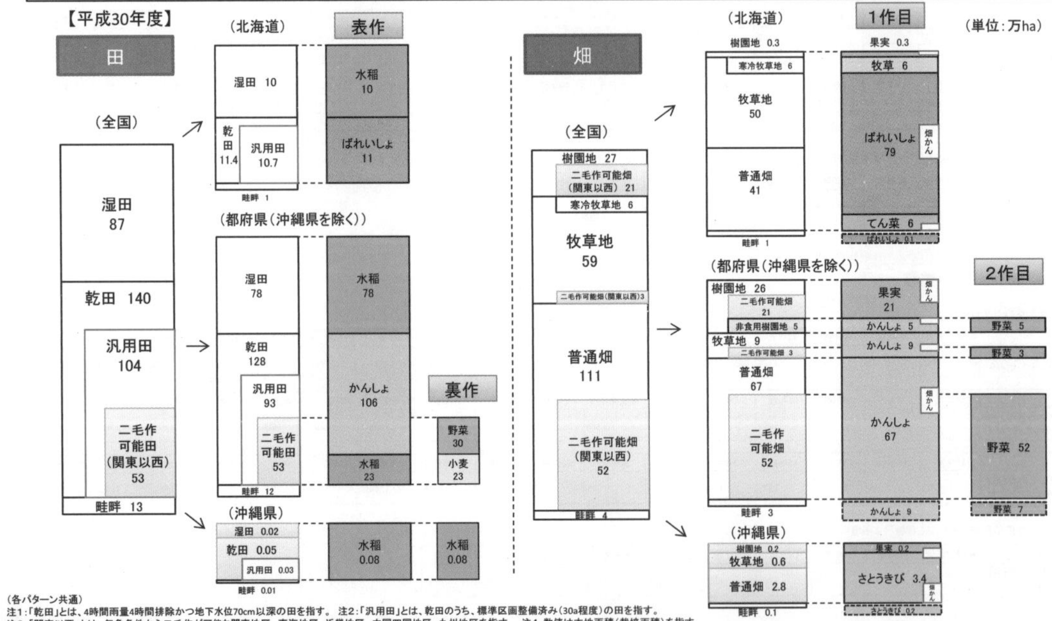

(各パターン共通)
注1:「乾田」とは、4時間雨量4時間排除かつ地下水位70cm以深の田を指す。 注2:「汎用田」とは、乾田のうち、標準区画整備済み(30a程度)の田を指す。
注3:「関東以西」とは、気象条件から二毛作が可能な関東地区、東海地区、近畿地区、中国四国地区、九州地区を指す。 注4:数値は本地面積(栽培面積)を指す。

21

食料自給力指標（米・小麦中心の作付け）の食事メニュー例

※　再生利用可能な荒廃農地においても作付けする場合

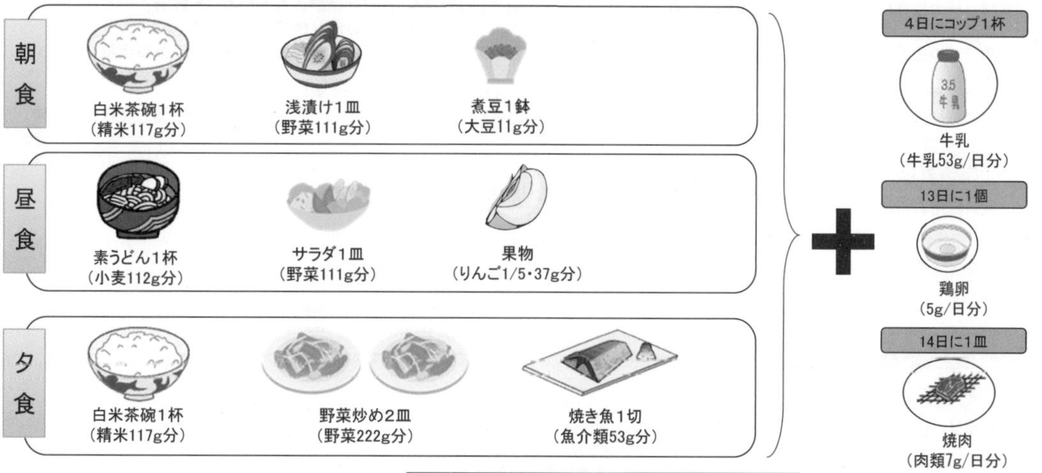

1人・1日当たり供給可能熱量
1,727kcal
（参考）推定エネルギー必要量：2,169kcal
（参考）供給熱量実績値：2,443kcal

栄養素の充足状況
たんぱく質：充足、ビタミン・ミネラル：21/26栄養素

充足している	概ね充足している	充足していない

たんぱく質	ビタミンA	ビタミンD	ビタミンE	ビタミンK	ビタミンB1	ビタミンB2	ナイアシン	ビタミンB6
ビタミンB12	葉酸	パントテン酸	ビオチン	ビタミンC	ナトリウム	カリウム	カルシウム	マグネシウム
リン	鉄	亜鉛	銅	マンガン	ヨウ素	セレン	クロム	モリブデン

注1：上記の他、砂糖19g/日、油脂類7g/日、海藻類2g（乾燥重量）/日、きのこ類8g/日を供給可能。
注2：牛乳はコップ1杯約200g、鶏卵は1個約60g、焼肉1皿は肉類約100gで計算した。
注3：栄養素の充足状況は、生鮮換算した供給量×生鮮状態の単位栄養量で計算しているため、調理に伴う栄養成分の変化は考慮していない。
注4：「概ね充足している」とは、栄養素の基準値に熱量の不足度合い（供給可能熱量／推定エネルギー必要量）を乗じた値を充足している場合。

22

食料自給力指標（いも類中心の作付け）の食事メニュー例

※　再生利用可能な荒廃農地においても作付けする場合

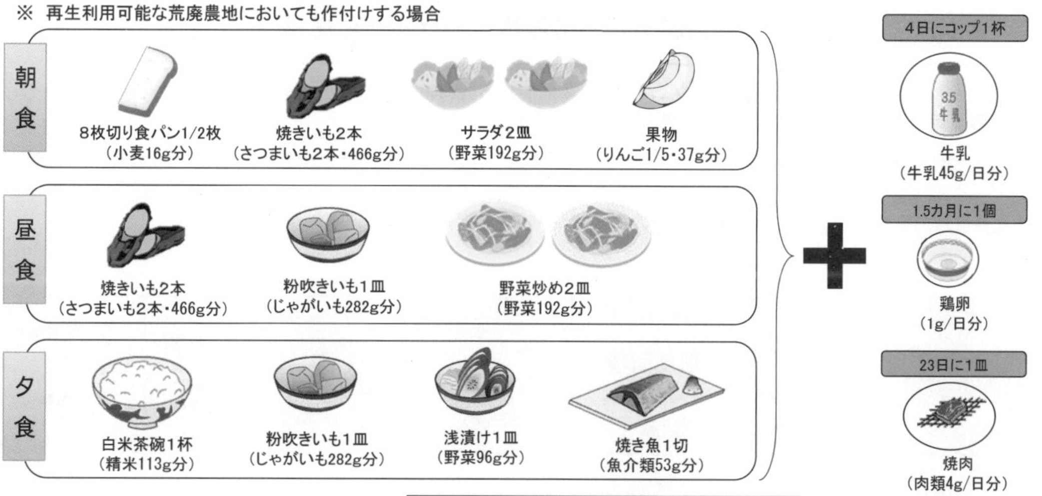

1人・1日当たり供給可能熱量
2,546kcal
（参考）推定エネルギー必要量：2,169kcal
（参考）供給熱量実績値：2,443kcal

栄養素の充足状況
たんぱく質：充足、ビタミン・ミネラル：21/26栄養素

充足している	充足していない

たんぱく質	ビタミンA	ビタミンD	ビタミンE	ビタミンK	ビタミンB1	ビタミンB2	ナイアシン	ビタミンB6
ビタミンB12	葉酸	パントテン酸	ビオチン	ビタミンC	ナトリウム	カリウム	カルシウム	マグネシウム
リン	鉄	亜鉛	銅	マンガン	ヨウ素	セレン	クロム	モリブデン

注1：上記の他、砂糖19g/日、油脂類5g/日、海藻類2g（乾燥重量）/日、きのこ類8g/日を供給可能。
注2：牛乳はコップ1杯約200g、鶏卵は1個約60g、焼肉1皿は肉類約100gで計算した。
注3：栄養素の充足状況は、生鮮換算した供給量×生鮮状態の単位栄養量で計算しているため、調理に伴う栄養成分の変化は考慮していない。

23

食料自給力指標の試算方法

- ○ 食料自給力指標については、各品目の生産量に単位熱量を乗じて合計した熱量を人口と1年間の日数で割って算出。
- ○ 労働充足率は、現実に投入されている延べ労働時間を各品目の生産に必要な労働時間の合計時間で割って算出。
- ○ 耕種作物の生産量は、パターン毎に熱量効率を最大化するよう一定の制約条件下で品目別に作付面積を決定し、作付面積に単収を乗じて計算。
- ○ 畜産物の生産量は、耕種作物の副産物等の生産量から飼養可能頭羽数を求め、生産能力を乗じて計算。
- ○ 林水産物の生産量のうち、魚介類は漁業漁獲量の実績値に、TAC枠内未漁獲量等を加えて計算し、海藻類・きのこ類は実績値を使用。

基本的な計算式

$$\text{食料自給力指標}=\frac{\sum_i(\text{品目}i\text{の生産量}\times\text{品目}i\text{の単位重量当たり熱量})}{\text{人口}\times 1\text{年間の日数}}$$

$$\text{労働充足率}=\frac{\text{現有労働力の延べ労働時間}}{\sum_i(\text{品目}i\text{の単位面積(1頭羽)当たり労働時間}\times\text{品目}i\text{の作付面積(頭羽数)})}$$

注：現有労働力の延べ労働時間は、農林業センサスによる臨時雇いも含めた値。センサス非実施年は農業構造動態調査を用いて補完推計。

品目毎の生産量・必要労働時間の計算方法

耕種作物

生産量＝作付面積×単収

作付面積：栄養バランスを一定程度考慮しつつ、熱量効率を最大化するよう一定の制約条件（気候条件、地理条件等）下で品目別に設定

単収：平年単収または平均単収（7中5平均）を使用（汎用田及び畑地かんがい整備済み畑においては増収効果を織り込んで計算）

必要労働時間＝単位面積当たり労働時間×作付面積

畜産物

飼養可能頭羽数＝$\sum_i$(耕種作物の副産物等i（稲わら、ふすま等）の生産量×副産物等iのTDN換算係数)÷1頭羽当たり飼料需要量

生産量＝飼養可能頭羽数×1頭羽当たり生産能力（経産牛1頭当たり年間搾乳量、と畜1頭当たり枝肉生産量等）

必要労働時間=飼養可能頭羽数 × 1頭羽当たり労働時間

注：肉類の生産量の計算においてはと殺比率を考慮。

林水産物

魚介類の生産量＝漁業漁獲量（実績値）＋TAC枠内未漁獲量＋無給餌養殖量（実績値）＋国産魚のあらかすで生産可能な給餌養殖量（試算値）

海藻類・きのこ類の生産量＝生産量（実績値）

注：林水産物については、労働時間等の関連データがないことや林産物は実績値をそのまま用いていることから、労働充足率を100%として試算。

24

食料自給力指標の試算における作付面積

○ 作付面積については、①農産物について現在の農地面積で作付けする場合、②農産物について再生利用可能な荒廃農地においても作付けする場合、の2パターンを試算。

○ 食料自給力指標の試算における作付面積の考え方（平成30年度）

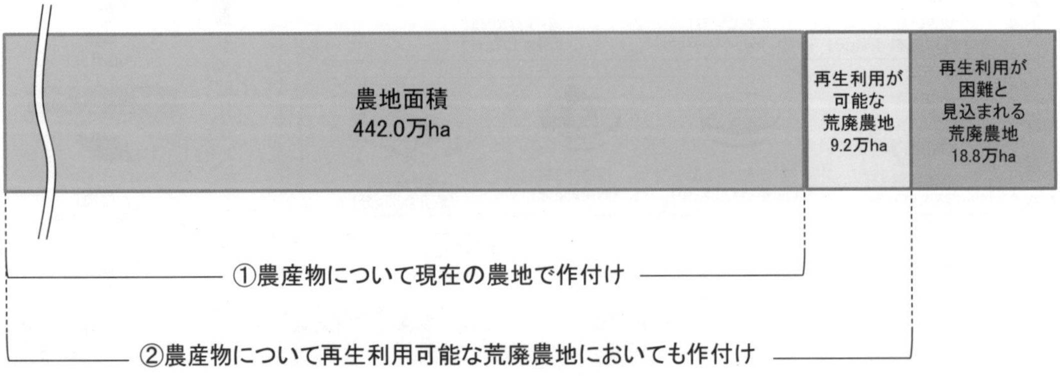

25

食料自給力指標の試算に用いる荒廃農地面積の考え方

○ 耕作放棄地は、農林水産省統計部「農林業センサス」により5年に1回把握される、「以前耕作していた土地で、過去1年以上作物を作付けせず、この数年の間に再び作付けする考えのない土地」（農家等の主観ベースの面積）を表すもの。（平成27年：42.3万ha）
○ 一方、荒廃農地は、「現に耕作に供されておらず、耕作の放棄により荒廃し、通常の農作業では作物の栽培が客観的に不可能となっている農地」（市町村及び農業委員会の現地調査により毎年把握される客観ベースの面積）を表すもの。（平成30年：28.0万ha）
○ したがって、農家の主観で判断される耕作放棄地には、耕地である不作付け地や森林の様相を呈しているものも含まれ得ると考えられる一方、再生利用可能な荒廃農地にはそのような土地は含まれないところ。
○ このため、食料自給力指標の試算においては、実際に作付可能な面積を把握する必要があることから、客観ベースの数値である再生利用可能な荒廃農地の面積を使用。

農地面積　442.0万ha（平成30年）
（平成27年：449.6万ha）

耕作可能な状態かどうかは不明

耕作放棄地
42.3万ha（平成27年）

耕作放棄地
（2015年農林業センサス）
（調査票による農家等の主観ベースの5年毎の調査）

【再生可能】

【再生困難】

荒廃農地　28.0万ha（平成30年）
（平成27年：28.4万ha）

再生利用が可能な荒廃農地	再生利用が困難と見込まれる荒廃農地
9.2万ha（平成30年） （平成27年：12.4万ha）	18.8万ha（平成30年） （平成27年：16.0万ha）

荒廃農地
（市町村・農業委員会調査）
（現地調査による客観ベースの毎年の調査）

抜根、整地、区画整理、客土等により再生することにより、通常の農作業による耕作が可能となると見込まれる荒廃農地

森林の様相を呈しているなど農地に復元するための物理的な条件整備が著しく困難なもの、又は周囲の状況から見て、その土地を農地として復元しても継続して利用することができないと見込まれるものに相当する荒廃農地

26

食料自給力指標の試算における単収・生産能力・単位当たり労働時間

○ 耕種作物の単収については、米は当該年度の平年単収、米以外は平均単収（当該年度を含む7か年のうち最高及び最低を除く5か年平均）を使用。ただし、汎用田、畑地かんがい整備済み畑においては、単収増加効果を織り込んだ単収を使用。
○ 畜産物の生産能力については、乳用牛及び肉用牛は、粗飼料のみを給餌した場合の生産能力（豪州における統計上の実績値及び国内において粗飼料のみで給餌している事例に基づき試算した値）、豚、ブロイラー、採卵鶏は当該年度の生産能力の実績値を使用。
○ 単位当たり労働時間については、食料自給力指標の作付け体系に対応する統計値及び試算値の当該年度を含む3か年平均を使用。

① 耕種作物の平年単収等（平成30年度）

	平年・平均単収（kg/10a）
米	532
小麦	399
大豆	166
かんしょ	2,296
ばれいしょ	3,052
野菜	2,803
果実	1,283
てん菜	6,286
さとうきび	5,328
粗飼料作物（牧草）	3,422

② 畜産物の生産能力（平成30年度）

畜種	生産物	生産能力（kg/頭羽）
乳用牛	生乳	4,500
	廃用に伴う牛肉	204
肉用牛	牛肉	307
豚	豚肉	78.2
ブロイラー	鶏肉	1.82
採卵鶏	廃用に伴う鶏肉	0.90
	鶏卵	18.9

③ 単位面積（1頭羽）当たり投入労働時間（平成30年度）

	投入労働時間（3年平均）（時間/10a・頭羽）
米	24
小麦	4
大豆	7
かんしょ	95
ばれいしょ	15
野菜	183
果実	212
てん菜	13
さとうきび	44
粗飼料作物（牧草）	1
乳用牛	136
肉用牛	36
豚	3
ブロイラー	0.02
採卵鶏	0.3

① 注1：米、小麦、大豆、かんしょ、さとうきび、牧草については「作物統計」を参照。
注2：ばれいしょ、野菜については、「野菜生産出荷統計」を参照。
注3：果実については、「食料需給表」、「耕地及び作付面積統計」を参照。

② 注1：生乳は、経産牛1頭当たり年間搾乳量を記載。
注2：牛肉、豚肉、鶏肉は、と畜1頭または処理1羽当たり枝肉生産量を記載。
注3：鶏卵は、成鶏めす1羽当たり年間生産量を記載。

③ 注1：米・小麦・大豆・さとうきび・てん菜については「農産物生産費統計」を参照。
注2：かんしょ・ばれいしょ・野菜・果実・乳用牛・肉用牛・ブロイラー・採卵鶏については、「営農類型別経営統計」を参照。
注3：牧草・豚肉については「畜産物生産費統計」を参照。ただし、牧草は組替集計による値。

27

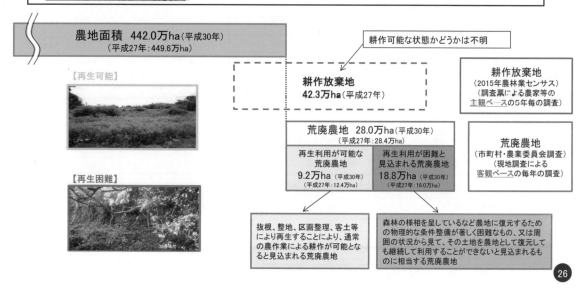

食料自給力指標の試算における飼養可能頭羽数等

○ 畜産物の飼養可能頭羽数については、耕種作物の副産物等から得られる飼料供給量を1頭羽当たり飼料需要量で割って計算。
○ なお、飼料については、国内で生産された粗飼料（稲わら、麦わら、かんしょつる、バガス、牧草）を粗飼料配分比率の実績値で乳用牛及び肉用牛に、国内で生産された濃厚飼料（米ぬか油かす、ふすま、糖みつ）を濃厚飼料配分比率の実績値で豚、ブロイラー及び採卵鶏に按分して給与すると仮定。
○ 林水産物については、生産量の実績値を採用。ただし、魚介類については、TAC枠内未漁獲量を加算し、給餌養殖は国産魚のあらかすで生産可能な量に限定。

畜産物の飼養可能頭羽数（平成30年度）（万頭羽）

畜種	米・小麦中心の作付け	いも類中心の作付け
乳用牛	100	83
肉用牛	189	158
豚	86	22
ブロイラー	1,303	332
採卵鶏	1,730	441

注1：再生利用可能な荒廃農地の活用も含む。
注2：いも類中心の作付けは、農地と労働力をともに最大限活用した場合の供給可能熱量における値。

林水産物の生産量（平成30年度）（万トン）

	食料自給力指標における生産量	考え方
林産物（きのこ）	47	生産量の実績値を使用
魚介類	465	生産量の実績値を使用 （ただし、TAC枠内未漁獲量を加算し、給餌養殖は国産魚のあらかすで生産可能な量に限定）
うち給餌養殖	4	
海藻類	9	生産量の実績値を使用

28

食料自給力指標の試算における労働充足率

○ 労働充足率は、分子を現有労働力の延べ労働時間、分母を食料自給力指標の各品目の生産に必要な労働時間の合計時間として計算。
○ 現有労働力の延べ労働時間は、農林業センサスにおける延べ労働日数から、臨時雇用も含め、現実に投入されている延べ労働時間を推計した値。農林業センサス非実施年は補完推計を行っている。
○ 各品目の生産に必要な労働時間は、食料自給力指標の各品目の面積（飼養頭羽数）に単位面積（1頭羽）当たり投入労働時間を乗じた試算値。なお、栽培期間が短期間となる裏作の野菜については、単位面積当たり投入労働時間を1／2として計算。

労働充足率（平成30年度）

米・小麦中心の作付け	いも類中心の作付け	
	農地を最大限活用	農地と労働量をともに最大限活用
129%	92%	100%

注：再生利用可能な荒廃農地の活用も含む。

現有労働力の延べ労働時間（平成30年度）

延べ労働時間（万時間）
380,338

食料自給力指標における各品目の生産に必要な労働時間
（平成30年度）（万時間）

	米・小麦中心の作付け	いも類中心の作付け	
		農地を最大限活用	農地と労働量をともに最大限活用
米	53,763	20,714	26,085
小麦	5,947	0	804
大豆	2,056	0	0
かんしょ	0	207,380	185,729
ばれいしょ	0	13,623	13,623
野菜	163,193	108,648	87,867
果実	46,382	46,382	46,382
てん菜	749	749	749
さとうきび	1,611	1,611	1,611
粗飼料作物（牧草）	85	85	85
乳用牛	13,550	10,725	11,443
肉用牛	6,783	5,368	5,728
豚	239	38	67
ブロイラー	23	4	6
採卵鶏	568	89	159
合計	294,950	415,415	380,338

注：再生利用可能な荒廃農地の活用も含む。

29

食料自給力指標の試算における栄養バランス

○ 厚生労働省が「日本人の食事摂取基準（2020年版）」に示すたんぱく質の推定平均必要量を充足し、かつ、ビタミン・ミネラルについて同省が示す推定平均必要量（推定平均必要量の設定がない栄養素については、目安量）を現状の食生活と同程度（26栄養素中21栄養素）充足するよう、作付体系を設定。ただし、供給可能熱量が推定エネルギー必要量を下回る場合には、その不足度合いを乗じた基準値とする。

○「日本人の食事摂取基準（2020年版）」において摂取不足の回避を目的として示されている栄養素の指標等（平成30年度）　（単位：1人・1日当たり供給）

	栄養素	基準値の種類	単位	基準値	供給実績値	米・小麦中心の作付け	いも類中心の作付け
たんぱく質		推定平均必要量	g	43.3	79.1	49.0	48.1
ビタミン	ビタミンA	推定平均必要量	μgRAE	531.4	492.8	423.1	459.1
	ビタミンD	目安量	μg	8.2	8.5	7.6	7.6
	ビタミンE	目安量	mg	6.0	12.5	5.2	17.7
	ビタミンK	目安量	μg	144.4	187.5	186.6	194.7
	ビタミンB1	推定平均必要量	mg	1.0	1.3	2.7	4.0
	ビタミンB2	推定平均必要量	mg	1.1	1.3	0.6	1.0
	ナイアシン	推定平均必要量	mgNE	10.5	18.4	11.9	23.8
	ビタミンB6	推定平均必要量	mg	1.0	1.6	1.2	4.4
	ビタミンB12	推定平均必要量	μg	1.9	9.8	6.8	6.7
	葉酸	推定平均必要量	μg	192.6	332.4	333.2	870.5
	パントテン酸	目安量	mg	5.3	7.0	6.7	16.3
	ビオチン	目安量	μg	48.0	43.8	21.7	54.5
	ビタミンC	推定平均必要量	mg	80.5	98.5	93.6	567.4
ミネラル	ナトリウム	推定平均必要量	mg	600.0	1800.2	209.4	308.5
	カリウム	目安量	mg	2,154.4	2897.0	2010.5	8439.9
	カルシウム	推定平均必要量	mg	571.8	514.0	273.0	576.8
	マグネシウム	推定平均必要量	mg	250.3	287.4	211.3	474.8
	リン	目安量	mg	898.9	1181.5	715.7	1127.3
	鉄	推定平均必要量	mg	5.8	8.9	7.8	13.1
	亜鉛	推定平均必要量	mg	7.5	9.5	6.9	7.2
	銅	推定平均必要量	mg	0.6	1.3	1.2	2.8
	マンガン	目安量	mg	3.6	3.2	3.8	6.3
	ヨウ素	推定平均必要量	μg	91.6	1140.0	892.7	900.5
	セレン	推定平均必要量	μg	21.8	71.6	38.9	27.8
	クロム	目安量	μg	10.0	8.3	4.6	39.9
	モリブデン	推定平均必要量	μg	20.5	234.6	244.3	175.4

充足している
概ね充足している
充足していない

注1：再生利用可能な荒廃農地の活用も含む。いも類中心の作付けは、農地と労働力をともに最大限活用した供給可能熱量についての値。
注2：基準値は、厚生労働省「日本人の食事摂取基準（2020年版）」策定検討会報告書で示されている値を、男女年齢別の人口で加重平均して算出。
注3：生鮮換算した供給量×生鮮状態の単位栄養量で計算しているため、実際の栄養素の摂取量とは異なる。
注4：推定平均必要量とは、摂取不足の回避を目的として設定される、半数の人が充足している摂取量を指す。目安量とは、十分な科学的根拠が得られず推定平均必要量が設定できない場合に設定される、一定の栄養状態を維持するために十分な量を指す。
注5：「概ね充足している」とは、栄養素の基準値に熱量の不足度合い（供給可能熱量／推定エネルギー必要量）を乗じた値を充足している場合。

30

食料自給力指標の動向分析①

○ 食料自給力指標（我が国農林水産業が有する食料の潜在生産能力を評価する指標）については、各期間において以下のとおり推移。
フェーズⅠ（昭和40年度～51年度）：主に農地面積の減少により減少傾向で推移。
フェーズⅡ（昭和51年度～平成2年度）：主に魚介類の生産量及び汎用田・畑かん面積の増加により緩やかな増加傾向で推移。
フェーズⅢ（平成2年度以降）：主に農地面積及び魚介類の生産量の減少、単収の伸びの鈍化により減少傾向で推移。

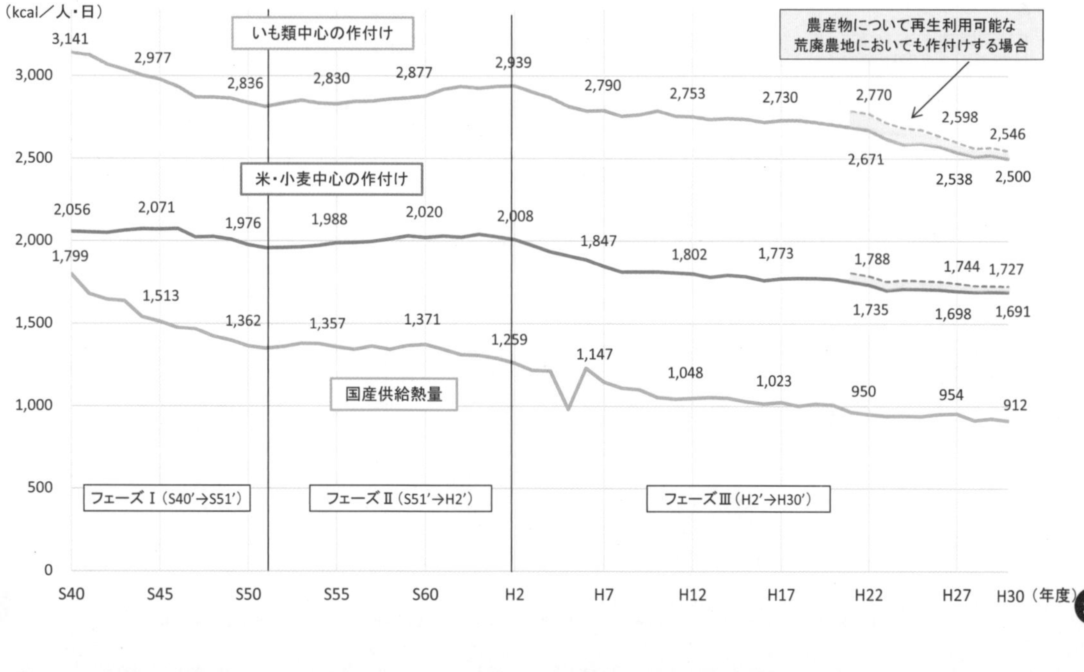

食料自給力指標の動向分析②（農地面積等の推移）

○　農地面積は、昭和40年度～51年度（フェーズⅠ）は宅地等への転用、昭和51年度～平成2年度（フェーズⅡ）は主に田の宅地等への転用により減少し、平成2年度以降（フェーズⅢ）は宅地等への転用と荒廃農地の増加により減少。
○　汎用田及び畑地かんがい整備済み畑面積は、昭和40年度～平成2年度（フェーズⅠ・Ⅱ）に大きく増加。平成2年度以降（フェーズⅢ）は緩やかに増加。

○　農地面積の推移

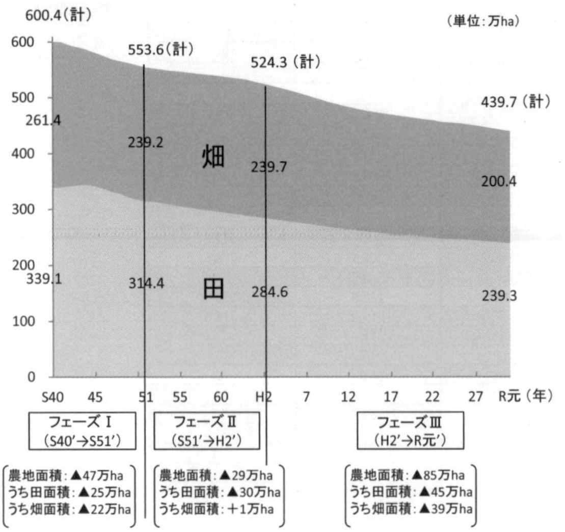

資料：農林水産省「耕地及び作付面積統計」

○　汎用田及び畑地かんがい整備済み畑面積の推移

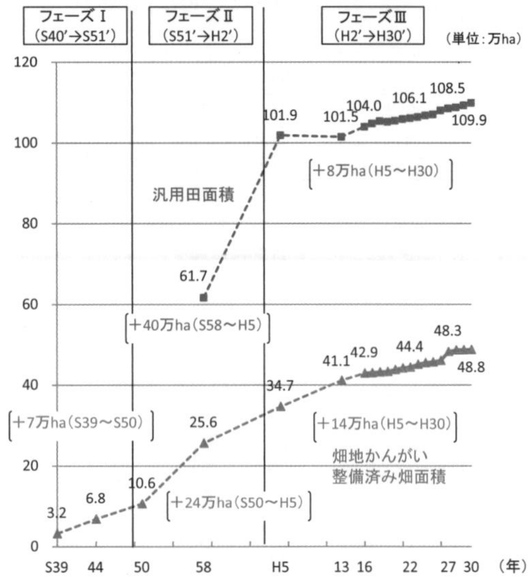

資料：農林水産省「農業基盤情報基礎調査」等
注：平成5年以降については調査手法を変更（調査単位の細分化）している。

食料自給力指標の動向分析③（単収等の推移）

○　耕種作物の単収及び畜産物の生産能力は、昭和40年度～平成2年度（フェーズⅠ・Ⅱ）は、品種・家畜の改良、栽培・飼養管理技術等の向上等により増加傾向で推移。平成2年度以降（フェーズⅢ）は、品種改良や栽培管理技術向上の一巡等により、単収及び生産能力の伸びが鈍化している状況。

○　単収の推移

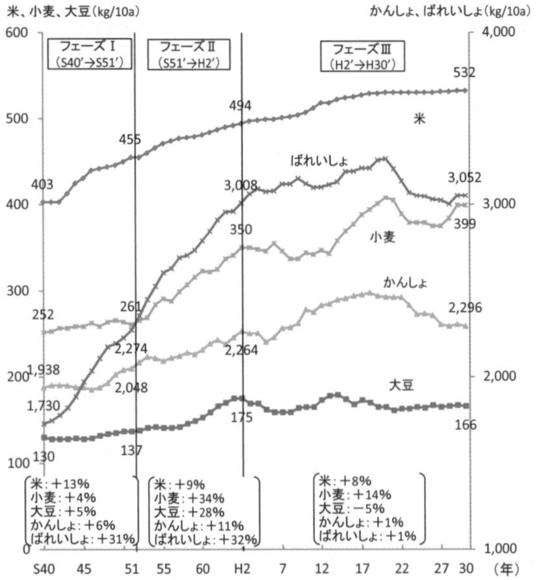

○　畜産物の生産能力の推移

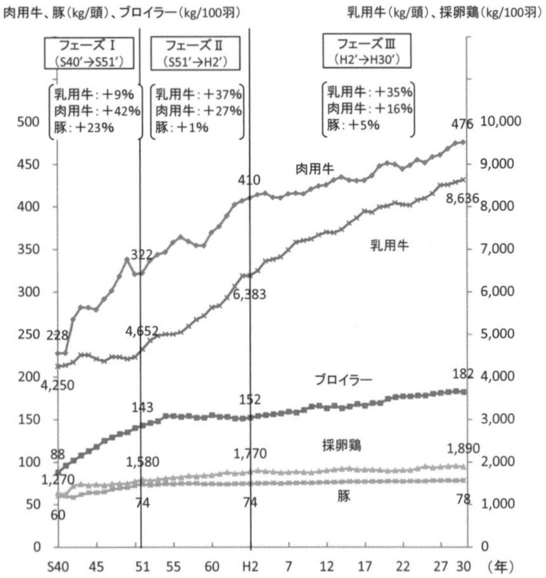

資料：農林水産省「作物統計」、「畜産物流通調査」等
注1：米は平年単収、小麦、大豆、かんしょ、ばれいしょは平均単収（当該年度を含む7か年のうち最高及び最低を除く5か年平均）を記載。
注2：乳用牛は経産牛1頭当たり年間搾乳量、肉用牛・豚はと畜1頭当たり枝肉生産量、ブロイラーは処理1羽当たり骨付き肉生産量、採卵鶏は成鶏めす1羽当たり年間産卵量を記載。

食料自給力指標の動向分析④(水産物の生産量の推移)

○ 水産物の生産量は、昭和40年度～51年度(フェーズⅠ)は、遠洋漁業・沖合漁業の拡大により増加し、昭和51年度～平成2年度(フェーズⅡ)は主にマイワシ(主に飼料用)の漁獲量の伸びにより増加。一方、平成2年度以降(フェーズⅢ)は、主にマイワシの漁獲量の落ち込みにより減少。

○漁業・養殖業生産量の推移

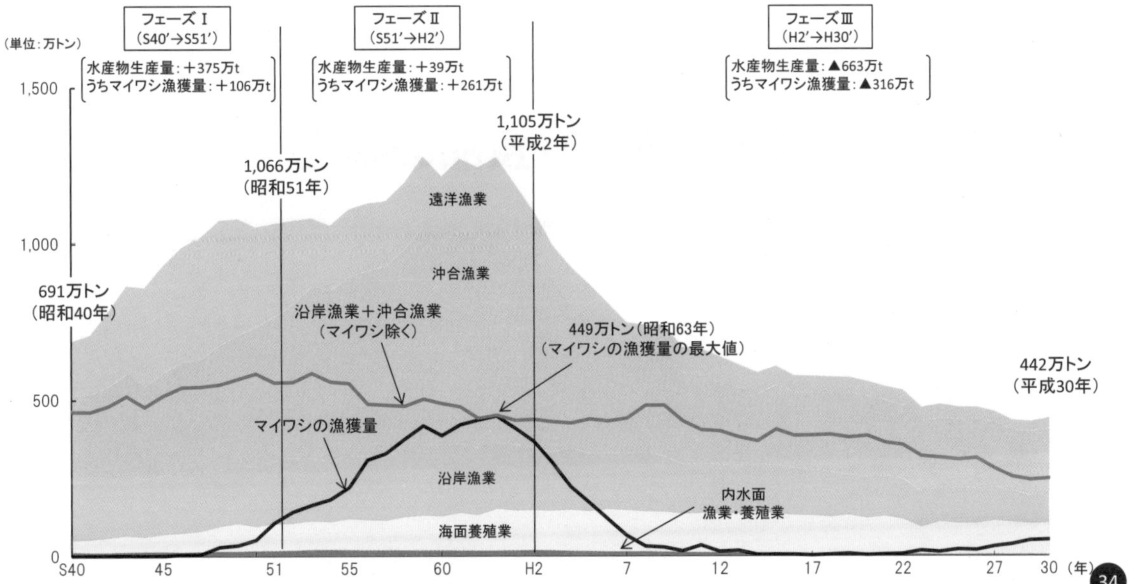

資料:農林水産省「漁業・養殖業生産統計」 注:魚介類及び海藻類の生産量を表す。

食料自給力指標の動向分析⑤(労働充足率の推移)

○ 労働充足率は、分子である現有労働力の延べ労働時間が、分母の構成要素である単位面積(1頭羽)当たりの投入労働時間や農地面積と比較して大きく減少していることから、低下傾向で推移。
○ いも類中心の作付けでは、かんしょや野菜に労働力を要し、平成25年度以降、労働充足率が100%を下回っている状況。

○ 労働充足率・現有労働力の延べ労働時間の推移

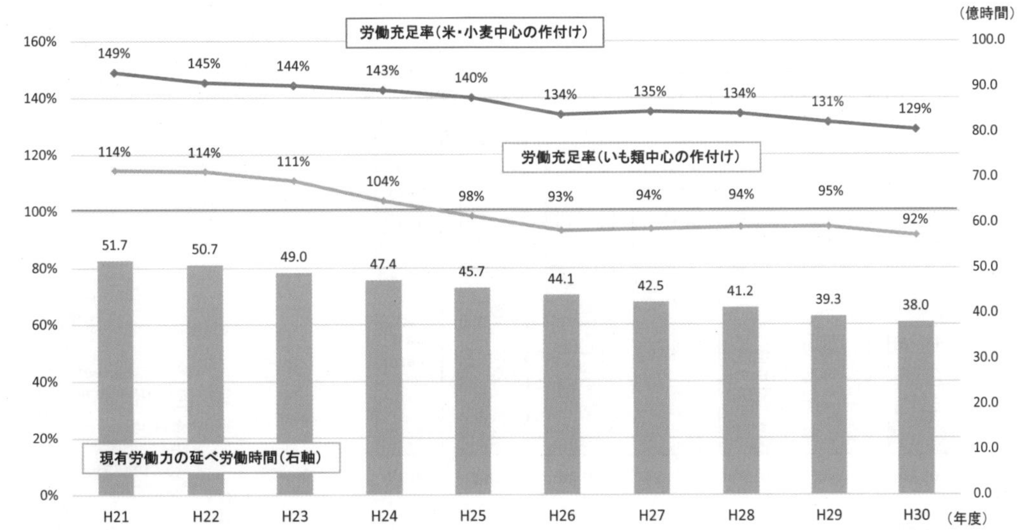

注1:労働充足率は農産物について再生利用可能な荒廃農地においても作付けする場合の値。
注2:現有労働力の延べ労働時間は、農林業センサスにおける延べ労働日数(組替集計)及び農業構造動態調査を用いて試算した値。

農林水産物・食品の輸出

1 農林水産物・食品の輸出実績（2019年）

2019年の輸出額は9,121億円、対前年同期比+0.6%増。
７年連続過去最高を更新したものの、１兆円目標には至らなかった。

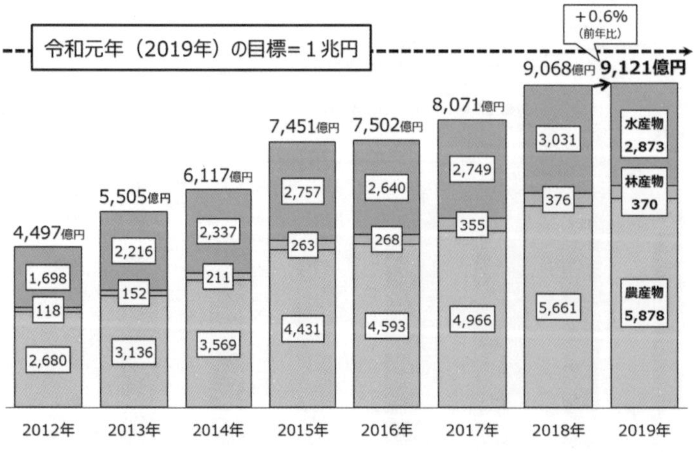

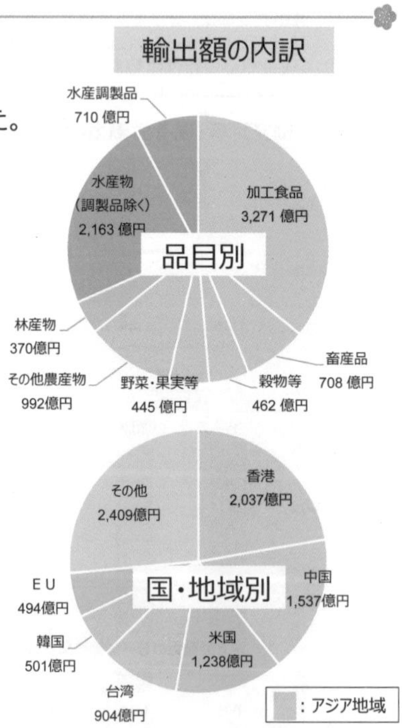

財務省「貿易統計」を基に農林水産省作成

2　主な増減要因

政治・経済の情勢、生産（漁獲）の減少等により、輸出額が伸び悩んでいる国・地域、品目がある一方、日本産品への高い関心を背景に、輸出額が大幅に増加している国・地域、品目が見られる。

品目別の状況

輸出額の増加が大きい主な品目

品目	増加額	主な増加要因
ぶり	+72億円	アメリカへの輸出が堅調
牛肉	+49億円	和牛人気、輸出認定施設の増加
アルコール飲料	+43億円	日本酒、日本産ウィスキーが人気
牛乳・乳製品	+31億円	ベトナムで粉乳が人気
清涼飲料水	+22億円	輸出上位国で需要増

輸出額の減少が大きい主な品目

品目	減少額	主な減少要因
さば	▲61億円	漁獲量の減少と国内需要との競合
ホタテ貝	▲30億円	最大の消費国のアメリカで豊漁
かつお・まぐろ類	▲27億円	国際相場の下落
植木	▲27億円	ベトナム向け、中国向けイヌマキが減少
たばこ	▲21億円	海外生産に移行中

国・地域別の状況

輸出額の増加が大きい国・地域

国・地域	増加額	主な増加品目
中国	+199億円	アルコール飲料、清涼飲料水
アメリカ	+61億円	ぶり、アルコール飲料
カンボジア	+34億円	牛肉
シンガポール	+22億円	小麦粉、アルコール飲料
マレーシア	+20億円	小麦粉、ぶり

輸出額の減少が大きい国・地域

国・地域	減少額	主な減少品目
韓国	▲133億円	アルコール飲料、菓子、ソース混合調味料
香港	▲78億円	清涼飲料水、ホタテ貝
タイ	▲40億円	かつお・まぐろ類、豚の皮
エジプト	▲22億円	さば
ガーナ	▲22億円	さば

財務省「貿易統計」を基に農林水産省作成

2

3　輸出拡大に向けた中長期の課題

（全体）

1　海外の食品安全規制等により輸出できない国、品目が多い。

2　海外の規制・ニーズに応じた生産ができる事業者の育成。

3　海外の需要が高いにもかかわらず供給力が不足。

4　海外で売れる可能性を持った新たな商品の発掘・開発、売り込みが不十分。

（個別品目）

品目	課題
牛肉	海外需要の増加に安定的に対応し得る生産基盤の強化が課題。
乳製品	海外需要の増加に安定的に対応し得る乳製品の原料乳の増産や海外での国産乳製品の認知度の向上が課題。
青果物	贈答用の大玉に加えて、家庭用の小玉リンゴ等、海外の多様なニーズへの対応や水田の園地等への転換、省力樹形の導入による生産拡大等が課題。
コメ	海外の日本食レストランやおにぎりビジネス等の海外需要の開拓、海外需要に対応可能な生産体制の確保が課題。
緑茶	海外の農薬基準に適合した茶生産を行う産地の確立が課題。
林産物	低価格・低質な丸太中心の輸出から、製材・合板等の付加価値の高い木材製品輸出への転換が課題。
水産物	天然資源に左右されにくい養殖の生産拡大、新規漁場の創出が課題。
加工食品	みそ、しょうゆ、菓子等、輸出主力商品が限定的であることから、海外のニーズ、規制に対応したスイーツ等の商品開発、生産体制の強化が課題。

3

4　品目横断的な輸出拡大の取組

「農林水産物・食品輸出本部」を設置し、実行計画（工程表）に基づく取組を加速化するとともに、GFPによるマッチングやグローバル産地づくり、戦略的なプロモーションを進める。

1　農林水産物・食品輸出本部の設置（2020年4月）

・輸出先国との協議の加速化（放射性物質規制　等）
・輸出向けの施設整備・認定の迅速化
・輸出証明書の申請・発行の一元化（４月から順次農水省で発行）
・在外公館の対応の強化　　　　　等

2　GFPによるマッチングやグローバル産地づくり支援

・GFP（農林水産物・食品輸出プロジェクト）による輸出診断、マッチング、
　輸出を目指した産地（グローバル産地）づくりの支援（約50地区を支援見込み（R2年度））
・輸出向け施設の整備支援（約80施設を支援見込み（ R元年度補正・ R2年度））

3　戦略的なプロモーションの実施

・日本産品のブランディングのためのプロモーション
・海外の日本食レストランにおける取組の強化

5　今後の輸出促進に向けた取組（2030年に向けた品目毎の更なる取組）

更に、品目ごとの課題に応じた生産基盤の強化、販路拡大の取組を強力に進める。

品目		取組内容
畜産品		
	牛肉	・増頭奨励金の交付、食肉処理施設の再編整備等により和牛を増頭・増産し、増産分を輸出
	乳製品	・増頭奨励金の交付、ロゴマークを活用した国産牛乳・乳製品のPR、海外見本市への参加による国産牛乳・乳製品のプロモーション
穀物等		
	米	・海外の日本食レストランやおにぎりビジネス向けに日本産米の魅力をPRし、海外需要を拡大するとともに輸出向けの米の作付を拡大
野菜・果実等		
	りんご ぶどう いちご	・近年の樹園地の減少を食い止めるとともに、水田の園地等への転換、省力樹形等の導入により生産を拡大し、増産分を輸出
	かんしょ	・近年の生産面積の減少を食い止めるとともに、輸出に好適な「べにはるか」等の生産を行う輸出産地を育成して増産分を輸出
その他農産物		
	緑茶	・近年の栽培面積の減少を食い止めるとともに、海外の規制に対応した茶の生産を拡大し、特に海外でニーズがある有機栽培茶や抹茶向けのてん茶の生産を拡大
	切り花	・品質保持に必要なコールドチェーン等を整備し、水耕栽培による作期の拡大や防虫ネットの設置等により、輸出向けの生産を拡大
林産物		・付加価値の高い木造住宅の大幅な販路開拓 ・付加価値の高い防腐処理木材の生産力の強化
水産物		・天然資源管理をしっかり行い資源を回復し、資源管理可能な最大水準の漁獲 ・養殖　天然資源への依存が低い新たなエサ開発等により最大限の生産拡大 ・生産適地を見極めつつ、新規漁場の創出により生産拡大
加工食品		・HACCP施設の導入、AIやIoT等の新技術の活用による省力化、低コスト化、海外の規制・ニーズ等に対応したスイーツ等の新商品開発により、輸出商品の生産拡大及び販路開拓

6　新たな農林水産物・食品の輸出額目標

2030年に、農林水産物・食品の輸出の目標を５兆円とする。

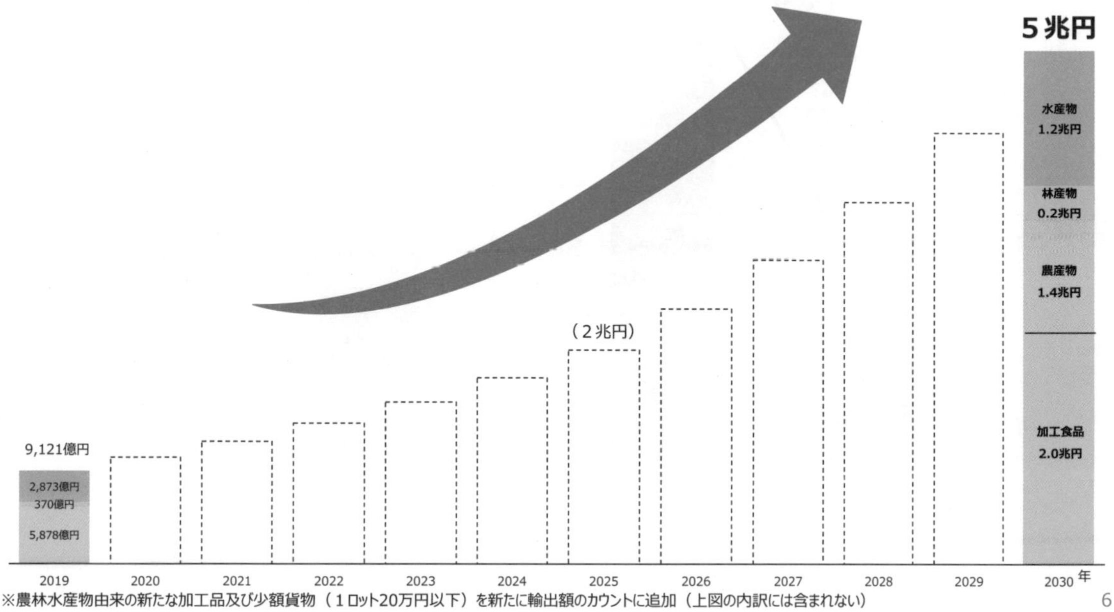

※農林水産物由来の新たな加工品及び少額貨物（１ロット20万円以下）を新たに輸出額のカウントに追加（上図の内訳には含まれない）

6

（参考）農林水産物・食品の生産額と輸出額

・2017年の生産額は、農業9兆円、林業3兆円、漁業2兆円、食品製造業38兆円の合計52兆円。
・2018年の輸出額は、農業0. 3兆円、林業0. 04兆円、漁業0. 3兆円、食品製造業0. 3兆円の合計0. 9兆円（輸出割合2%）。

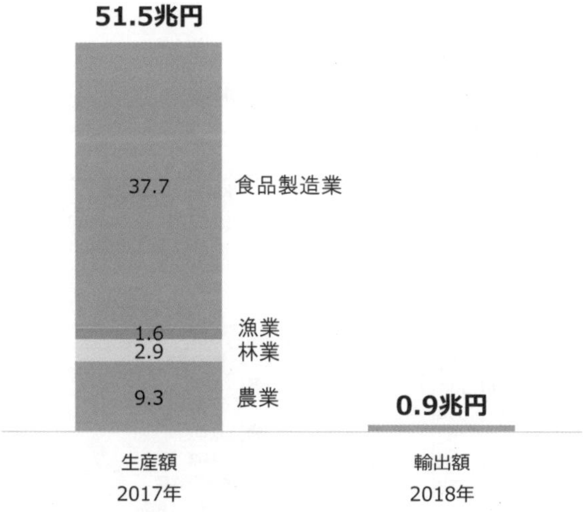

（出典）農業：農業総産出額（生産農業所得統計）
林業：木材・木製品製造業（家具を除く）の製造品出荷額等（工業統計）及び栽培きのこ類の産出額（林業産出額）の合計
漁業：漁業産出額（漁業産出額）
食品製造業：国内生産額（農業・食料関連産業の経済計算）
（注）　食品製造業の原料の一部に農業、林業、漁業生産物が含まれる。

7

（参考）世界の飲食料市場規模の将来見通し（すう勢）

○　2030年の34か国・地域の飲食料市場の規模は、2015年の1.5倍となる1,360兆円に拡大すると予測。
○　拡大する海外の飲食料市場を取り込むことにより、今後の更なる輸出拡大のチャンスは依然大きい。

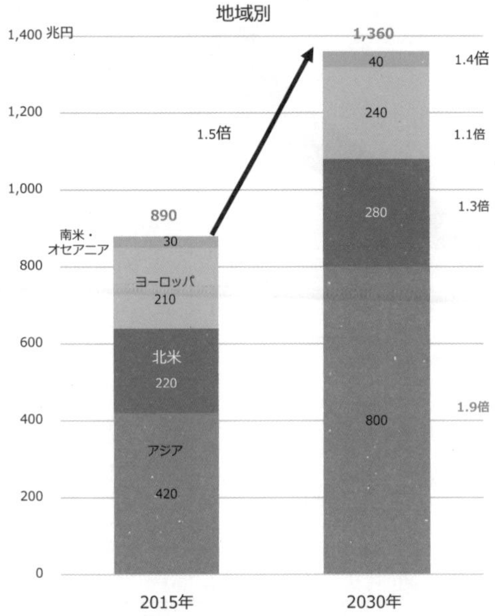

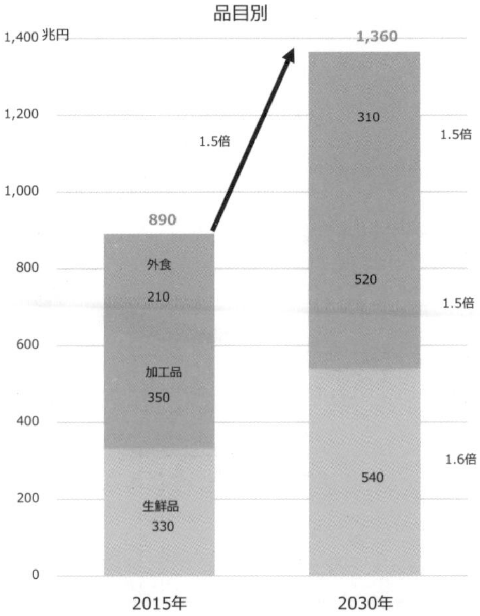

※グラフの数値は四捨五入して表示してある。

【出典】農林水産政策研究所「世界の飲食料市場規模の推計」

（参考）2019年の農林水産物・食品 輸出額　品目別

	品目	金額（百万円）	対前年増減率(%)
農産物	**加工食品**	**327,096**	**5.5**
	アルコール飲料	66,083	6.9
	日本酒	23,412	5.3
	ソース混合調味料	33,657	3.4
	清涼飲料水	30,391	7.9
	菓子（米菓を除く）	20,156	▲ 1.0
	醤油	7,681	▲ 0.6
	米菓（あられ・せんべい）	4,306	▲ 2.7
	味噌	3,824	8.7
	畜産品	**70,785**	**7.3**
	畜産物	53,406	19.8
	牛肉	29,675	20.0
	牛乳・乳製品	18,445	20.5
	鶏卵	2,211	44.7
	鶏肉	1,941	▲ 1.9
	豚肉	1,134	8.7
	穀物等	**46,180**	**8.3**
	米（援助米除く）	4,620	23.0
	野菜・果実等	**44,504**	**5.2**
	青果物	29,658	2.0
	りんご	14,492	3.7
	ぶどう	3,190	▲ 2.4
	ながいも	2,268	4.5
	いちご	2,107	▲ 16.7
	もも	1,897	6.6
	かんしょ	1,695	22.9
	なし	774	▲ 22.6
	かんきつ	665	7.2

	品目	金額（百万円）	対前年増減率(%)
	その他農産物	**99,188**	**▲ 5.6**
	たばこ	16,375	▲ 11.6
	緑茶	14,642	▲ 4.5
	花き	10,173	▲ 20.8
	植木等	9,288	▲ 22.3
	切花	884	▲ 0.5
林産物	**林産物**	**37,038**	**▲ 1.5**
	丸太	14,714	▲ 0.6
	合板	6,212	▲ 8.2
	製材	5,966	▲ 1.3
水産物	**水産物（調製品除く）**	**216,326**	**▲ 4.6**
	ホタテ貝（生鮮・冷蔵・冷凍等）	44,672	▲ 6.3
	真珠（天然・養殖）	32,897	▲ 4.9
	ぶり	22,920	45.4
	さば	20,612	▲ 22.8
	かつお・まぐろ類	15,261	▲ 14.9
	いわし	8,009	▲ 3.6
	さけ・ます	4,230	▲ 13.8
	たい	3,536	▲ 24.0
	すけとうたら	2,086	16.7
	ほや	1,193	53.8
	さんま	984	▲ 19.8
	水産調製品	**70,978**	**▲ 7.1**
	なまこ（調製）	20,775	▲ 1.4
	練り製品	11,168	4.7
	貝柱調製品	7,984	2.5
	ホタテ貝（調製）	7,566	▲ 21.1

財務省「貿易統計」を基に農林水産省作成

（参考）2019年の農林水産物・食品 輸出額 国・地域別

順位	輸出先	輸出額（億円）	対前年増減率（%）	輸出額内訳（億円）			主な輸出品目（下段は全体に占める割合）		
				農産物	林産物	水産物	1位	2位	3位
1	香港	2,037	▲ 3.7	1,175	5	857	真珠 14.0%	なまこ（調製） 9.2%	たばこ 4.8%
2	中華人民共和国	1,537	14.9	885	165	487	ホタテ貝（生・蔵・凍） 17.5%	丸太 7.7%	アルコール飲料 6.6%
3	アメリカ合衆国	1,238	5.2	864	31	343	ぶり 12.9%	アルコール飲料 12.7%	ソース混合調味料 5.6%
4	台湾	904	0.0	699	20	185	りんご 11.0%	アルコール飲料 6.9%	ソース混合調味料 6.5%
5	大韓民国	501	▲ 21.0	324	32	145	アルコール飲料 12.3%	ソース混合調味料 6.7%	ホタテ貝（生・蔵・凍） 5.6%
6	ベトナム	454	▲ 0.9	276	7	171	粉乳 16.3%	さば 11.2%	さけ・ます 4.8%
7	タイ	395	▲ 9.2	184	5	206	かつお・まぐろ類 15.6%	さば 9.0%	いわし 8.9%
8	シンガポール	306	7.7	252	2	51	アルコール飲料 11.3%	牛肉 5.5%	小麦粉 4.6%
9	オーストラリア	174	7.8	156	0	18	清涼飲料水 21.8%	アルコール飲料 13.2%	ソース混合調味料 10.2%
10	フィリピン	154	▲ 7.0	60	74	19	合板 36.8%	製材 8.5%	ソース混合調味料 5.2%
−	ＥＵ	494	3.2	425	7	63	アルコール飲料 18.5%	ソース混合調味料 7.2%	緑茶 4.7%

財務省「貿易統計」を基に農林水産省作成　１０

（参考）国・地域別輸出額の推移

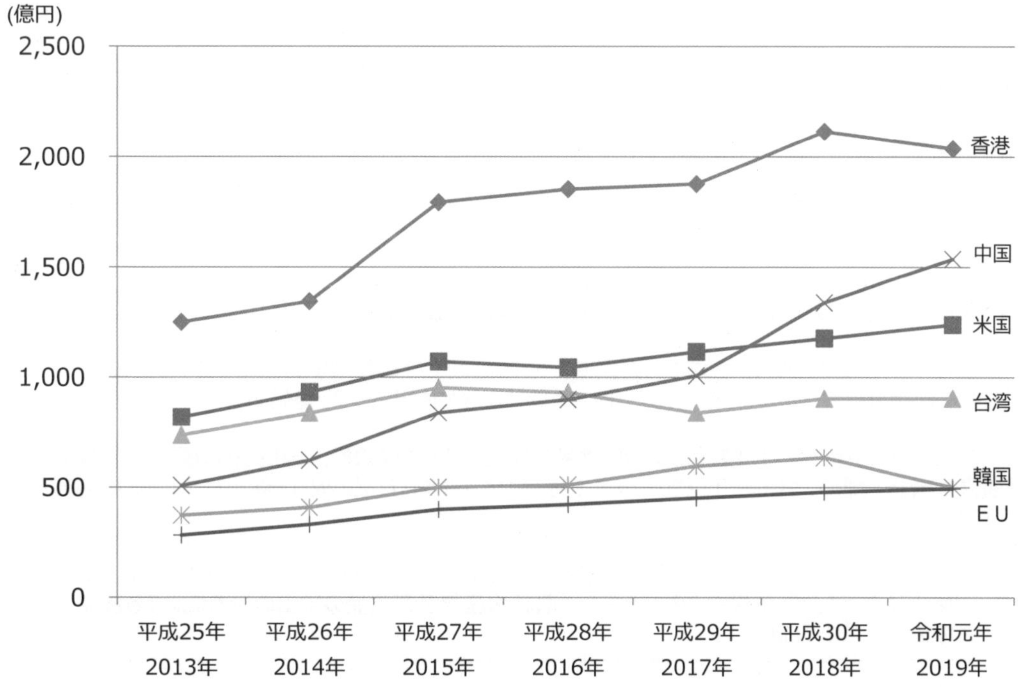

財務省「貿易統計」を基に農林水産省作成　１１

（参考）少額貨物の輸出額推計

◎１品目20万円以下の少額貨物の輸出額を農林水産物・食品について推計。

◎令和元(2019)年の輸出額は548.6億円と推計。対前年比＋5.5%。

◎内訳は、農産物351.2億円、林産物19.6億円、水産物177.8億円。

【推計方法】
少額貨物は輸出時に以下を税関に申告することとなっている。

①	大額貨物（1品目当たり20万円を超えるもの）と合わせて申告する場合	少額貨物が単一品目の場合は、その品目と金額を申告。 少額貨物が複数の場合は、金額を合算した上で一番高い品目の統計品目番号（9ケタ）を申告。
②	少額貨物のみで申告する場合	単一品目、複数品目に関わらず輸出申告時に統計品目番号を省略することが可能。（複数品目の場合は品目を明示せず金額を合算して申告。）

①で申告された貨物の総額は2019年が6,637億円。そのうち、農林水産物・食品に該当するものは337億円。
次に、②の総額4,175億円に対する農林水産物・食品の割合は①と同様であると仮定して推計すると212億円。

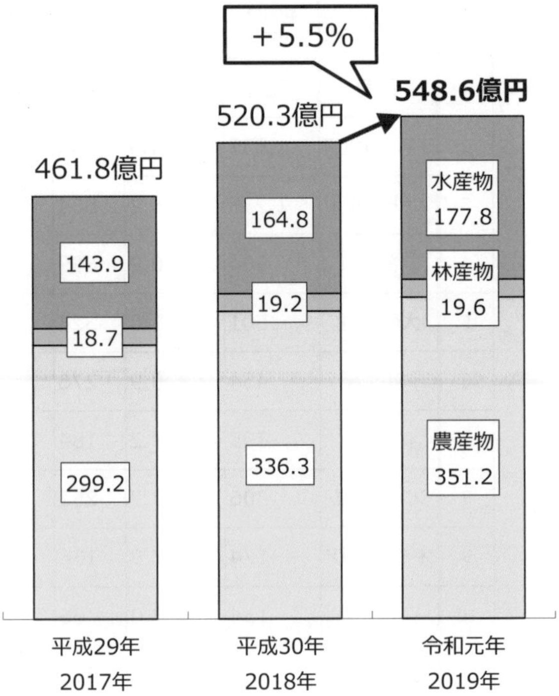

（参考）政府の輸出促進政策

○政府の輸出促進政策の方針は、総理大臣を本部長とする**「農林水産業・地域の活力創造本部」**が決定する**「農林水産業・地域の活力創造プラン」**において決定。

【農林水産業・地域の活力創造プラン（抜粋）】
＜目標＞
○ 2019年までに農林水産物・食品の輸出額を１兆円に増大させ、その実績を基に、新たに2030年に５兆円の実現を目指す目標を掲げ、具体策を検討

○平成28年（2016年）2月、同本部に**「農林水産業の輸出力強化ワーキンググループ」**を設置し、同年5月に政府が取り組むべき対策の行程表を**「農林水産業の輸出力強化戦略」**として取りまとめ。

○平成28年11月の農林水産業・地域の活力創造プラン改訂の際、**「農業競争力強化プログラム」**を策定し、戦略的輸出体制の整備の具体策を示すとともに、「農林水産物輸出インフラ整備プログラム」を公表。

○平成31年（2019年）４月、**「農林水産物・食品の輸出拡大のための輸入国規制への対応等に関する関係閣僚会議」**を設置し、令和元年（2019年）6月、農林水産物・食品の更なる輸出拡大に向けた課題と対応の方向を取りまとめ。

○令和元年11月、輸出先国による食品安全規制等に対応するため、輸出先国との協議等について、政府一体となって取り組むための体制整備等を内容とする、**「農林水産物及び食品の輸出の促進に関する法律」**が成立（令和２年４月１日施行）。

（参考）農林水産物・食品輸出プロジェクト（GFP)の取組

○**GFP（ジー･エフ･ピー）**は、Global Farmers / Fishermen / Foresters / Food Manufacturers Projectの略称。農林水産省が推進する**日本の農林水産物･食品の輸出プロジェクト。**
○平成30年8月31日に農林水産物･食品の輸出を意欲的に取り組もうとする生産者･事業者等のサポートと連携を図る**「GFPコミュニティサイト」**を立ち上げ。
○当該サイトに登録した者を対象に、農林水産省がジェトロ、輸出の専門家とともに産地に直接出向いて輸出の可能性を無料で診断する**「輸出診断」**を平成30年10月から開始。

GFP
農林水産物･食品
輸出プロジェクト

GFP登録者へのサービス提供

○**農林漁業者・食品事業者へのサービス**
・専門家による無料の輸出診断
・GFPコミュニティサイトで事業者同士が直接マッチング
・輸出商社の「商品リクエスト情報」の提供
・輸出希望商品の輸出商社への紹介
・輸出のための産地づくりの計画策定の支援
・メンバー同士の交流イベントの参加
・規制情報等の輸出に関連する情報の提供

○**輸出商社・バイヤー・物流企業へのサービス**
・GFPコミュニティサイトで事業者同士が直接マッチング
・生産者・製造業者が作成する「商品シート」の提供
・「商品リクエスト」の全国の生産者・製造業者への発信
・メンバー同士の交流イベントの参加
・規制情報等の輸出に関連する情報の提供

GFPの登録状況（1月末時点）

GFP登録者数

区分	登録者数
農林水産物食品事業者	1,571
流通事業者、物流事業者	929
合計	2,500

輸出診断申込状況

区分		
輸出診断申込数		1,061
	うち訪問診断希望者	663
訪問診断完了数		343

（参考）日本食品海外プロモーションセンター（JFOODO）について

・農林水産業･地域の活力創造プラン（平成28年11月改訂）を踏まえ、平成29年4月に**日本食品海外プロモーションセンター（JFOODO ジェイフードー）**をジェトロ内に創設。
・平成30年１月から、**５品目７テーマ**について、新聞･雑誌、屋外、デジタルでの広告の展開、PRイベントの開催等**現地でのプロモーションを実施。**

①海外市場のニーズ把握や、現地の卸･小売･外食事業者等の商流を作り出すキープレーヤー等の情報の徹底調査。
②どの国･地域に、何を、どこで（小売･外食･中食）売り込むか戦略設定。
③日本の食文化と一体となった、ブランディングのためのオールジャパンでの海外市場の消費者向けプロモーションを実施。

「日本産が欲しい」という現地の需要･市場を作り出し、産地の特色･魅力にあふれた産品を**相応の価格で輸出**することで**生産者の所得向上**につなげる。

【ロゴマーク】

JFOODO

【 体制 】※令和２年２月１日時点

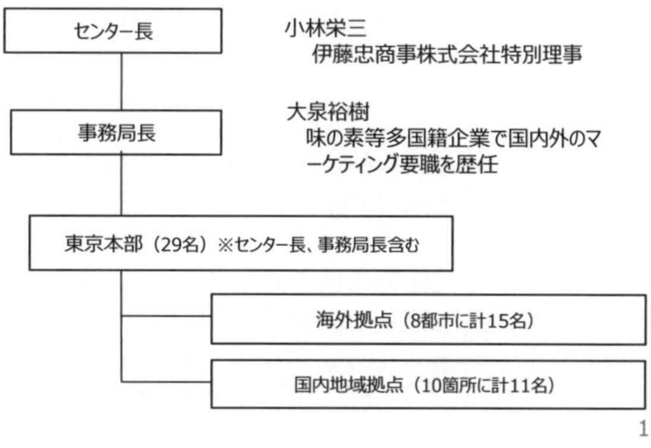

（参考）JFOODOの第一次取組テーマの活動実績

平成29年12月、**第一次ターゲット５品目７テーマ**のプロモーション戦略を決定、平成30年１月から新聞・雑誌、屋外、デジタルでの広告の展開、PRイベントの開催等現地でのプロモーションを実施。

品目	エリア	起点	戦　略
水産物 (ﾊﾏﾁ(ブリ)・ホタテ・タイ)	アジア	香港	味や栄養・安全性を前提に、文化的アプローチで、日本産の水産物を寿司店で関心を喚起して選択を後押しし、ローカル市場におけるサーモンの牙城を崩す。
和牛	アジア	台湾	日本産のブランド力、スライス肉の現地インフラを活用し、豪州産や米国産のWagyuでは本格感を訴求しにくい日本式しゃぶしゃぶ等をキーディッシュとして、部位や等級を拡大し、名声にシェアを近づける。
日本茶	米国・欧州 中東	米国	IT企業を中心に広がる日本由来のマインドフルネス（リラックス・集中力増強方法)のブームをとらえ、競合茶よりもテアニンが豊富な日本茶を心と体を整えるマインドフルネスビバレッジとしてリポジショニングする。
日本酒	欧州・米国 ｱｼﾞｱ	英国	日本酒の入り口としてのキーディッシュを設定した上で、日本酒本来の価値を伝えて消費者を日本酒の世界に引きこんだ後、好みの日本酒を選べるような情報を整備する。
米粉	米国 欧州	米国 仏国	グルテンフリー度と生地適性に優れた日本産米粉を、パンやピザに原料ブランドとして訴求し、世界の情報発信都市を起点に日本国内需要米の100倍に相当する小麦粉市場を少しずつ置き換えていく。（世界のグルテンフリー市場は、平成32年に5,000億円に達するとされる。）
日本ワイン	欧州・香港 米国	英国 香港	欧州品種ワインに比べ、バランスが良くエレガントな日本ワインを、世界の料理の潮流であるマイルドな味付けの料理に相性の良いワインとして、権威誌を通じて先進国のソムリエに広め、大ワイン市場に食い込んでいく。（世界のワイン市場は３兆９千億円（平成28年））
クラフト ビール	米国	米国	米国におけるクラフトビールブームをとらえ、特徴のあるフレーバーを持ち日本のクラフトマンシップで実現され日本で作られた点を訴求し、新しいオプションを提供していく。（米国のクラフトビール市場は3.8百万キロリットルと、既に日本のビール総市場を超えている。）

（参考）原発事故による諸外国・地域の食品等の輸入規制の撤廃・緩和

原発事故に伴い諸外国・地域において講じられた輸入規制は、政府一体となった働きかけの結果、規制を設けた54の国・地域のうち、34の国・地域で撤廃、20の国・地域で継続。

<table>
<tr><th colspan="2">規制措置の内容（国・地域数）</th><th>国・地域名</th></tr>
<tr><td colspan="2">事故後の輸入規制を完全に撤廃（34）</td><td>カナダ、ミャンマー、セルビア、チリ、メキシコ、ペルー、ギニア、ニュージーランド、コロンビア、マレーシア、エクアドル、ベトナム、イラク、豪州、タイ、ボリビア、インド、クウェート、ネパール、イラン、モーリシャス、カタール、ウクライナ、パキスタン、サウジアラビア、アルゼンチン、トルコ、ニューカレドニア、ブラジル、オマーン、バーレーン、コンゴ民主共和国、ブルネイ、フィリピン</td></tr>
<tr><td rowspan="3">事故後の輸入規制を継続（20）</td><td>一部都県等を対象に輸入停止（６）</td><td>香港、中国、台湾、韓国、マカオ、米国</td></tr>
<tr><td>一部又は全ての都道府県を対象に検査証明書等を要求（13）</td><td>ＥＵ及び英国、ＥＦＴＡ（アイスランド、ノルウェー、スイス、リヒテンシュタイン）、仏領ポリネシア、ロシア、シンガポール、インドネシア、レバノン、アラブ首長国連邦、エジプト、モロッコ</td></tr>
<tr><td>自国での検査強化（１）</td><td>イスラエル</td></tr>
</table>

注1）2020年2月1日現在。規制措置の内容に応じて分類。規制措置の対象となる都道府県や品目は国・地域によって異なる。
注2）EU27か国と英国は事故後、一体として輸入規制を設けたことから、一地域としてカウントしている。
注3）タイ政府は、検疫上輸出不可能な一部の野生動物肉を除き撤廃。

（参考）原発事故による食品等の輸入規制を撤廃した国

撤廃の年月	国・地域
2011年	カナダ、ミャンマー、セルビア、チリ
2012年	メキシコ、ペルー、ギニア、ニュージーランド、コロンビア
2013年	マレーシア、エクアドル、ベトナム
2014年	イラク、オーストラリア
2015年	タイ（一部の野生動物肉を除く）、ボリビア
2016年	インド、クウェート、ネパール、イラン、モーリシャス
2017年	カタール、ウクライナ、パキスタン、サウジアラビア、アルゼンチン
2018年	トルコ、ニューカレドニア、ブラジル、オマーン
2019年３月	バーレーン
6月	コンゴ民主共和国
10月	ブルネイ
2020年１月	フィリピン

注 2020年1月8日現在。

（参考）最近の食品等の輸入規制の緩和

緩和の年月	国・地域	緩和の主な内容
2018年11月	ロシア	・福島県産の水産物は放射性物質検査証明書の添付が不要に
2019年３月	シンガポール	・放射性物質検査証明を廃止、産地の証明は条件を満たしたインボイスで代替可に
4、9、11月	米国	・輸入停止（岩手県及び栃木県産牛の肉、福島県産ウミタナゴ、クロダイ、ヌマガレイ、ムラソイ、カサゴ、宮城県産牛の肉、クロダイ、アユ）→解除
5月	フィリピン	・輸入停止（福島県産ヤマメ、アユ、ウグイ、イカナゴ）→解除（放射性物質検査報告書の添付）
7月	UAE	・検査報告書の対象品目の縮小（福島県産の全ての食品、飼料→水産物、野生鳥獣肉のみに）
10月	マカオ	・輸入停止（宮城等９都県産の野菜、果物、乳製品）→商工会議所のサイン証明で輸入可能に ・放射性物質検査報告書（９都県産の食肉、卵、水産物等）→商工会議所のサイン証明に変更 ・放射性物質検査報告書（山形、山梨県産の野菜、果物、乳製品等）→不要に
11月	EU※	・検査証明書及び産地証明書の対象地域及び対象品目が縮小（福島県の大豆、６県の水産物を検査証明対象から除外 等）
2020年１月	シンガポール	・輸入停止（福島県の林産物、水産物、福島県７市町村の全食品）→産地証明及び放射性物質検査報告書の添付を条件に解除
〃	米国	・輸入停止（岩手県産クロダイ、福島県産ビノスガイ）→解除
１～２月	インドネシア	・放射性物質検査証明書（47都道府県産の水産物、養殖用薬品、エサ）→不要に ・放射性物質検査報告書（7県産(宮城等)以外の加工食品）→不要に ・放射性物質検査報告書（7県産(宮城等)以外の農産物）→2020年5月20日から不要に

注 2020年3月2日現在。
※ スイス、ノルウェー、アイスランド、リヒテンシュタイン（EFTA加盟国）もEUに準拠した規制緩和を実施。

（参考）原発事故に伴い輸入停止措置を講じている国・地域

国・地域	輸出額 順位	輸入停止措置対象県	輸入停止品目
香港	2,037億円 1位	福島	野菜、果物、牛乳、乳飲料、粉乳
中国	1,537億円 2位	宮城、福島、茨城、栃木、群馬、 埼玉、千葉、東京、長野	全ての食品、飼料
		新潟	コメを除く食品、飼料
台湾	904億円 4位	福島、茨城、栃木、群馬、千葉	全ての食品（酒類を除く）
韓国	501億円 5位	日本国内で出荷制限措置がとられた県	日本国内で出荷制限措置がとられた品目
		青森、岩手、宮城、福島、茨城、 栃木、群馬、千葉	水産物
マカオ	40億円 20位	福島	野菜、果物、乳製品、食肉・食肉加工品、 卵、水産物・水産加工品

注１：輸出額・順位は2019年確報値。
注２：上記５か国・地域のほか、米国は日本での出荷制限品目を県単位で輸入停止。
注３：中国は10都県以外の野菜、果実、乳、茶葉等（これらの加工品を含む）について放射性物質検査証明書の添付を求めているが、放射性物質の検査項目が合意されていないため、実質上輸入が認められていない。

（参考）動物検疫協議の状況

○動物検疫に係る協議（輸出関係）は、現在、12の国と地域・28件に取り組んでおり、平成28年度以降12の国と地域・24件が解禁・条件緩和。
○輸出先国・地域への解禁要請や協議に、引き続き関係省庁と連携して取り組む。

輸出先への解禁要請		韓国（牛肉、豚肉）、インドネシア（鶏肉）、フィリピン（殻付き卵）等
協議中	輸出先国・地域における疾病リスク評価実施中（※）	中国（牛肉、豚肉）、フィリピン（豚肉）、米国（豚肉）、ＥＵ（豚肉）、台湾（豚肉、鶏肉）、トルコ（牛肉）、等
	検疫条件協議中	中国（牛乳・乳製品）、ロシア（鶏肉、殻付き卵）、マレーシア（鶏肉）、米国（鶏肉）、サウジアラビア（牛肉）等
輸出解禁済 平成28年（2016年）以降の実績		豪州（牛肉、牛肉エキス）、ブラジル（牛肉製品等＝携帯品）、タイ（牛肉＝30ヶ月齢制限撤廃、豚肉）、シンガポール（鶏肉等）、台湾（牛肉、殻付き卵及び卵製品）、マレーシア（牛肉）、アルゼンチン（牛肉、ラノリン）、米国（殻付き卵）、韓国（殻付き卵）、ウルグアイ（牛肉）、ロシア（牛肉＝２施設追加）、ＥＵ（殻付き卵及び卵製品、乳及び乳製品、鶏肉）、マカオ（殻付き卵）等

※家畜衛生体制や疾病の清浄性の評価

令和２年２月３日現在

（参考）植物検疫協議の状況

○植物検疫に係る協議（輸出関係）は、現在、12か国・23件に取り組んでおり、
平成28年度以降8か国・19件が解禁・条件緩和。
○輸出先国・地域への解禁要請や協議に、引き続き関係省庁と連携して取り組む。

輸出先への解禁要請		（解禁要請と同時に協議の段階へ移行）
協議中	輸出先国・地域における病害虫リスク評価実施中（※）	米国（メロン）、カナダ（もも）、豪州（もも）、韓国（りんご・なし）、タイ（玄米）、ベトナム（うんしゅうみかん）、インド（なし）、中国（ぶどう）、フィリピン（いちご）、台湾（トマト）等
	検疫条件協議中	インド（りんご）、米国（なし＝生産地域の拡大、品種制限の撤廃）、EU（黒松盆栽＝錦松盆栽含む）、タイ（かんきつ類＝合同輸出検査から査察制への移行）、豪州（いちご、なし＝全ての都道府県の解禁等、うんしゅうみかん＝全ての都道府県の解禁等）、NZ（かんきつ類＝品目の拡大等）等
輸出解禁済 平成28年（2016年）以降の実績		中国（精米＝精米工場及びくん蒸倉庫の追加）、米国（かき、うんしゅうみかん＝福岡県、佐賀県、長崎県及び熊本県の追加、臭化メチルくん蒸の廃止、盆栽（ツツジ属及びゴヨウマツ）＝網室内での栽培期間の短縮）、ベトナム（なし、玄米、りんご＝袋かけに代わる検疫措置の追加）、タイ（かんきつ類＝福岡県内生産地域の追加拡大）、豪州（かき＝臭化メチルくん蒸に代わる検疫措置による解禁）、カナダ（なし＝全ての都道府県の解禁、りんご＝「ふじ」を含む全品種の解禁・袋かけ又は臭化メチルくん蒸に代わる検疫措置の追加）等

※病害虫の侵入・定着・まん延の可能性や、まん延した場合の経済的被害の評価を踏まえた検疫対象となる病害虫の特定　　令和２年2月3日現在

【令和２年度予算概算決定額　9,458（5,915）百万円】
輸出関係総額　57,833（42,400）百万円の内数】
（令和元年度補正予算額　32,393百万円）

（参考）農林水産物・食品の政府一体となった輸出力強化

<対策のポイント>
農林水産物及び食品の輸出の促進に関する法律等に基づき、農林水産省への**司令塔組織（農林水産物・食品輸出本部）の創設**、**輸出手続の迅速化**、**GFP（農林水産物・食品輸出プロジェクト）**に基づく**グローバル産地づくりの強化**、**輸出向けHACCP等対応施設の整備**、**海外需要の創出・拡大・商流構築等**を行うことで、**国産農林水産物・食品の輸出を促進**します。

<政策目標>
農林水産物・食品の輸出額の拡大（2020年以降のポスト１兆円目標）

<事業の全体像>

1　司令塔組織（農林水産物・食品輸出本部）の創設【12億円】
・ 輸出に必要な証明書の申請・交付のワンストップ化のためのシステム構築
・ 海外の食品安全等の規制に関する相談窓口の一元化
・ 輸出先国が求めるデータ収集や課題対応のための調査等　等

2　輸出手続の迅速化【15億円、50億円の内数】
・ 国・自治体の証明書発給・検査業務の体制整備や民間の登録認定機関の活用支援
・ 生産海域等モニタリング、残留物質等モニタリング支援
・ FAMICによる登録認定機関の適合調査（FAMIC運営費交付金）
・ 既存添加物等申請、インポートトレランス申請支援
・ 我が国の農産物の輸出に有利な国際的植物検疫処理基準の確立・実証
・ 輸出促進に資する動植物検疫　等

3　輸出を行う事業者に対する支援【19億円、425億円の内数】
(1) グローバル産地づくりの強化
・ GFPグローバル産地形成　・ 国際的認証取得等支援
・ 輸出先国の植物検疫条件等を満たす農産物の生産支援
(2) 輸出向け施設の整備（ハード）
・ 食品産業に対する輸出向けHACCP等対応施設の整備（食料産業・６次産業化交付金）　等
(3) 日本政策金融公庫による長期低利融資
・ 輸出事業計画の認定を受けた事業者に対する日本政策金融公庫による長期低利融資

4　海外需要の創出・拡大・商流構築【29億円、８億円の内数】
JFOODOによる戦略的プロモーション、JETROによる輸出総合サポート、事業者・団体の取組支援、食によるインバウンド対応の推進等
・ 海外需要創出等支援対策事業
・ 食によるインバウンド対応推進事業　等

5　知的財産の流出防止、食産業の海外展開等【20億円】
(1) 知的財産の流出防止、規格・認証の国際化対応等
・ 植物品種等の海外流出防止　・ 農業知的財産管理支援機関による知的財産管理
・ 地理的表示(GI)の保護　・ JFS国際化、JAS制定・国際化　等
(2) 食品事業者の海外進出支援
(3) 輸出拡大に関する研究開発・技術実証

ポスト１兆円に向けた更なる輸出拡大を目指す

（参考）高品質な我が国農林水産物の輸出等需要フロンティアの開拓

【令和元年度補正予算額　32,393百万円】

- ＜対策のポイント＞
- TPP等を通じた農林水産品の輸出重点品目の関税撤廃等の成果を最大限活用するため、司令塔組織の創設による輸出環境の整備、グローバル産地づくり緊急対策、海外の需要拡大・商流構築に向けた取組、輸出拠点の整備を強化します。
- ＜政策目標＞
- 農林水産物・食品の輸出額の拡大（2020年以降のポスト１兆円目標）

＜事業の内容＞

司令塔組織の創設による輸出環境の整備【９億円】

輸出環境整備緊急対策事業

・ 司令塔組織の創設準備を急ぐとともに、放射性物質等に関する輸入規制撤廃・緩和の働きかけの強化、輸出証明書発行等を行う機関の体制整備や能力向上、GI保護を通じた知的財産の保護、植物品種の海外流出防止対策の強化、輸出に資する基準・規格の設定等を実施・支援

グローバル産地づくり緊急対策【８億円】

GFPの活動強化

・ GFP登録者に対する輸出診断、登録者のネットワーキングイベントの開催、地域商社と生産者とのマッチングを強化

グローバル産地づくり緊急対策事業

・ 畜産物、水産物、加工食品の品目特有の緊急課題への対応を支援

輸出のための国際的認証取得等の支援

・ 輸出事業者が必要とする国際的規格・認証の取得等を支援

海外の需要拡大・商流構築に向けた取組の強化【33億円】

海外需要創出等支援緊急対策事業

・ 海外での戦略的プロモーション、海外見本市への出展支援、国内外での商談会の開催、早期に成果が見込まれる重点分野・テーマ別の海外販路開拓の強化等の取組を支援

訪日外国人の食体験を活用した輸出促進事業

・ 訪日外国人の嗜好に合わせて食と異分野を掛け合わせた多様な旅行体験の提供を拡大するとともに、帰国後も日本の食を再体験できる環境整備を実施

コメ海外市場拡大戦略プロジェクト推進支援

・ コメ海外市場拡大戦略プロジェクトに参加する産地や輸出事業者等が連携して戦略的に取り組むコメ・コメ加工品の海外市場開拓、プロモーション等を支援

外食産業等と連携した需要拡大対策事業

・ 産地と外食産業等の連携により、国産原材料を活用した新商品の開発やそれに必要な技術開発等を支援

輸出拠点の整備【273億円】

輸出向けＨＡＣＣＰ等対応施設整備緊急対策
農畜産物輸出拡大施設整備事業

・ 食品製造事業者等によるHACCP等に対応した施設の新設（かかり増し経費）・改修や機器の整備を支援するとともに、農畜産物の輸出拡大に必要な食肉処理施設、コールドチェーン対応卸売市場施設等の整備等を支援

水産物輸出拡大緊急対策事業＜一部公共＞

・ 大規模な水産物流通・生産拠点における共同利用施設・養殖場等の一体的整備、生産から販売までの関係者が連携した国際市場に通用するモデル的な商流の構築等を支援

２４

（参考）農林水産物及び食品の輸出の促進に関する法律の概要

１．背　景

・農林水産物及び食品の輸出拡大に向け、これまで日本食のプロモーション等の取組を実施。

・更なる輸出拡大のためには、輸出先国による食品安全等の規制等に対応するため、輸出先国との協議、輸出を円滑化するための加工施設の認定、輸出のための取組を行う事業者の支援について、政府が一体となって取り組むための体制整備が必要。

２．法律の概要

Ⅰ　農林水産物・食品輸出本部の設置

・農林水産省に、農林水産大臣を本部長とし、総務大臣、外務大臣、財務大臣、厚労大臣、経産大臣、国交大臣等を本部員とする「農林水産物・食品輸出本部」を設置。

・本部は、輸出促進に関する基本方針を定め、実行計画(工程表)の作成・進捗管理を行うとともに、関係省庁の事務の調整を行うことにより、政府一体となった輸出の促進を図る。

Ⅱ　国等が講ずる輸出を円滑化するための措置

・これまで法律上の根拠規定のなかった ①輸出証明書の発行、②生産区域の指定、③加工施設の認定について、主務大臣（※）及び都道府県知事等ができる旨を規定。

※主務大臣は、農林水産大臣、厚生労働大臣又は財務大臣。

・民間の登録認定機関による加工施設の認定も可能とする。

Ⅲ　輸出のための取組を行う事業者に対する支援措置

・輸出事業者が作成し認定を受けた輸出事業計画について、食品等流通合理化法及びHACCP支援法（※）に基づく認定計画等とみなして、日本政策金融公庫による融資、債務保証等の支援措置の対象とする。

※食品等の流通の合理化及び取引の適正化に関する法律（平成３年法律第59号）及び食品の製造過程の管理の高度化に関する臨時措置法（平成10年法律第59号）

Ⅳ　その他

・令和２年４月１日から施行。

・農林水産省設置法を改正し、本部の所掌事務を追加。

・Ⅱの輸出証明書発行の規定と重複する食品衛生法の規定を削除。

２５

農地の見通しと確保

○　令和12年における農地面積の見込み

○　これまでのすう勢（※）を踏まえ、荒廃農地の発生防止・解消の効果を織り込んで、農地面積の見込みを推計

令和元年現在の農地面積	４３９．７万ha

↓

すう勢（※）	令和12年までの農地の増減	施策効果	令和12年までの農地の増減
農地の転用	△１６万ha		
荒廃農地の発生	△３２万ha	荒廃農地の発生防止	＋１７万ha
		荒廃農地の解消	＋　５万ha

↓

これまでのすう勢（※）が今後も継続した場合の令和12年時点の農地面積	３９２万ha（すう勢（※））

↓

令和１２年時点で確保される農地面積	４１４万ha

（※）すう勢は、農地の転用及び荒廃農地の発生が同水準で継続し、かつ、荒廃農地の発生防止・解消に係る施策を講じないと仮定した場合の見込み。

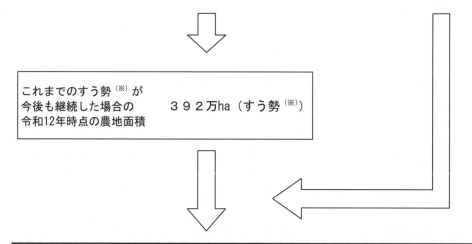

農地面積の見通しの考え方

新たな基本計画における農地面積の見通しの考え方

○ 農業の持続的な発展を通じて、食料・農業・農村基本法の基本理念である食料の安定供給の確保、多面的機能の発揮を図っていくためには、その前提となる国内農業の基盤として、各種施策により今後とも国内の農業生産に必要な農地を確保していく必要。

○ こうした認識の下、新たな基本計画における農地面積の見通しについて、

① これまでのすう勢（農地の転用や荒廃農地の発生）を踏まえつつ、

② 多面的機能支払制度、中山間地域等直接支払制度、農地中間管理事業等、荒廃農地の発生防止・解消に関連する施策の効果を織り込む。

拡充等

荒廃農地の発生防止・解消に関連する施策

○ 人・農地プランの実質化の推進や中山間地域等直接支払制度における集落戦略の作成支援等を通じて、地域で農地利用に係る徹底した話合いを行った上で以下の施策の拡充等を通じ、荒廃農地の発生防止・解消を推進。

・ 多面的機能支払制度については、令和元年度から、活動組織の広域化の推進や非農業者の参画の促進による体制強化への追加支援などを実施。

・ 中山間地域等直接支払制度については、令和２年度からの第５期対策において、将来にわたり協定農用地の維持管理を可能とする体制づくりに向けて、集落協定の広域化・人材の確保・農業生産性の向上等への加算措置の創設・拡充等を措置。

・ 農地中間管理事業については、担い手への農地集積・集約化を加速化するため、令和元年に農地バンク法を改正したところであり、新たな制度の下で、人・農地プランの実質化の促進及びそれに向けた基盤整備等を実施。

参考資料

農地面積の見通し（平成27年基本計画）と推移

○ 農地面積については、令和元年は439.7万haとなっており、年平均約0.5万haの減少抑制効果は見られるものの、荒廃農地等が見通しを上回り発生したため、令和７年の農地面積の見通しである440万haを下回っている状況。

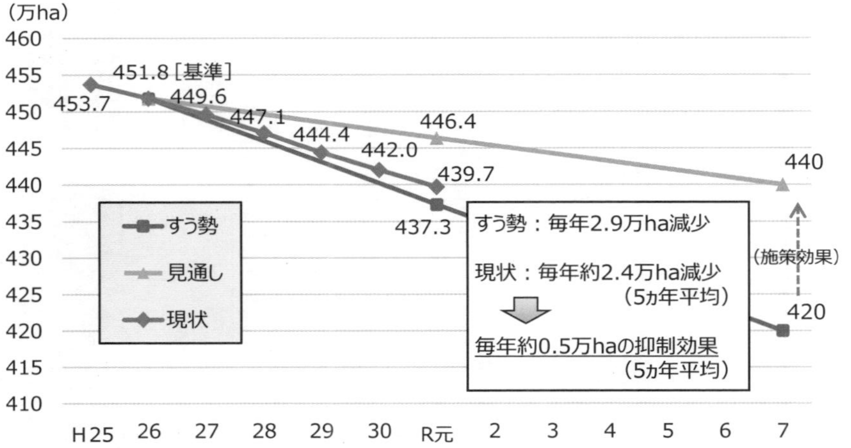

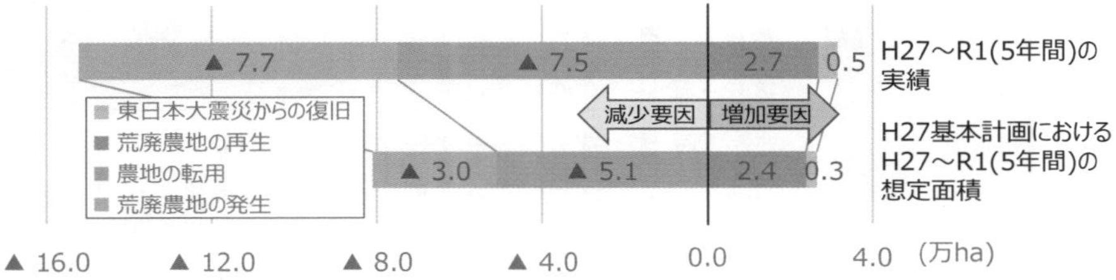

資料：農林水産省「耕地及び作付面積統計」を基に作成（H29～R1の実績の一部は推計）
注：基本計画の計画期間（H27～R7の11年間）において、すう勢及び施策効果が均等に発生すると仮定した場合の比較である。

農地の見通しと確保

○ 平成37年における農地面積の見込み
○ これまでのすう勢を踏まえ、荒廃農地の発生抑制・再生等の効果を織り込んで、農地面積の見込みを推計

平成２６年現在の農地面積　４５２万ha

すう勢	平成37年までの農地の増減	施策効果	平成37年までの農地の増減
農地の転用	△１１万ha		
荒廃農地の発生	△２１万ha	荒廃農地の発生抑制	＋１４万ha
		荒廃農地の再生	＋　５万ha
		東日本大震災からの復旧	＋　１万ha

これまでのすう勢が今後も継続した場合の平成37年時点の農地面積　４２０万ha（すう勢）

平成３７年時点で確保される農地面積　４４０万ha

資料：「農地の見通しと確保」（食料・農業・農村基本計画（平成27年３月）参考資料）

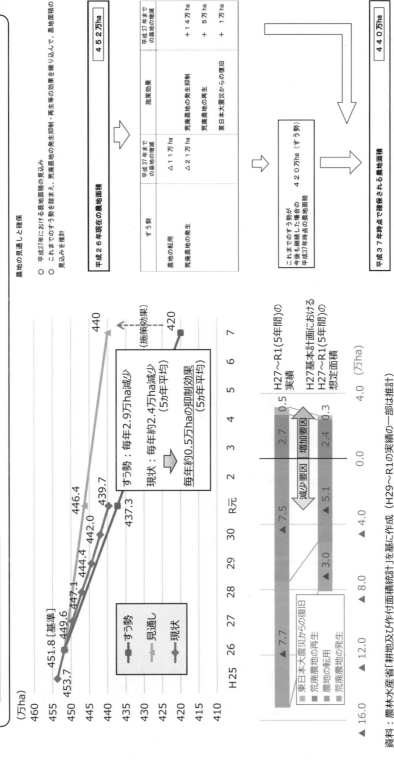

＜農業構造の展望＞

農業構造の展望について

食料・農業・農村基本法（基本法）においては、「国は、効率的かつ安定的な農業経営を育成し、これらの農業経営が農業生産の相当部分を担う農業構造を確立する」ために必要な施策を講ずることとされている（同法第21条）。

我が国の人口がかつてない高齢化・減少局面にあり、農業就業者数が引き続き減少すると見込まれている中、将来にわたって持続可能な力強い農業を実現し、農業の競争力を強化していくことが喫緊の課題である。このため、今回の食料・農業・農村基本計画の見直しに当たっては、基本法に基づき、担い手の育成・確保、担い手への農地集積・集約化等を総合的に推進していく上での将来のビジョンとして、担い手の姿を示すとともに、望ましい農業構造の姿を明らかにする。

その際、多様な経営体が我が国の農業を支えている現状を踏まえ、中山間地域等における地理的条件や、生産品目の特性など地域の実情に応じ、家族・法人の別など経営形態にかかわらず、経営改善を目指す農業経営体を担い手として育成する。

担い手に利用されていない農地を利用している中小規模の経営体等についても、持続的に農業生産を行い、担い手とともに地域社会を支えている実態を踏まえて、営農の継続が図られるよう配慮していく。また、担い手やその他の経営体を支える農作業支援者の役割にも留意する必要がある。

また、人口減少局面で農業の持続的発展を図っていくためには、農業労働力の確保がますます重要となる。他産業との人材獲得競争も激化することが予想される中、世代間バランスの取れた農業構造の確立に向け、農業労働力の見通しについても併せて提示する。

食料・農業・農村基本法　－抜粋－

（望ましい農業構造の確立）
第二十一条　国は、効率的かつ安定的な農業経営を育成し、これらの農業経営が農業生産の相当部分を担う農業構造を確立するため、営農の類型及び地域の特性に応じ、農業生産の基盤の整備の推進、農業経営の規模の拡大その他農業経営基盤の強化の促進に必要な施策を講ずるものとする。

（専ら農業を営む者等による農業経営の展開）
第二十二条　国は、専ら農業を営む者その他経営意欲のある農業者が創意工夫を生かした農業経営を展開できるようにすることが重要であることにかんがみ、経営管理の合理化その他の経営の発展及びその円滑な継承に資する条件を整備し、家族農業経営の活性化を図るとともに、農業経営の法人化を推進するために必要な施策を講ずるものとする。

（人材の育成及び確保）
第二十五条　国は、効率的かつ安定的な農業経営を担うべき人材の育成及び確保を図るため、農業者の農業の技術及び経営管理能力の向上、新たに就農しようとする者に対する農業の技術及び経営方法の習得の促進その他必要な施策を講ずるものとする。

－ 1 －

望ましい農業構造の姿　令和12年（2030年）

効率的かつ安定的な農業経営（主たる従事者が他産業従事者と同等の年間労働時間で地域における他産業従事者とそん色ない水準の生涯所得を確保し得る経営）になっている経営体及びそれを目指している経営体の両者を併せて、「担い手」とする。

ここで、効率的かつ安定的な農業経営を目指している経営体とは、
（1）「認定農業者」
（2）将来認定農業者となると見込まれる「認定新規就農者」
（3）将来法人化して認定農業者となることも見込まれる「集落営農」
をいう。

これらの経営体については、家族・法人の別など経営形態にかかわらず、経営所得安定対策、融資等の施策により、効率的かつ安定的な農業経営となることを支援していく。

その上で、農地バンクの発足（平成26年（2014年））以降、担い手への農地の集積率が約６割まで上昇している中、基本法第21条を踏まえ、全農地面積の８割が担い手によって利用される農業構造の確立を目指す。

その際、
（1）中山間地域等の地理的条件や、生産品目の特性など地域の実情に応じて進めていくとともに、
（2）担い手に利用されていない農地を利用している中小規模の経営体等についても、担い手とともに地域を支えている実態を踏まえて、営農の継続が図られるよう配慮していく。

また、担い手やその他の経営体を支える農作業支援者の役割にも留意する必要がある。

地域を支える農業経営体

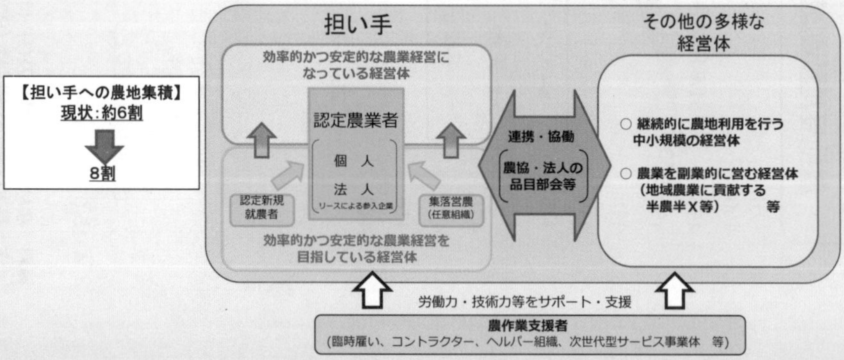

－ 2 －

農業労働力の見通し

農業就業者(基幹的農業従事者、雇用者(常雇い)及び役員等(年間150日以上農業に従事))について、近年のすう勢を基に試算を行った令和12年(2030年)における農業労働力の見通しは、次のとおりである。

これまでの傾向が続いた場合、農業就業者数は、令和12年(2030年)に131万人、そのうち49歳以下は28万人と見通される。

長期的に農業就業者数が下げ止まり、持続可能な農業構造が実現するよう、世代間バランスを改善するため農業の内外からの青年層の新規就農を促進し、減少が続く基幹的農業従事者(49歳以下)の数を維持するとともに、雇用者(常雇い・49歳以下)が平成22年からの平成27年までの１／２程度の増加ペースで増加すること等を前提とすれば、49歳以下が37万人となる。

農業就業者数の試算

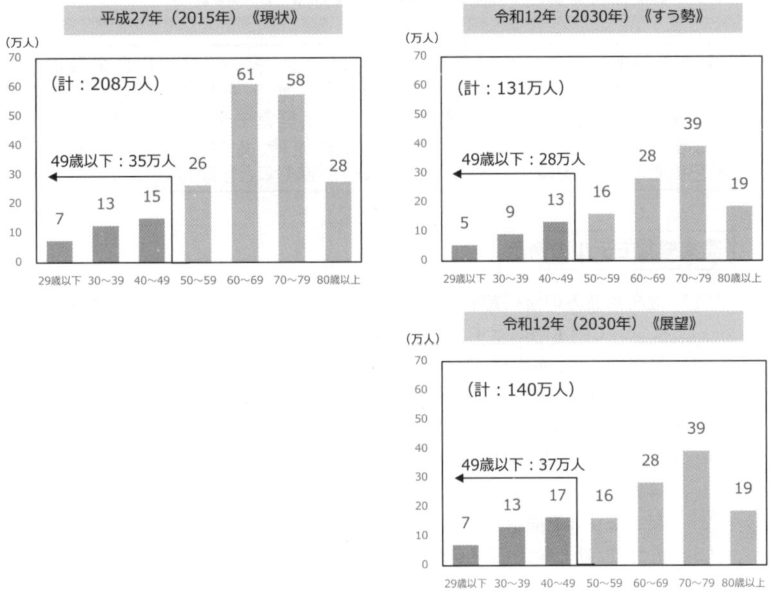

（備考）農林水産省「農林業センサス」（組替集計）、「農業構造動態調査」（組替集計）、総務省「国勢調査」（調査票情報を農林水産省で独自に集計）により作成。

付 録

令和12年（2030年）の農業就業者数のイメージ

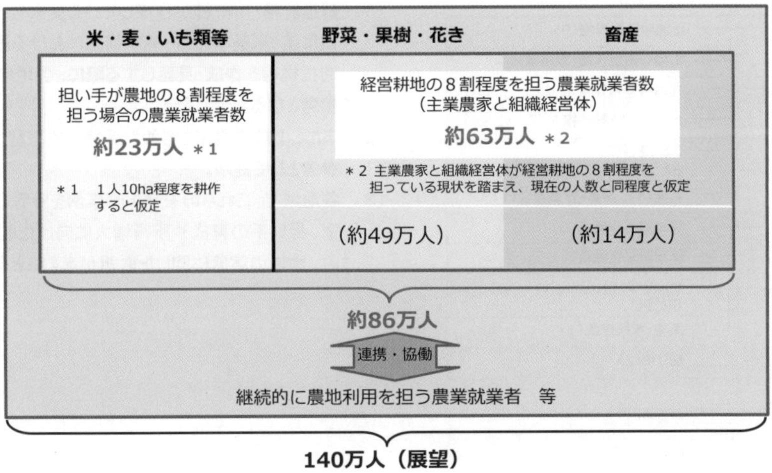

（備考）　農林水産省「耕地及び作付面積統計」、「農林業センサス」（組替集計）により作成。

＜農業経営の展望＞

1.「農業経営の展望」の基本的考え方①

新たな基本計画における「農業経営の展望」は、担い手や労働力の確保が益々困難になると予想される中、家族経営を含む多様な担い手が地域の農業を維持・発展できるよう、他産業並の所得を目指しつつ、新たな技術等を活用した省力的かつ生産性の高い農業経営モデルを主な営農類型・地域別に提示するもの。併せて、新たなライフスタイルや規模が小さくても農地の維持、地域の活性化に寄与する取組も提示。これらのモデルや事例を参考として、地域の実態に即した取組が進むことを期待。

農業経営モデルの例示

（1）　他産業並みの所得を目指し、新技術等を導入した省力的かつ生産性の高い経営モデルを、主な営農類型・地域について例示的に示す。

（2）　具体的には、水田作、畑作等営農類型別に、
①意欲的なモデル
②現状を踏まえた標準的なモデル
③スマート農機の共同利用や作業の外部委託等を導入したモデル
④複合経営モデル
計37モデルを提示。

（3）　併せて、新たなライフスタイルを実現する取組や規模が小さくても安定的な経営を行いながら、農地の維持、地域の活性化等に寄与する取組を事例として提示。

1

1.「農業経営の展望」の基本的考え方②

農業経営モデル（概要）

営農類型	営農体系（モデル数）
水田作（7）	土地利用型作物（5）
	土地利用型作物・野菜複合(2)
畑作（7）	北海道畑輪作体系（1）
	かんしょ作・野菜複合（2）
	さとうきび作（1） さとうきび作・野菜複合（1）
	茶業（1）、茶業・野菜複合（1）
野菜作（7）	露地野菜作経営（5）
	施設野菜作経営（2）
果樹作（5）	かんきつ（1）、りんご（1）、なし（1）、ぶどう（1）
	果樹・水稲複合（1）
花き作（2）	切り花（2）
酪農経営（3）	
肉用牛経営（3）	繁殖（2）
	肥育、一貫（1）
養豚経営（1）	
有機農業（2）	

合計モデル数：37

活用方策

（1）　都道府県・市町村が作成している農業経営基盤強化促進法に基づく基本方針・基本構想における農業経営の基本的指標等を作成・見直しする際に、各地域の実態に応じて参考となるように提示。

（2）　また、小規模農家も含めた多様な農業経営の取組事例を参考として提示。

（3）　各地域で、これらのモデルや事例を参考として、小規模農家、担い手の育成や所得増大に向けた取組の検討が進み、地域の実態に即した取組が進むことを期待。

2

2. 農業経営モデル(一覧) ①

営農類型	モデル番号	対象地域	モデルのポイント	経営形態	経営規模	試算結果			
						粗収益	経営費	農業所得	主たる従事者一人当たりの所得(労働時間)
水田作	①	北海道 東北	限られた労働力等の中でスマート農機の共同利用による経営コストの上昇回避等により、所得の向上を図る家族経営	家族経営 (2名(うち主たる従事者1名) 臨時雇用1名)	経営耕地 15ha 主食用米 10ha 小麦 2.5ha 大豆 2.5ha	1,870万円	1,240万円	630万円	630万円 (1,256時間)
	②		比較的条件の良い平場でスマート農機の導入により規模拡大、所得の向上を図る法人経営	法人経営 (2名 常勤雇用3名 臨時雇用2名)	経営耕地 100ha 主食用米 60ha 小麦 20ha 大豆 20ha	11,604万円	9,557万円	2,048万円	1,024万円 (1,094時間)
	③	南東北 以西	多収品種を含めた作期分散の徹底によりスマート農機をフル活用し、規模拡大、低コスト生産を図る法人経営	法人経営 (2名 常勤雇用2名 臨時雇用1名)	経営耕地 60ha(延べ80ha) 主食用米 30ha 加工用米 10ha 小麦 20ha 大豆 20ha	9,026万円	6,772万円	2,254万円	1,127万円 (1,197時間)
	④	関東 以北	条件の極めて良い平場等でスマート農機の導入により規模拡大、低コスト生産を実現し、輸出にも取り組む法人経営	法人経営 (5名 常勤雇用4名 臨時雇用9名)	経営耕地 200ha 主食用米 150ha 輸出用米 50ha	26,018万円	19,848万円	6,170万円	1,234万円 (1,314時間)
	⑤	全国	園芸作物の導入やスマート農機の共同利用により限られた規模の中で所得の向上を図る家族経営	家族経営 (2名(うち主たる従事者1名) 臨時雇用1名)	経営耕地 9ha 主食用米 6ha ほうれんそう 3ha	1,541万円	881万円	660万円	660万円 (1,646時間)
	⑥	全国 (中山間地域)	隣接する集落営農組織の合併等による規模拡大を行いうる中山間地域において、高収益作物の導入、耕畜連携に取り組む集落営農法人	法人経営 (2名 常勤雇用5名 臨時雇用5名)	経営耕地 80ha(延べ95ha) 主食用米 40ha 新規需要米 20ha 小麦 15ha 大豆 15ha キャベツ 5ha	13,588万円	12,162万円	1,426万円	713万円 (1,323時間)
	⑦		隣接する集落営農組織の合併等による規模拡大が困難な中山間地域において、所得向上を図りつつ、自動化技術導入で地域を維持する集落営農	集落営農法人経営 (構成員16名 うち主たる従事者2名)	経営耕地 25ha(延べ30ha) 主食用米 20ha 小麦 5ha 大豆 5ha	3,980万円	2,788万円	1,192万円	596万円 (1,070時間)

3

2. 農業経営モデル(一覧) ②

営農類型		モデル番号	対象地域	モデルのポイント	経営形態	経営規模	試算結果			
							粗収益	経営費)	農業所得	主たる従事者一人当たりの所得(労働時間)
畑作	4輪作	⑧	北海道	大規模畑作地域において、スマート技術や作業受託組織の活用等により、輪作体系の適正化を図りつつ規模拡大、経営コストの削減に取り組む家族経営	家族経営 (2名 臨時雇用3名)	経営耕地 80ha 小麦 20ha てんさい 20ha 豆類 20ha ばれいしょ 20ha	8,290万円	6,230万円	2,060万円	1,030万円 (1,320時間)
	かんしょ作	⑨	南九州	新品種導入により単収の向上を図りつつ、かんしょ高精度移植機、生分解性マルチの導入等により労働時間の削減を図る家族経営	家族経営 (2名 臨時雇用2名)	経営耕地 7ha でん粉原料用 2.5ha 焼酎原料用 2.5ha 加工・業務用キャベツ 2.0ha	1,699万円	865万円	834万円	417万円 (1,449時間)
		⑩		新品種導入により単収の向上を図りつつ、スマート技術の導入により労働時間を軽減し規模拡大を実現する家族経営	家族経営 (2名 臨時雇用3名)	経営耕地 13ha でん粉原料用 5ha 焼酎原料用 5ha 加工・業務用キャベツ 3ha	3,025万円	1,537万円	1,488万円	744万円 (1,823時間)
	さとうきび作	⑪	鹿児島県 南西諸島 沖縄県	鹿児島県南西諸島、沖縄県において、作業委託により生じた余剰労働時間を活用した高収益作物との輪作により、所得向上を図る家族経営	家族経営 (1名)	経営耕地 4.1ha さとうきび 3.6ha かぼちゃ 0.5ha	769万円	354万円	415万円	415万円 (1,151時間)
		⑫		労働力、堆肥、水資源等の資材が限られている鹿児島県南西諸島、沖縄県において、省資源、高収量・規模拡大、収穫作業の作業受託を実現し所得向上を図る家族経営	家族経営 (1名 臨時雇用3名)	さとうきび 14ha 作業受託 15ha	2,157万円	1,581万円	575万円	575万円 (1,401時間)
	茶作	⑬	関東以西	緑茶飲料向け生産の拡大、省力技術の導入、適期摘採・管理により収量性・品質の向上を目指し、経営の発展を図る法人経営	法人経営 (3名 常時雇用2名 臨時雇用15名)	茶 60ha	29,451万円	26,592万円	2,859万円	953万円 (1,941時間)
		⑭	関東以西 (中山間地域)	収益性向上のため、作期の異なる作目との複合経営に取り組みつつ、センシング技術等を導入し、省力化・生産性の向上を図る家族経営	家族経営 (2名 臨時雇用4名)	経営耕地 4.5ha 茶 3.0ha みかん 1.5ha	3,233万円	2,053万円	1,180万円	590万円 (1,985時間)

4

2. 農業経営モデル（一覧）③

営農類型		モデル番号	対象地域	モデルのポイント	経営形態	経営規模	試算結果			
							粗収益	経営費	農業所得	主たる従事者一人当たりの所得(労働時間)
野菜作	露地（生食用主体）	⑮	南東北以西	スマート技術導入による余剰労働時間を活用した規模拡大や複数産地が連携した周年安定供給により、所得向上を図る大規模法人経営	法人経営 （8名 常時雇用10名 研修生27名）	経営耕地 91ha レタス 60ha キャベツ 29ha はくさい 2.6ha	52,808万円	38,103万円	14,705万円	1,838万円 （1,800時間）
		⑯	関東以西	高齢化する家族経営において、農機の共同利用や一部作業の外部委託により、省力化・生産性の向上を図る家族経営	家族経営 （2名（うち主たる従事者1名 臨時雇用1名）	経営耕地 1.7ha キャベツ 1.2ha すいか 0.5ha	1,247万円	653万円	595万円	419万円 （1,514時間）
		⑰		機械の高度化やセンシング技術の導入、一部作業の外部委託等により複数品目を効率的に営農管理し、省力化・生産性の向上を図る家族経営	家族経営 （2名 臨時雇用8名）	経営耕地 6.7ha だいこん 2.7ha キャベツ 1.7ha メロン 0.6ha スイカ 1.0ha カボチャ 0.8ha	5,634万円	3,640万円	1,994万円	997万円 （1,800時間）
	露地（加工業務用主体）	⑱	関東以西	水田に高収益作物を導入し、機械化一貫体系による加工・業務用向けの取組拡大や共同調製等による作業効率化により、所得向上を図る家族経営	家族経営 （2名 臨時雇用7名）	経営耕地 22ha たまねぎ 5ha 主食用米 11ha 大麦 6ha	4,296万円	2,848万円	1,448万円	724万円 （1,438時間）
		⑲	全国	可変施肥技術の導入による単収の向上や、スマート技術導入により実需者が求める加工業務用野菜を生産拡大し、所得向上を図る家族経営	家族経営 （2名 臨時雇用4名）	経営耕地 16.2ha ほうれんそう 10.8ha さといも 2.7ha ごぼう 2.7ha	5,676万円	3,902万円	1,774万円	887万円 （1,800時間）
	施設園芸	⑳	全国	従来の勘と経験のみによる栽培からデータに基づく栽培方法の導入と規模拡大により所得向上を目指す家族経営	家族経営 （3名（うち主たる従事者2名） 臨時雇用25名）	トマト 0.5ha	4,674万円	3,632万円	1,042万円	417万円 （1,790時間）
	次世代施設園芸	㉑		生育情報に基づくより高度な環境制御による収量向上、労務管理システムによる栽培管理作業の効率化、収穫ロボット等の導入による作業時間の削減により、さらなる生産性の向上を図る法人経営	法人経営 （4名 常時雇用6名 臨時雇用42名）	トマト 4ha	50,479万円	46,584万円	3,895万円	974万円 （1,835時間）

5

2. 農業経営モデル（一覧）④

営農類型		モデル番号	対象地域	モデルのポイント	経営形態	経営規模	試算結果			
							粗収益	経営費	農業所得	主たる従事者一人当たりの所得(労働時間)
果樹作	かんきつ	㉒	関東以西（中山間地域）	機械導入が困難な傾斜地において、省力樹形やスマート農業技術の導入により、労働生産性の向上を図り、産地の維持・発展を目指す家族経営	家族経営 （2名 臨時雇用4名）	経営耕地 3.5ha うんしゅうみかん 1.2ha 中晩柑 2.3ha	4,196万円	3,048万円	1,148万円	574万円 （1,433時間）
	りんご	㉓	関東以北	機械導入が容易な平坦地において、省力樹形やスマート農業技術の導入により、労働生産性の向上を図り、産地の維持・発展を目指す家族経営	家族経営 （2名 臨時雇用5名）	経営耕地 4ha 生食用りんご 2ha 省力栽培りんご 2ha	3,687万円	2,490万円	1,198万円	599万円 （1,537時間）
	なし	㉔	北海道、沖縄以外	機械導入が容易な平坦地において、省力樹形やスマート農業技術の導入により、労働生産性の向上を図り、産地の維持・発展を目指す家族経営	家族経営 （2名 臨時雇用3名）	なし 3ha	4,419万円	3,181万円	1,239万円	619万円 （1,452時間）
	ぶどう	㉕	北海道、沖縄以外	機械導入が容易な平坦地において、省力樹形やスマート農業技術、省力栽培が可能な醸造専用品種の導入により、労働生産性の向上を図り、産地の維持・発展を目指す家族経営	家族経営 （2名 臨時雇用6名）	経営耕地 2.5ha 生食用ぶどう 1.5ha 醸造用ぶどう 1.0ha	2,696万円	1,488万円	1,208万円	604万円 （1,482時間）
	複合経営（りんご＋水稲））	㉖	関東以北	機械導入が容易な平坦地において、水稲との複合経営を行いつつ、省力樹形やスマート農業技術の導入により、規模拡大及び労働生産性の向上を図り産地の維持・発展を目指す家族経営	家族経営 （2名 臨時雇用3名）	経営耕地 10ha りんご（生食用） 3ha 水稲（主食用） 7ha	3,509万円	2,513万円	996万円	498万円 （1,520時間）
花き作	トルコギキョウ	㉗	全国	水耕栽培システムと高度環境制御装置を導入し、収量・品質を向上することにより所得向上を図る家族経営	家族経営 （2名 臨時雇用9名）	トルコギキョウ 0.8ha	10,973万円	9,806万円	1,167万円	583万円 （1,800時間）
	施設バラ	㉘	全国	栽培施設の集約と高度環境制御装置の導入による単収・品質の向上、自動農業散布ロボット等の導入による労働時間の削減を図る法人経営	法人経営 （2名 常時雇用4名） 臨時雇用12名）	施設バラ 1.5ha	33,480万円	31,270万円	2,210万円	1,105万円 （1,824時間）

6

2. 農業経営モデル(一覧) ⑤

営農類型		モデル番号	対象地域	モデルのポイント	経営形態	経営規模	試算結果			
							粗収益	経営費	農業所得	主たる従事者一人当たりの所得(労働時間)
酪農経営		㉙	北海道	飼料生産・調製や飼養管理の分業化・機械化等による省力化・効率化を通じ、規模拡大を図る大規模法人経営	法人経営 （4名 臨時雇用3～4名）	経産牛 500頭	46,740万円	42,690万円	4,050万円	1,010万円 （2,000時間）
酪農経営		㉚	都府県	コントラクターの活用等により省力化しつつ、つなぎ飼いの労働生産性の向上を図り、持続化・安定化を実現する家族経営	家族経営 （2名）	経産牛 40頭	4,600万円	3,540万円	1,060万円	530万円 （2,000時間）
酪農経営		㉛	都府県	搾乳ロボット等により省力化しつつ規模拡大を図るとともに、性判別技術や受精卵移植技術を活用した効率的な乳用後継牛確保と和子牛生産を行い、収益性の向上を図る家族経営	家族経営 （2名）	経産牛 100頭	11,520万円	8,820万円	2,710万円	1,350万円 （1,800時間）
肉用牛経営	肉専用種繁殖	㉜	全国	条件不利な水田等での放牧により省力化を図りつつ、効率的な飼養管理を図る家族経営	家族経営 （2名 臨時雇用1名）	繁殖雌牛 30頭 水稲 1.0ha 露地野菜 0.3ha	2,250万円	990万円	1,260万円	630万円 （1,600時間）
肉用牛経営	肉専用種繁殖	㉝	全国	条件不利な水田等での放牧やキャトルブリーディングステーションの活用を通じ、省力化と牛舎の有効利用により規模拡大を図る家族経営	家族経営 （1～2名）	繁殖雌牛 80頭	4,110万円	2,350万円	1,760万円	1,190万円 （1,600時間）
肉用牛経営	肉専用種繁殖・肥育一貫	㉞	全国	エコフィード等の活用や肥育牛の出荷月齢の早期化、繁殖・肥育一貫化による飼料費やもと畜費の低減等を図る肉専用種繁殖・肥育一貫の大規模法人経営	法人経営 （4名 常勤雇用3名 臨時雇用2名）	繁殖雌牛 300頭 育成牛 200頭 肥育牛 500頭	31,570万円	24,450万円	7,110万円	1,780万円 （1,800時間）
養豚経営		㉟	全国	現状の経営規模を維持しつつ、省力化等の効率的な繁殖・肥育一貫経営を図る大規模法人経営	法人経営 （5名 常勤雇用14名）	繁殖母豚 790頭 年間出荷頭数 20,760頭	75,200万円	66,380万円	8,820万円	1,760万円 （1,800時間）

7

2. 農業経営モデル(一覧) ⑥

営農類型	モデル番号	対象地域	モデルのポイント	経営形態	経営規模	試算結果			
						粗収益	経営費	農業所得	主たる従事者一人当たりの所得(労働時間)
有機農業	㊱	関東以西	水管理や除草に係る労力軽減と雑草対策の徹底による単収の向上、作業ピークを分散することで6次産業化の取組を実施し所得向上を図る家族経営	家族経営 （2名 臨時雇用1名）	経営耕地 12ha 米3品種 8ha 大豆 4ha 加工・販売（餅）	2,319万円	1,474万円	845万円	423万円 （2,000時間）
有機農業	㊲	関東以西	除草や堆肥散布に係る労力削減による規模拡大や、天敵を活用した防除による施設野菜の生産拡大等により所得向上を図る家族経営	家族経営 （2名 常勤雇用1名 臨時雇用1名）	経営耕地 3.4ha （延べ4.6ha） 露地野菜 3.2ha （延べ4ha） （にんじん、だいこん、小かぶ、ブロッコリー）と緑肥 施設野菜 0.2ha （延べ0.6ha） （リーフレタス、葉ねぎ、小松菜、水菜）	3,561万円	2,020万円	1,540万円	770万円 （1,900時間）

8

農業経営モデルの例示の試算について

（1） 経営指標の考え方
- 試算は、農業経営統計のほか、先進事例や新技術による実証結果等を活用して行った。
- 農業所得は、農業経営統計における農業所得の考え方に準じて試算（農業粗収益（補助金を含む）から物的経費、雇用経費、支払利子・地代を控除）した。
- 主たる従事者の所得は、法人等における内部留保等を計算上見込まず、農業所得を主たる従事者数で割って試算した。

（2） 試算の前提
- 農産物価格は、品目ごとの事情や国際環境の変化などを踏まえて設定。
- 単収及び生産コストは、統計や事例を基に、今後開発・普及が見込まれる技術・取組が導入された効果を見込んで設定した。
- 補助金は、原則、30年度の水準を用いた。中山間地域のモデルは、中山間地域等直接支払交付金を見込んで試算した。
- 臨時雇用賃金は、他産業並みの水準で試算した。
- 耕種部門は基盤整備が行われていることを前提とし、土地改良・水利費をコストに計上して試算した。

※ 数値は四捨五入して示しているため、示した数値間で計算しても一致しない場合がある。

農業経営モデルの例示

農業経営モデル①

営農類型	水田作（平場）	対象地域	北海道、東北

モデルのポイント

限られた労働力等の中でスマート農機の共同利用による経営コストの上昇回避等により、所得の向上を図る家族経営

技術・取組の概要

➢労働力の制約等により規模拡大が難しい平場・家族経営において、営農管理システムや後付け自動操舵システムの導入により、作業工程の最適化・負担軽減を実現
➢ドローンによるセンシング・農薬散布などデータをフル活用した効率的かつ精密な管理により、米、小麦、大豆の単収を約15%向上
➢単収の向上やスマート農機の共同利用により、コメの60kgあたり経営コストを約15%削減

経営発展の姿

【経営形態】
家族経営（２名（うち主たる従事者１名）、臨時雇用１名）

【経営規模・作付体系】

経営耕地	15ha
主食用米	10ha
小麦	2.5ha
大豆	2.5ha

【試算結果】

粗収益	1,870万円
経営費	1,240万円
農業所得	630万円
主たる従事者の所得（/人）	630万円
主たる従事者の労働時間（/人）	1,256hr

（参考）比較を行った経営モデル
【経営形態】
家族経営（2.4名（うち主たる従事者雇用1.2名）

【経営規模・作付体系】

経営耕地	17.2ha
主食用米	8.2ha
麦類	2.6ha
豆類	2.1ha　等

耕起・整地・移植 ＞ 防除 ＞ 営農管理 ＞ 収穫

● 直進アシスト（後付け自動操舵システム）

● ドローンによるセンシング・農薬散布

● 営農管理システム

● 収量コンバイン（汎用）（３戸共同利用）

（注）試算に基づくものであり、必ずしも実態を表すものではない。

●：2019年までに市販化　●：2022年頃までに市販化　●：2025年頃までに市販化

11

農業経営モデル②

営農類型	水田作（平場・規模拡大）	対象地域	北海道、東北

モデルのポイント

比較的条件の良い平場でスマート農機の導入により規模拡大、所得の向上を図る法人経営

技術・取組の概要

➢基盤整備が一定程度進んだ比較的条件の良い平場で、自動化技術の導入により10aあたり労働時間を約40%削減し、熟練農家以外の者でも操作が可能となることで規模拡大(約100ha)を実現
➢ドローンによるセンシング・農薬散布などデータをフル活用した効率的かつ精密な管理により、米、小麦、大豆の単収を約15%向上
➢需要の堅調な中食・外食用に、値頃感のある価格でも所得を確保できる多収品種を導入し、需要に応じた生産を実現
➢単収の向上に加え、スマート農機や直播栽培等の導入による規模拡大・労働費の削減により、コメの60kgあたり経営コストを約15%削減

経営発展の姿

【経営形態】
法人経営（２名、常勤雇用３名、臨時雇用２名）

【経営規模・作付体系】

経営耕地	100ha
主食用米	60ha
小麦	20ha
大豆	20ha

【試算結果】

粗収益	11,604万円
経営費	9,557万円
農業所得	2,048万円
主たる従事者の所得（/人）	1,024万円
主たる従事者の労働時間（/人）	1,094hr

（参考）比較を行った経営モデル
【経営形態】
法人経営（1.8名、常勤雇用３.1名）

【経営規模・作付体系】

経営耕地	53.2ha
水稲	25.7ha
麦類	6.9ha
豆類	11.0ha　等

耕起・整地 ＞ 移植・播種 ＞ 防除 ＞ 水管理 ＞ 営農管理 ＞ 収穫

● ロボットトラクター（有人-無人２台協調）

● 自動運転田植機
● 高速高精度汎用乾田播種機

● ドローンによるセンシング・農薬散布

● 自動水管理システム

● 営農管理システム

● 自動収量コンバイン（汎用）

（注）試算に基づくものであり、必ずしも実態を表すものではない。

●：2019年までに市販化　●：2022年頃までに市販化　●：2025年頃までに市販化

12

農業経営モデル③

営農類型	水田作（平場・規模拡大）	対象地域	南東北以西

モデルのポイント

多収品種を含めた作期分散の徹底によりスマート農機をフル活用し、規模拡大、低コスト生産を図る法人経営

技術・取組の概要

➢２年３作地域において、麦大豆の作付を拡大し汎用コンバインを導入するとともに、米についても作期分散を徹底することにより、機械１台当たりの耕作可能面積を拡大し、スマート農機をフル活用
➢基盤整備が一定程度進んだ比較的条件の良い平場で、自動化技術の導入により10aあたり労働時間を約35%削減し、熟練農家以外の者でも操作が可能とするとともに、多収品種を含めた作期分散の徹底により、作付規模の拡大(約80ha)を実現
➢単収の向上に加え、スマート農機や直播栽培等の導入による規模拡大・労働費の削減により、コメの60kgあたり経営コストを約35%削減

経営発展の姿

【経営形態】
法人経営（２名、常勤雇用２名、臨時雇用１名）

【経営規模・作付体系】

経営耕地	60ha（作付延べ80ha）
主食用米	30ha
加工用米	10ha
小麦	20ha
大豆	20ha

【試算結果】

粗収益	9,026万円
経営費	6,772万円
農業所得	2,254万円
主たる従事者の所得（/人）	1,127万円
主たる従事者の労働時間（/人）	1,197hr

（参考）比較を行った経営モデル
【経営形態】
法人経営（1.2名、常時雇用3.3名）

【経営規模・作付体系】

経営耕地	39.0ha
水稲	23.3ha
麦類	5.5ha
豆類	6.3ha 等

耕起・整地 ＞ 移植・播種 ＞ 防除 ＞ 水管理 ＞ 営農管理 ＞ 収穫

● ロボットトラクター（有人-無人２台協調）
● 自動運転田植機
● 高速高精度汎用乾田播種機
● ドローンによるセンシング・農薬散布
●自動水管理システム
●営農管理システム
● 自動収量コンバイン（汎用）

（注）試算に基づくものであり、必ずしも実態を表すものではない。
●：2019年までに市販化　●：2022年頃までに市販化　●：2025年頃までに市販化

13

農業経営モデル④

営農類型	水田作（平場・超低コスト輸出用米）	対象地域	関東以北

モデルのポイント

条件の極めて良い平場等でスマート農機の導入により規模拡大、低コスト生産を実現し、輸出にも取り組む法人経営

技術・取組の概要

➢基盤整備、農地集約が進んだ条件の極めて良い平場で、遠隔監視で１人が４台の自動走行トラクターを制御するシステム等、自動化技術の導入により10aあたり労働時間を約45%削減し、熟練農家以外の者でも操作が可能となることで超大規模生産(約200ha)を実現
➢今後の拡大が見込まれる海外市場の確保に向け、多収品種を導入した輸出にも取り組む
➢ドローンによるセンシング・農薬散布などデータをフル活用した効率的かつ精密な管理により、単収を約15%向上
➢単収の向上に加え、スマート農機や直播栽培等の導入による規模拡大・労働費の削減により、コメの60kgあたり経営コストを約25%削減

経営発展の姿

【経営形態】
法人経営（５名、常勤雇用４名、臨時雇用９名）

【経営規模・作付体系】

経営耕地	200ha
主食用米	150ha
輸出用米	50ha

【試算結果】

粗収益	26,018万円
経営費	19,848万円
農業所得	6,170万円
主たる従事者の所得（/人）	1,234万円
主たる従事者の労働時間（/人）	1,314hr

（参考）比較を行った経営モデル
【経営形態】
法人経営（1.1名、常勤雇用2.5名）

【経営規模・作付体系】

経営耕地	28.6ha
水稲	21.4ha 等

耕起・整地 ＞ 移植・播種 ＞ 防除 ＞ 水管理 ＞ 営農管理 ＞ 収穫

● ロボットトラクター（遠隔監視複数台）
● 自動運転田植機
● 高速高精度汎用乾田播種機
● ドローンによるセンシング・農薬散布
●自動水管理システム
●営農管理システム
● 自動収量コンバイン（自脱）

（注）試算に基づくものであり、必ずしも実態を表すものではない。
●：2019年までに市販化　●：2022年頃までに市販化　●：2025年頃までに市販化

14

農業経営モデル⑤

営農類型	水田作（平場・園芸複合）	対象地域	全国

モデルのポイント

園芸作物の導入やスマート農機の共同利用により限られた規模の中で所得の向上を図る家族経営

技術・取組の概要

➢土地条件の制約等により規模拡大が難しい家族経営において、営農管理システムや後付け自動操舵システムの導入により、作業工程の最適化・負担軽減を実現
➢最適化により発生した労働力を活用して園芸作物を導入するとともに、スマート農機を共同利用することで、所得を確保
➢ドローンによるセンシング・農薬散布などデータをフル活用した効率的かつ精密な管理により、米、ほうれんそうの単収を約15%向上

経営発展の姿

【経営形態】
家族経営（２名（うち主たる従事者１名）、臨時雇用１名）

【経営規模・作付体系】

経営耕地	9ha
主食用米	6ha
ほうれんそう	3ha

【試算結果】

粗収益	1,541万円
経営費	881万円
農業所得	660万円
主たる従事者の所得（/人）	660万円
主たる従事者の労働時間（/人）	1,646hr

（参考）比較を行った経営モデル
【経営形態】
家族経営（1.0名）

【経営規模・作付体系】

経営耕地	9.3ha
水稲	6.4ha
麦類	1.9ha
豆類	0.9ha 等

耕起・整地・移植 ＞ 防除 ＞ 営農管理 ＞ 収穫

● 直進アシスト（後付け自動操舵システム）

● ドローンによるセンシング・農薬散布

● 営農管理システム

● 収量コンバイン（自脱）（３戸共同利用）

（注）試算に基づくものであり、必ずしも実態を表すものではない。

●：2019年までに市販化　●：2022年頃までに市販化　●：2025年頃までに市販化

15

農業経営モデル⑥

営農類型	水田作（中山間・規模拡大）	対象地域	全国

モデルのポイント

隣接する集落営農組織の合併等による規模拡大を行いうる中山間地域において、高収益作物の導入、耕畜連携に取り組む集落営農法人

技術・取組の概要

➢中型農機の自動化技術の導入により10aあたり労働時間を削減しつつ余剰労働時間で高収益作物の導入や耕畜連携を推進するほか、熟練農家以外の者でも操作が可能となることで、複数集落の合併による規模拡大を実現
➢ドローンによるセンシング・農薬散布などデータをフル活用した効率的かつ精密な管理により、米、小麦、大豆の単収を約15%向上
➢単収の向上やスマート農機の導入による規模拡大・労働費の削減により、コメの60kgあたり経営コストを約20%削減
➢多面的機能支払交付金を活用し、地域の活動組織が、担い手に集中する水路・農道等の保全管理を支えることにより、担い手が農業生産等に専念できるよう連携した取組を実施

経営発展の姿

【経営形態】
法人経営（２名、常勤雇用５名、臨時雇用５名）

【経営規模・作付体系】

経営耕地	80ha（作付延べ95ha）
主食用米	40ha
新規需要米	20ha
小麦	15ha
大豆	15ha
キャベツ	5ha

【試算結果】

粗収益	13,588万円
経営費	12,162万円
農業所得	1,426万円
主たる従事者の所得（/人）	713万円
主たる従事者の労働時間（/人）	1,323hr

（参考）比較を行った経営モデル
【経営形態】
集落営農（構成員16.3名（うち主たる従事者1.0名）、常勤雇用1.4名）

【経営規模・作付体系】

経営耕地	28.9ha
水稲	17.9ha
麦類	4.1ha
豆類	3.4ha 等

移植 ＞ 防除 ＞ 水管理 ＞ 畦畔除草 ＞ 営農管理 ＞ 収獲

● 自動運転田植機

● ドローンによるセンシング・農薬散布

● 自動水管理システム

地域の活動組織による水路の保全管理

● リモコン式自動草刈機

● 営農管理システム

● 小型汎用コンバイン

（注）試算に基づくものであり、必ずしも実態を表すものではない。

●：2019年までに市販化　●：2022年頃までに市販化　●：2025年頃までに市販化

16

農業経営モデル⑦

営農類型	水田作（中山間・農地維持型）	対象地域	全国

モデルのポイント

隣接する集落営農組織の合併等による規模拡大が困難な中山間地域において、所得向上を図りつつ、自動化技術導入で地域を維持する集落営農

技術・取組の概要

- ➢中型農機の自動化技術の導入による無人化等により、労働時間を約35%削減し、農業者が減少する中でも経営面積の維持を実現しつつ、所得を確保
- ➢ドローンによるセンシング・農薬散布などデータをフル活用した効率的かつ精密な管理により、米、小麦、大豆の単収を約15%向上
- ➢リモコン式自動草刈り機や檻罠の導入により、限られた労働力で地域の営農環境を維持

経営発展の姿

【経営形態】
集落営農（構成員16名、うち主たる従事者２名）

【経営規模・作付体系】

経営耕地	25ha（作付延べ30ha）
主食用米	20ha
小麦	5ha
大豆	5ha

【試算結果】

粗収益	3,980万円
経営費	2,788万円
農業所得	1,192万円
主たる従事者の所得（/人）	596万円
主たる従事者の労働時間（/人）	1,070hr

（参考）比較を行った経営モデル
【経営形態】
集落営農（構成員16.3名（うち主たる従事者1.0名）、常勤雇用1.4名）

【経営規模・作付体系】

経営耕地	28.9ha
水稲	17.9ha
麦類	4.1ha
豆類	3.4ha 等

移植 ＞ 防除 ＞ 水管理 ＞ 畦畔除草 ＞ 営農管理 ＞ 鳥獣対策 ＞ 収獲

● 自動運転田植機

● ドローンによるセンシング・農薬散布

● 自動水管理システム

● リモコン式自動草刈機

● 営農管理システム

● 檻罠

● 小型汎用コンバイン

（注）試算に基づくものであり、必ずしも実態を表すものではない。

●：2019年までに市販化 ●：2022年頃までに市販化 ●：2025年頃までに市販化

17

農業経営モデル⑧

営農類型	畑４輪作	対象地域	北海道

モデルのポイント

大規模畑作地域において、スマート技術や作業受託組織の活用等により、輪作体系の適正化を図りつつ規模拡大、経営コストの削減に取り組む家族経営

技術・取組の概要

- ➢自動化技術の導入による無人化や基幹作業（小麦、豆類の収穫、ばれいしょの植付作業等）の外部化、てんさいの直播栽培の導入推進により、10aあたり労働時間を約35%削減し、規模拡大（約80ha）を実現。特に労働負担の大きいてん菜、ばれいしょの省力化を進めることで、輪作の適正化を促進。
- ➢ドローンによるセンシング・農薬散布などデータをフル活用した効率的かつ精密な管理により、小麦、てんさい、豆類、ばれいしょの単収を約10%向上
- ➢単収の向上やスマート農機の導入による規模拡大・労働費の削減、可変施肥技術による施肥量削減により、単位数量あたり経営コストを約10%削減

経営発展の姿

【経営形態】
家族経営（２名、臨時雇用３名）

【経営規模・作付体系】

経営耕地	80ha
小麦	20ha
てんさい	20ha
豆類	20ha
ばれいしょ	20ha

【試算結果】

粗収益	8,290万円
経営費	6,230万円
農業所得	2,060万円
主たる従事者の所得（/人）	1,030万円
主たる従事者の労働時間（/人）	1,320hr

（参考）比較を行った経営モデル
【経営形態】
家族経営（2.5名）

【経営規模・作付体系】

経営耕地	37.1ha
小麦	10.3ha
てんさい	7.9ha
豆類	4.7ha
ばれいしょ	6.6ha 等

耕起・整地 ＞ 移植・播種 ＞ 施肥 ＞ 防除 ＞ 営農管理 ＞ 収穫

● ロボットトラクター（後付け自動操舵システム）（有人-無人２台協調）

● てんさいロボット狭畦移植機

● 可変施肥システム

● ドローンによるセンシング・農薬散布

● 営農管理システム

● 自動操舵汎用コンバイン

（注）試算に基づくものであり、必ずしも実態を表すものではない。

●：2019年までに市販化 ●：2022年頃までに市販化 ●：2025年頃までに市販化

18

農業経営モデル⑨

営農類型	かんしょ作	対象地域	南九州

モデルのポイント

新品種導入により単収の向上を図りつつ、かんしょ高精度移植機、生分解性マルチの導入等により労働時間の削減を図る家族経営

技術・取組の概要

➢新品種導入によりかんしょの単収を約16%向上
➢機械移植に適した苗の生産と高精度移植機を導入することにより育苗・植付時間を20%削減
➢生分解性マルチの導入によりマルチ除去作業の省力化と廃プラスチック処理経費の削減が図られ単位当たり経営コストを約7%削減
➢かんしょとその裏作での加工・業務用キャベツの複合経営により、生産性の向上及び所得の増加

経営発展の姿

【経営形態】
家族経営（２名、臨時雇用２名）

【経営規模・作付体系】

経営耕地	7.0ha
でん粉原料用	2.5ha
焼酎原料用	2.5ha
加工・業務用キャベツ	2.0ha

【試算結果】

粗収益	1,699万円
経営費	865万円
農業所得	834万円
主たる従事者の所得（/人）	417万円
主たる従事者の労働時間（/人）	1,449hr

（参考）比較を行った経営モデル
【経営形態】
家族経営（２名、臨時雇用１名）
【経営規模・作付体系】

経営耕地	4.4ha
かんしょ	3.0ha
露地野菜　等	1.4ha

種いも準備 ＞ 育苗 ＞ 畦立・マルチ ＞ 植付 ＞ 収穫・出荷

● 多収新品種の導入

● 機械移植に適した苗生産技術

● 生分解性マルチの導入

● 高精度移植機

● ハーベスター

（注）試算に基づくものであり、必ずしも実態を表すものではない。

●：2019年までに市販化　●：2022年頃までに市販化　●：2025年頃までに市販化

19

農業経営モデル⑩

営農類型	かんしょ作（規模拡大）	対象地域	南九州

モデルのポイント

新品種導入により単収の向上を図りつつ、スマート技術の導入により労働時間を軽減し規模拡大を実現する家族経営

技術・取組の概要

➢新品種導入によりかんしょの単収を約16%向上するとともに機械移植に適した苗の生産と高精度移植機を導入することにより育苗・植付時間を20%削減
➢自動化技術やドローンの導入により10ａあたり労働時間を約19%削減し、規模拡大（10ha）を実現
➢高齢化が進む中でアシストスーツの導入により収穫・運搬時における重労働の作業負担を軽減
➢かんしょとその裏作での加工・業務用キャベツの複合経営により、生産性の向上及び所得の増加

経営発展の姿

【経営形態】
家族経営（２名、臨時雇用３名）

【経営規模・作付体系】

経営耕地	13ha
でん粉原料用	5ha
焼酎原料用	5ha
加工・業務用キャベツ	3ha

【試算結果】

粗収益	3,025万円
経営費	1,537万円
農業所得	1,488万円
主たる従事者の所得（/人）	744万円
主たる従事者の労働時間（/人）	1,823hr

（参考）比較を行った経営モデル
【経営形態】
家族経営（２名、臨時雇用１名）
【経営規模・作付体系】

経営耕地	4.4ha
かんしょ	3.0ha
露地野菜頭	1.4ha

営農管理 ＞ 耕起・整地 ＞ 育苗 ＞ 植付 ＞ 防除 ＞ 収穫・出荷

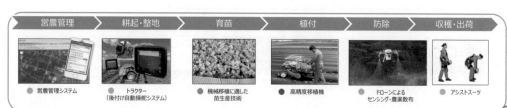

● 営農管理システム

● トラクター（後付け自動操舵システム）

● 機械移植に適した苗生産技術

● 高精度移植機

● ドローンによるセンシング・農薬散布

● アシストスーツ

（注）試算に基づくものであり、必ずしも実態を表すものではない。

●：2019年までに市販化　●：2022年頃までに市販化　●：2025年頃までに市販化

20

農業経営モデル⑪

営農類型	さとうきび作（野菜作複合）	対象地域	鹿児島県南西諸島、沖縄県

モデルのポイント

鹿児島県南西諸島、沖縄県において、作業委託により生じた余剰労働時間を活用した高収益作物との輪作により、所得向上を図る家族経営

技術・取組の概要

- ➢さとうきびの収穫作業を委託することにより、さとうきびに係る労働時間を10aあたり約30%削減
- ➢適期管理など基本技術を励行することでさとうきびの単収を10%以上向上。
- ➢余剰労働時間でかぼちゃを栽培し、さとうきび（春植・夏植・株出）とかぼちゃをローテーションで作付けすることで、農地の有効活用が可能。
- ➢温暖な気候を活用した野菜の端境期の生産・出荷により高価格販売が可能となり、所得率を約20%向上。

経営発展の姿

【経営形態】
家族経営（１名）

【経営規模・作付体系】

経営耕地	4.1ha
さとうきび（収穫面積）	3.6ha（3.0ha）
かぼちゃ	0.5ha

【試算結果】

粗収益	769万円
経営費	354万円
農業所得	415万円
主たる従事者の所得（/人）	415万円
主たる従事者の労働時間（/人）	1,151hr

（参考）比較を行った経営モデル

【経営形態】
家族経営（1.9名）

【経営規模・作付体系】

経営耕地	3.1ha
さとうきび	2.1ha
その他	1.0ha

出典：alic砂糖類情報
2002年8月号

（注）試算に基づくものであり、必ずしも実態を表すものではない。

●：2019年までに市販化　●：2022年頃までに市販化　●：2025年頃までに市販化

21

農業経営モデル⑫

営農類型	さとうきび作（専作）	対象地域	鹿児島県南西諸島、沖縄県

モデルのポイント

労働力、堆肥、水資源等の資材が限られている鹿児島県南西諸島、沖縄県において、省資源、高収量・規模拡大、収穫作業の作業受託を実現し所得向上を図る家族経営

技術・取組の概要

- ➢後付け自動操舵システムの導入により、熟練農家以外の者でも操作が可能となり規模を拡大、さらにドローンを活用した農薬散布、自動かん水システムによるかん水時間の削減により、10aあたり労働時間を約30%削減
- ➢データに基づいた省力的かつ精密な管理により、単収を約15%向上
- ➢自動かん水システムにより適期に適量散水することで、限られた資源の有効活用
- ➢スマート農機等を導入することにより、規模拡大が可能となり、10aあたり経営コストを約10%削減
- ➢臨時雇用者への作業分散により生じた余剰労働力を活用し、収穫作業を受託

経営発展の姿

【経営形態】
家族経営（１名、臨時雇用３名）

【経営規模・作付体系】

経営耕地（収穫面積）	14ha（11ha）
作業受託	15ha

【試算結果】

粗収益	2,157万円
経営費	1,581万円
農業所得	575万円
主たる従事者の所得（/人）	575万円
主たる従事者の労働時間（/人）	1,401hr

（参考）比較を行った経営モデル

【経営形態】
家族経営（1.9名）

【経営規模・作付体系】

経営耕地	3.1ha
さとうきび	2.1ha
その他	1.0ha

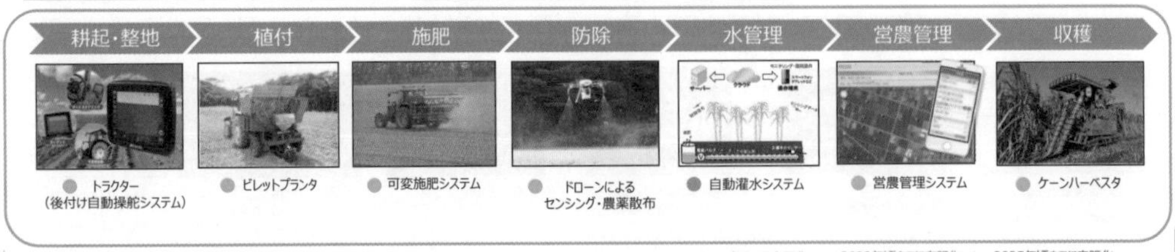

（注）試算に基づくものであり、必ずしも実態を表すものではない。

●：2019年までに市販化　●：2022年頃までに市販化　●：2025年頃までに市販化

22

農業経営モデル⑬

営農類型	茶作（平場・専作）	対象地域	関東以西

モデルのポイント

緑茶飲料向け生産の拡大、省力技術の導入、適期摘採・管理により収量性・品質の向上を目指し、経営の発展を図る法人経営

技術・取組の概要

➤緑茶飲料向けの生産を拡大するとともに、フィールドサーバ等を活用した適期摘採・管理により単収を向上
➤ロボット茶園管理機やロボット茶摘採機等の導入・活用により、10aあたり労働時間を約20%削減
➤摘採機の無人化や被覆作業の自動化により、多くの労働力を要する一番茶・二番茶時期の10aあたり労働時間を約20%削減

経営発展の姿

【経営形態】
法人経営（３名、常時雇用２名、臨時雇用15名）

【経営規模・作付体系】

経営耕地	60ha

【試算結果】

粗収益	2億9,451万円
経営費	2億6,592万円
農業所得	2,859万円
主たる従事者の所得（/人）	953万円
主たる従事者の労働時間（/人）	1,941hr

（参考）比較を行った経営モデル

【経営形態】
法人経営（３名、常時雇用２名、臨時雇用15名）

【経営規模・作付体系】

経営耕地	50.0ha
茶	50.0ha

栽培管理　施肥　除草・防除　営農管理　摘採

●フィールドサーバ

●ロボット茶園管理機

●リモコン式自動草刈機

●営農管理システム

●ロボット茶摘採機

（注）試算に基づくものであり、必ずしも実態を表すものではない。

●：2019年までに市販化　●：2022年頃までに市販化　●：2025年頃までに市販化

23

農業経営モデル⑭

営農類型	茶作（中山間・複合経営）	対象地域	関東以西

モデルのポイント

収益性向上のため、作期の異なる作目との複合経営に取り組みつつ、センシング技術等を導入し、省力化・生産性の向上を図る家族経営

技術・取組の概要

➤他作目（みかん）との複合経営に取り組み収益性を向上
➤AI解析技術の導入により適期摘採が進み単収を約５%向上
➤ドローンやフィールドサーバを活用したセンシング技術や営農管理システムの導入により労働時間を約10%削減

経営発展の姿

【経営形態】
家族経営（２名、臨時雇用４名）

【経営規模・作付体系】

経営耕地	4.5ha
茶	3.0ha
みかん	1.5ha

【試算結果】

粗収益	3,233万円
経営費	2,053万円
農業所得	1,180万円
主たる従事者の所得（/人）	590万円
主たる従事者の労働時間（/人）	1,985hr

（参考）比較を行った経営モデル

【経営形態】
家族経営（２名、臨時雇用２名）

【経営規模・作付体系】

経営耕地	3.0ha
茶	3.0ha

栽培管理　営農管理　摘採

●フィールドサーバ

●ドローンによるセンシング

●営農管理システム

●AI解析

（注）試算に基づくものであり、必ずしも実態を表すものではない。

●：2019年までに市販化　●：2022年頃までに市販化　●：2025年頃までに市販化

24

農業経営モデル⑮

営農類型	露地野菜（生食・規模拡大）	対象地域	南東北以西

モデルのポイント

スマート技術導入による余剰労働時間を活用した規模拡大や資材コストの低減により、所得向上を図る大規模法人経営

技術・取組の概要

- ➢同品目他産地の経営体との連携（産地リレー）等農家のネットワーク化やストックポイントの活用により周年安定供給システムを確立し、量販店等との契約取引により安定的な取引を実現
- ➢ロボットトラクターの導入による耕起作業時間の削減（約40%）や全自動収穫機の導入による収穫時間の削減（約15%）等により効率化を進め余剰労働力により規模を拡大
- ➢作業委託によるドローンを活用したピンポイント農薬散布によって、防除の作業時間を削減するとともに農薬散布量を約50%削減

経営発展の姿

【経営形態】
法人経営（８名、常勤雇用10名、研修生27名）

【経営規模・作付体系】

経営耕地	91ha
レタス	60ha
キャベツ	29ha
はくさい	2.6ha

【試算結果】

粗収益	5億2,808万円
経営費	3億8,103万円
農業所得	1億4,705万円
主たる従事者の所得（/人）	1,838万円
主たる従事者の労働時間（/人）	1,800hr

（参考）比較を行った経営モデル

【経営形態】
法人経営（８名、常勤雇用８名、研修生26名）

【経営規模・作付体系】

経営耕地	70ha
レタス	46ha
キャベツ	22ha
はくさい	2ha

耕起 ＞ 移植 ＞ 栽培管理 ＞ 営農管理 ＞ 収穫 ＞ 運搬

● ロボットトラクター（有人-無人２台協調）

● 乗用型全自動移植機

● ドローンによるセンシング・農薬散布等

● 営農管理システム

● 自動キャベツ収穫機

（注）試算に基づくものであり、必ずしも実態を表すものではない。

●：2019年までに市販化　●：2022年頃までに市販化　●：2025年頃までに市販化

農業経営モデル⑯

営農類型	露地野菜（生食・農地維持型）	対象地域	関東以西

モデルのポイント

高齢化する家族経営において、農機の共同利用や一部作業の外部委託により、省力化・生産性の向上を図る家族経営

技術・取組の概要

- ➢乗用型全自動移植機の共同利用により、経営コスト上昇を回避するとともに、移植作業時間を約50%削減
- ➢外部委託によるドローンを活用したセンシング、農薬散布等によって、中間管理の負担を軽減し、当該作業時間を約25%削減
- ➢高齢化による労働力不足を一部作業の外部委託や機械化により効率化するとともにアシストスーツの活用により収穫物の運搬などの重労働の作業負担を軽減
- ➢過疎化・高齢化により地域内から労働力を調達することが困難となっている状況化において、農作業の人材派遣に対応している人材派遣会社を活用

経営発展の姿

【経営形態】
家族経営（２名（うち主たる従事者１名）、臨時雇用 １名）

【経営規模・作付体系】

経営耕地	1.7ha
キャベツ	1.2ha
すいか	0.5ha

【試算結果】

粗収益	1,247万円
経営費	653万円
農業所得	595万円
主たる従事者の所得（/人）	419万円
主たる従事者の労働時間（/人）	1,514hr

（参考）比較を行った経営モデル

【経営形態】
家族経営（２名、臨時雇用１名）

【経営規模・作付体系】

経営耕地	1.7ha
露地野菜	1.7ha

耕起、移植 ＞ 栽培管理 ＞ 営農管理 ＞ 収穫 ＞ 運搬

● 乗用型全自動移植機

● ドローンによるセンシング・農薬散布等

● 営農管理システム

● アシストスーツ

（注）試算に基づくものであり、必ずしも実態を表すものではない。

●：2019年までに市販化　●：2022年頃までに市販化　●：2025年頃までに市販化

農業経営モデル⑰

営農類型	露地野菜（生食・多品目栽培）	対象地域	関東以西

モデルのポイント

機械の高度化やセンシング技術の導入、一部作業の外部委託等により複数品目を効率的に営農管理し、省力化・生産性の向上を図る家族経営

技術・取組の概要

- 営農管理システム等の活用により、多品目の組み合わせによる輪作体系を効率的に管理し、経営耕地を有効活用
- 乗用型全自動移植機の導入・活用により、移植作業時間を約50%削減
- 外部委託によるドローンを活用したセンシング、農薬散布等によって、中間管理の負担を軽減し、当該作業時間を約25%削減
- 全自動収穫機等の導入によって、収穫・選別時間を約35%削減するとともに、さらにアシストスーツの活用により重労働の作業負担を軽減

経営発展の姿

【経営形態】
家族経営（２名、臨時雇用８名）

【経営規模・作付体系】

経営耕地	6.7ha
だいこん	2.7ha
キャベツ	1.7ha
メロン	0.6ha
すいか	1.0ha
かぼちゃ	0.8ha

【試算結果】

粗収益	5,634万円
経営費	3,640万円
農業所得	1,994万円
主たる従事者の所得（/人）	997万円
主たる従事者の労働時間（/人）	1,800hr

（参考）比較を行った経営モデル

【経営形態】
家族経営（２名、臨時雇用９名＋作業受託組織）

【経営規模・作付体系】

経営耕地	3.45ha
だいこん	2.10ha
キャベツ	1.35ha
メロン	0.45ha
すいか	0.75ha
かぼちゃ	0.60ha

耕起、移植・播種 ＞ 栽培管理 ＞ 営農管理 ＞ 収穫 ＞ 運搬

● 乗用型全自動移植機

● ドローンによるセンシング・農薬散布等

● 営農管理システム

● 自動キャベツ収穫機

● アシストスーツ

（注）試算に基づくものであり、必ずしも実態を表すものではない。

●：2019年までに市販化　●：2022年頃までに市販化　●：2025年頃までに市販化

27

農業経営モデル⑱

営農類型	露地野菜（加工業務用・機械化一貫体系）	対象地域	関東以西

モデルのポイント

水田に高収益作物を導入し、機械化一貫体系による加工業務用向けの取組拡大や共同調製等による作業効率化により、所得向上を図る家族経営

技術・取組の概要

- 機械化一貫体系の導入によりたまねぎの移植・収穫作業時間を約45%削減し、需要が増加している加工業務用のたまねぎを生産拡大
- 共同利用施設等の活用により施設投資を抑制するとともに作業を効率化
- 実需者のニーズに応えるため、作柄安定技術の導入や加工適性の高い品種の選定、端境期の出荷が可能となる作型を確立
- 作業委託によるドローンを活用したセンシング、農薬散布等によって、中間管理の負担を軽減し、当該作業時間を約20%削減

経営発展の姿

【経営形態】
家族経営（２名、臨時雇用７名）

【経営規模・作付体系】

経営耕地	22ha
たまねぎ	5ha
水稲	11ha
大麦	6ha

【試算結果】

粗収益	4,296万円
経営費	2,848万円
農業所得	1,448万円
主たる従事者の所得（/人）	724万円
主たる従事者の労働時間（/人）	1,438hr

（参考）比較を行った経営モデル

【経営形態】
家族経営（２名、臨時雇用８名）

【経営規模・作付体系】

経営耕地	19.0ha
たまねぎ	2.0ha
水稲	11.0ha
大麦	6.0ha

耕起 ＞ 移植・播種 ＞ 栽培管理 ＞ 営農管理 ＞ 収穫 ＞ 運搬

● 乗用型全自動移植機

● ドローンによるセンシング・農薬散布等

● 営農管理システム

● たまねぎ収穫機

（注）試算に基づくものであり、必ずしも実態を表すものではない。

●：2019年までに市販化　●：2022年頃までに市販化　●：2025年頃までに市販化

28

農業経営モデル⑲

営農類型	露地野菜（加工業務用）	対象地域	全国

モデルのポイント

可変施肥技術の導入による単収の向上や、スマート技術導入により実需者が求める加工業務用野菜を生産拡大し、所得向上を図る家族経営

技術・取組の概要

- ロボットトラクターの導入と牽引式の収穫機等の導入により耕起、移植・播種の作業時間を約40%、収穫時間を約30%削減
- 実需者のニーズに応えるため、作柄安定技術の導入や加工適性の高い品種の選定、加工向けの大型規格の栽培体系を確立
- 作業委託によるドローンを活用したセンシングと可変施肥技術の導入によって、中間管理の負担を軽減するとともに単収を約15%向上（ほうれんそう）

経営発展の姿

【経営形態】
家族経営（２名、臨時雇用４名）

【経営規模・作付体系】

経営耕地	16.2ha
ほうれんそう	10.8ha
さといも	2.7ha
ごぼう	2.7ha

【試算結果】

粗収益	5,676万円
経営費	3,902万円
農業所得	1,774万円
主たる従事者の所得（/人）	887万円
主たる従事者の労働時間（/人）	1,800hr

（参考）比較を行った経営モデル
【経営形態】
家族経営（２名）＋作業受託組織

【経営規模・作付体系】

経営耕地	12ha
ほうれんそう	8ha
さといも	2ha
ごぼう	2ha

耕起 → 移植・播種 → 栽培管理 → 営農管理 → 収穫 → 運搬

● ロボットトラクター（有人-無人２台協調）

● ドローンによるセンシング・農薬散布等

● 営農管理システム

● ロボットトラクターを用いた牽引式収穫機

（注）試算に基づくものであり、必ずしも実態を表すものではない。

●：2019年までに市販化 ●：2022年頃までに市販化 ●：2025年頃までに市販化

29

農業経営モデル⑳

営農類型	施設野菜（トマト）	対象地域	全国

モデルのポイント

従来の勘と経験のみによる栽培からデータに基づく栽培方法の導入と規模拡大により所得向上を目指す家族経営

技術・取組の概要

- パイプハウスによる加温主体の栽培から複合環境制御が可能な低コスト耐候性ハウスへの転換
- ①生育環境を最適化する複合環境制御技術、②周年出荷が可能な長期多段栽培技術、③栽培の効率化・省力化につながる養液土耕栽培技術の組み合わせにより、収量を飛躍的に向上
- 自動走行防除機や低コストな自走式高所作業車の導入で労働生産性を向上

経営発展の姿

【経営形態】
家族経営（ 3名（うち主たる従事者２名）、臨時雇用5名）

【経営規模・作付体系】

経営耕地	0.5ha
大玉トマト	0.5ha

【試算結果】

粗収益	4,674万円
経営費	3,632万円
農業所得	1,042万円
主たる従事者の所得（/人）	417万円
主たる従事者の労働時間（/人）	1,790hr

（参考）比較を行った経営モデル
【経営形態】
家族経営（２名、臨時雇用１名）

【経営規模・作付体系】

経営耕地	0.3ha
トマト	0.3ha

栽培管理

● 低コスト耐候性ハウス

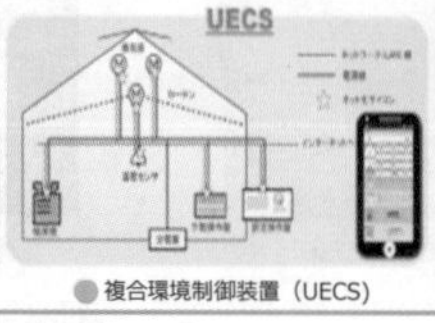

● 複合環境制御装置（UECS）

● 長期多段栽培技術

● 養液土耕栽培技術

● 自動走行防除機

● 自走式高所作業車

（注）試算に基づくものであり、必ずしも実態を表すものではない。

●：2019年までに市販化 ●：2022年頃までに市販化 ●：2025年頃までに市販化

30

農業経営モデル㉑

営農類型	施設野菜（トマト）	対象地域	全国

モデルのポイント

生育情報に基づくより高度な環境制御による収量向上、労務管理システムによる栽培管理作業の効率化、収穫ロボット等の導入による作業時間の削減により、さらなる生産性の向上を図る法人経営

技術・取組の概要

- ➢生育診断ロボット等を活用した生育情報に基づく、より高度な環境制御で生育環境の最適化を図り収量を約10%向上
- ➢労務管理システムの導入で従業員の適正配置や作業の標準化等により、収穫作業時間を約30%削減
- ➢収穫ロボットの導入により収穫作業時間を約50%削減。また、自動運搬車の導入で運搬作業時間を削減
- ➢従来より低コストな自走式高所作業車の導入で設備投資コストを削減

経営発展の姿

【経営形態】
法人経営（４名、常時雇用６名、臨時雇用42名）

【経営規模・作付体系】

経営耕地	4.0ha
大玉トマト	4.0ha

【試算結果】

粗収益	5億479万円
経営費	4億6,584万円
農業所得	3,895万円
主たる従事者の所得（/人）	974万円
主たる従事者の労働時間（/人）	1,835hr

（参考）比較を行った経営モデル
【経営形態】
法人経営（４名、常時雇用６名、臨時雇用61名）

【経営規模・作付体系】

経営耕地	4.0ha
トマト	4.0ha

栽培管理　経営管理　収穫　運搬

高度環境制御装置

生育診断ロボット

自走式高所作業車

労務管理システム

収穫ロボット

自動運搬車

（注）試算に基づくものであり、必ずしも実態を表すものではない。

●：2019年までに市販化　●：2022年頃までに市販化　●：2025年頃までに市販化

31

農業経営モデル㉒

営農類型	果樹作（かんきつ・中山間）	対象地域	関東以西

モデルのポイント

機械導入が困難な傾斜地において、省力樹形やスマート農業技術の導入により、労働生産性の向上を図り、産地の維持・発展を目指す家族経営

技術・取組の概要

- ➢省力樹形（双幹形）の導入により単収が約20%向上し、更に早期成園化や収穫作業等の省力化を実現
- ➢スマート農業技術（自走式草刈機、ドローンを活用した農薬散布、営農管理システム、アシストスーツ、AI選果機）の導入により作業時間及び労力を軽減、作業時間は省力樹形の導入効果と合わせて約25%削減
- ➢中晩かん（紅まどんな、せとか等）の導入により収穫期を分散し、収穫期の分散による生じる余剰労働力（臨時雇用等）を効率的に活用

経営発展の姿

【経営形態】
家族経営（２名、臨時雇用４名）

【経営規模・作付体系】

経営耕地	3.5ha
うんしゅうみかん	1.2ha
中晩かん	2.3ha

【試算結果】

粗収益	4,196万円
経営費	3,048万円
農業所得	1,148万円
主たる従事者の所得（/人）	574万円
主たる従事者の労働時間（/人）	1,433hr

（参考）比較を行った経営モデル
【経営形態】
家族経営（３名、臨時雇用４名）

【経営規模・作付体系】

経営耕地	2.4ha
うんしゅうみかん	1.2ha
中晩かん	1.2ha

草生管理　農薬散布　営農管理　収穫・運搬　選果・出荷

自走式草刈機

ドローンによる農薬散布

営農管理システム

アシストスーツ

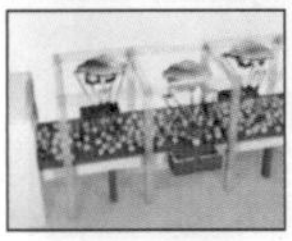
AI選果機

（注）試算に基づくものであり、必ずしも実態を表すものではない。

●：2019年までに市販化　●：2022年頃までに市販化　●：2025年頃までに市販化

32

農業経営モデル㉓

営農類型	果樹作（りんご）	対象地域	関東以北

モデルのポイント

機械導入が容易な平坦地において、省力樹形やスマート農業技術の導入により、労働生産性の向上を図り、産地の維持・発展を目指す家族経営

技術・取組の概要

- 省力樹形（新わい化栽培）の導入及び省力栽培が可能な加工用果実栽培の導入により、単収が約40%向上し、更に早期成園化や収穫作業等の省力化を実現
- スマート農業技術（牽引式草刈機、自動走行車両による農薬散布、営農管理システム、果実収穫ロボット、アシストスーツ）の導入により作業時間及び労力を軽減、作業時間は省力樹形並びに省力栽培体系の導入効果と合わせて約60%削減
- 着果管理等を省力化した加工向け等の省力栽培体系を一部導入することで、省力化により生じる余剰労働力（臨時雇用等）を効率的に活用

経営発展の姿

【経営形態】
家族経営（ 2名、臨時雇用５名）

【経営規模・作付体系】

経営耕地	4.0ha
生食用りんご	2.0ha
省力栽培りんご	2.0ha

【試算結果】

粗収益	3,687万円
経営費	2,490万円
農業所得	1,198万円
主たる従事者の所得（/人）	599万円
主たる従事者の労働時間（/人）	1,537hr

（参考）比較を行った経営モデル
【経営形態】
家族経営（２名、常勤雇用１名、臨時雇用４名）
【経営規模・作付体系】
経営耕地 2.9ha

草生管理 → 農薬散布 → 営農管理 → 収穫 → 運搬・出荷

● 牽引式草刈機

● 自動走行車両による農薬散布

● 営農管理システム

● 果実収穫ロボット

● アシストスーツ

（注）試算に基づくものであり、必ずしも実態を表すものではない。

●：2019年までに市販化　●：2022年頃までに市販化　●：2025年頃までに市販化

33

農業経営モデル㉔

営農類型	果樹作（なし）	対象地域	全国

モデルのポイント

機械導入が容易な平坦地において、省力樹形やスマート農業技術の導入により、労働生産性の向上を図り、産地の維持・発展を目指す家族経営

技術・取組の概要

- 省力樹形（ジョイント栽培）の導入により単収が約30%向上し、更に早期成園化や収穫作業等の省力化を実現
- スマート農業技術（牽引式草刈機、自動走行車両による農薬散布、営農管理システム、果実収穫ロボット、アシストスーツ）の導入により労力を軽減、作業時間は省力樹形の導入効果と合わせて約50%削減

経営発展の姿

【経営形態】
家族経営（２名、臨時雇用３名）

【経営規模・作付体系】
経営耕地 3ha

【試算結果】

粗収益	4,419万円
経営費	3,181万円
農業所得	1,239万円
主たる従事者の所得（/人）	619万円
主たる従事者の労働時間（/人）	1,452hr

（参考）比較を行った経営モデル
【経営形態】
家族経営（３名、臨時雇用３名）
【経営規模・作付体系】
経営耕地 2.0ha

草生管理 → 農薬散布 → 営農管理 → 収穫 → 運搬・出荷

● 牽引式草刈機

● 自動走行車両による農薬散布

● 営農管理システム

● 果実収穫ロボット

● アシストスーツ

（注）試算に基づくものであり、必ずしも実態を表すものではない。

●：2019年までに市販化　●：2022年頃までに市販化　●：2025年頃までに市販化

34

農業経営モデル㉕

営農類型	果樹作（ぶどう）	対象地域	全国（北海道及び沖縄を除く）

モデルのポイント

機械導入が容易な平坦地において、省力樹形やスマート農業技術、省力栽培が可能な醸造専用品種の導入により、労働生産性の向上を図り、産地の維持・発展を目指す家族経営

技術・取組の概要

- 省力樹形（短梢栽培）の導入及び省力栽培が可能な垣根仕立てによる醸造専用品種の導入により、単収が約10%向上し、更に早期成園化や収穫作業等の省力化を実現
- スマート農業技術（牽引式草刈機、腕上げアシストスーツ、自動走行車両による農薬散布、営農管理システム、アシストスーツ）の導入により作業時間及び労力を軽減、作業時間は省力樹形並びに加工用果実栽培の導入効果と合わせて約50%削減
- 醸造専用品種の導入により作業の省力化や作業時期の分散を図り、労働力（臨時雇用等）を効率的に活用

経営発展の姿

【経営形態】
家族経営（2名、臨時雇用6名）

【経営規模・作付体系】

経営耕地	2.5ha
生食用ぶどう	1.5ha
醸造用ぶどう	1.0ha

【試算結果】

粗収益	2,696万円
経営費	1,488万円
農業所得	1,208万円
主たる従事者の所得（/人）	604万円
主たる従事者の労働時間（/人）	1,482hr

（参考）比較を行った経営モデル
【経営形態】
家族経営（2名、臨時雇用7名）
【経営規模・作付体系】
経営耕地　1.2ha

草生管理 ＞ 着果管理 ＞ 農薬散布 ＞ 営農管理 ＞ 収穫・運搬

● 牽引式草刈機

● 腕上げアシストスーツ

● 自動走行車両による農薬散布

● 営農管理システム

● アシストスーツ

（注）試算に基づくものであり、必ずしも実態を表すものではない。

●：2019年までに市販化　●：2022年頃までに市販化　●：2025年頃までに市販化

35

農業経営モデル㉖

営農類型	複合経営（りんご＋水稲）	対象地域	関東以北

モデルのポイント

機械導入が容易な平坦地において、水稲との複合経営を行いつつ、省力樹形やスマート農業技術の導入により、規模拡大及び労働生産性の向上を図り産地の維持・発展を目指す家族経営

技術・取組の概要

- （水稲）労働力の制約等により規模拡大が難しい平場・家族経営において、後付け自動操舵システム等の導入により、作業工程の最適化・負担軽減を実現
- （水稲）ドローンによるセンシング・農薬散布などデータをフル活用した効率的かつ精密な管理により、単収を約15%向上
- （りんご）省力樹形、収穫ロボット等スマート果樹栽培体系をフル活用したリンゴ栽培体系の導入により、高収益経営を実現

等により、経営改善、所得の向上を実現

経営発展の姿

【経営形態】
家族経営（2名、臨時雇用3名）

【経営規模・作付体系】

経営耕地	10ha
りんご（生食用）	3ha
水稲（主食用）	7ha

【試算結果】

粗収益	3,509万円
経営費	2,513万円
農業所得	996万円
主たる従事者の所得（/人）	498万円
主たる従事者の労働時間（/人）	1,520hr

（参考）比較を行った経営モデル
【経営形態】
家族経営（2名、臨時雇用1名）
【経営規模・作付体系】
経営耕地　10.0ha

耕起・整地・移植 ＞ 農薬散布 ＞ 営農管理 ＞ 収穫 ＞ 運搬・出荷

● 直進アシスト（後付け自動操舵システム）【水稲】

● 自動走行車両による農薬散布【りんご】

● ドローンによるセンシング・農薬散布【水稲】

● 営農管理システム

● 果実収穫ロボット【りんご】

● 収量コンバイン（自脱）（3戸共同利用）【水稲】

● アシストスーツ【りんご】

（注）試算に基づくものであり、必ずしも実態を表すものではない。

●：2019年までに市販化　●：2022年頃までに市販化　●：2025年頃までに市販化

36

農業経営モデル㉗

営農類型	花き作（トルコギキョウ）	対象地域	全国

モデルのポイント

水耕栽培システムと高度環境制御装置の導入し、収量・品質を向上することにより所得向上を図る家族経営

技術・取組の概要

➢人工光閉鎖型育苗装置の導入により、高品質な苗の安定供給が可能となり、品質が向上
➢水耕栽培システムと高度環境制御装置の導入により、年３作の周年栽培を実現し、単収を88%向上
➢周年栽培の実現により、労働時間を平準化するとともに、通年で雇用の場を提供

経営発展の姿

【経営形態】
家族経営（２名、臨時雇用９名）

【経営規模・作付体系】
経営耕地　　0.8ha

【試算結果】

粗収益	1億973万円
経営費	9, 806万円
農業所得	1,167万円
主たる従事者の所得（/人）	583万円
主たる従事者の労働時間（/人）	1,800hr

（参考）比較を行った経営モデル
【経営形態】
家族経営（２名、臨時雇用７名）
【経営規模・作付体系】
経営耕地　　0.8ha

苗生産 ＞ 高度環境制御 ＞ 養液栽培

● 人工光閉鎖型育苗装置

● ダクト式パットアンドファン(温度管理)

● 養液栽培システム

（注）試算に基づくものであり、必ずしも実態を表すものではない。
●：2019年までに市販化　●：2022年頃までに市販化　●：2025年頃までに市販化

37

農業経営モデル㉘

営農類型	花き作（施設バラ）	対象地域	全国

モデルのポイント

栽培施設の集約と高度環境制御装置の導入による単収・品質の向上、自動農薬散布ロボット等の導入による労働時間の削減を図る法人経営

技術・取組の概要

➢養液栽培、補光照明、遮光・保温カーテン等を合わせた高度環境制御装置の導入により、単収を約55%向上させるとともに、品質を向上
➢栽培施設を集約し、自動農薬散布ロボットや半自動移動式収穫台車、選花機の導入により、10aあたりの労働時間を約15%削減
➢単収向上と労働時間の削減により、１本あたりの労働時間を約45%削減

経営発展の姿

【経営形態】
法人経営（２名、常時雇用４名、臨時雇用12名）

【経営規模・作付体系】
経営耕地　　1.5ha

【試算結果】

粗収益	3億3,480万円
経営費	3億1,270万円
農業所得	2,210万円
主たる従事者の所得（/人）	1,105万円
主たる従事者の労働時間（/人）	1,824hr

（参考）比較を行った経営モデル
【経営形態】
法人経営（２名、常時雇用４名、臨時雇用15名）
【経営規模・作付体系】
経営耕地　　1.5ha

養液栽培 ＞ 補光照明 ＞ 防除 ＞ 収穫 ＞ 選花

● 高度環境制御装置（補光照明、遮光・保温カーテン）

●自動農薬散布ロボット

● 半自動移動式収穫台車

● 選花機

（注）試算に基づくものであり、必ずしも実態を表すものではない。
●：2019年までに市販化　●：2022年頃までに市販化　●：2025年頃までに市販化

38

農業経営モデル㉙

営農類型	酪農①	対象地域	北海道

モデルのポイント

飼料生産・調製や飼養管理の分業化・機械化等による省力化・効率化を通じ、規模拡大を図る大規模法人経営

技術・取組の概要

- 搾乳ロボット（ロータリー型）等による省力化、コントラクター（飼料生産）など外部支援組織の活用、規模拡大によるスケールメリットによる生産性の向上と労働時間の削減を図る先進的な経営を実現
- 搾乳ロボット等の導入により、搾乳・飼養管理等に関する作業時間を約70%削減することで、雇用労働者の人数を減らしても、1人当たりの労働時間を約20%削減しつつ飼養頭数の増加が可能
- ロボットトラクター・ドローン、適期刈り、優良品種等の導入・活用、草地更新の適切な実施により、単収を約15%向上（コントラクターによる）

経営発展の姿

【経営形態】

法人経営（4名、常勤雇用等3～4名）

【経営規模】

経産牛　500頭

【試算結果】

粗収益	4億6,740万円
経営費	4億2,690万円
農業所得	4,050万円
主たる従事者の所得（/人）	1,010万円
主たる従事者の労働時間（/人）	2,000hr

（参考）比較を行った経営モデル

【経営形態】

法人経営（5～6名、常勤雇用等10～11名）

【経営規模】

経産牛　440頭

コントラクター

耕起・施肥・収穫 ＞ 栽培管理

ロボットトラクター
（有人-無人２台協調）

ドローンによる
センシング・農薬散布

酪農経営

ほ乳 ＞ 給餌 ＞ 交配・分娩 ＞ 搾乳

ほ乳ロボット

自動給餌機

発情発見装置

搾乳ロボット（ロータリー型）

（注）試算に基づくものであり、必ずしも実態を表すものではない。

●：2019年までに市販化　●：2022年頃までに市販化　●：2025年頃までに市販化

農業経営モデル㉚

営農類型	酪農②	対象地域	都府県

モデルのポイント

コントラクターの活用等により省力化しつつ、つなぎ飼いの労働生産性の向上を図り、持続化・安定化を実現する家族経営

技術・取組の概要

- 後継者不足により農家戸数や生産量の維持が困難な地域において、搾乳ユニット自動搬送装置等による省力化、コントラクター（飼料生産）、育成牛預託施設やヘルパーなどの外部支援組織の活用を図り、家族経営の経営持続や安定を実現
- 搾乳ユニット自動搬送装置等の導入により、搾乳・飼養管理等に関する作業時間を約40%削減し、雇用労働者の人数を減らしても、１人当たりの労働時間を約30%削減可能
- 自動操舵機能付トラクター・ドローン、適期刈り、優良品種等の導入・活用、草地更新の適切な実施により、単収を約15%向上（コントラクターによる）

経営発展の姿

【経営形態】
家族経営（２名）

【経営規模・作付体系】
経産牛　40頭

【試算結果】

粗収益	4,600万円
経営費	3,540万円
農業所得	1,060万円
主たる従事者の所得（/人）	530万円
主たる従事者の労働時間（/人）	2,000hr

（参考）比較を行った経営モデル

【経営形態】

家族経営（2～３名,臨時雇用1名）

【経営規模】

経産牛　40頭

コントラクター

耕起・施肥・収穫 ＞ 栽培管理

トラクター
（後付け自動操舵機能付）

ドローンによる
センシング・農薬散布

酪農経営

給餌 ＞ 分娩 ＞ 搾乳

自走式配餌車

分娩監視装置

搾乳ユニット自動搬送装置

（注）試算に基づくものであり、必ずしも実態を表すものではない。

●：2019年までに市販化　●：2022年頃までに市販化　●：2025年頃までに市販化

農業経営モデル㉛

営農類型	酪農③	対象地域	都府県

モデルのポイント

搾乳ロボット等により省力化しつつ規模拡大を図るとともに、性判別技術や受精卵移植技術を活用した効率的な乳用後継牛確保と和子牛生産を行い、収益性の向上を図る家族経営

技術・取組の概要

- 後継者不足による農家戸数や生産量の維持が困難な地域において、搾乳ロボットや自動給餌機等による作業の効率化、コントラクター・TMRセンターや公共牧場の利用による作業の外部化による省力化を図り、家族経営において規模拡大を実現
- 性判別技術の活用により効率的に後継牛を確保をしつつ、受精卵移植技術を活用して、乳用牛から和牛の子牛を生産し販売することで収益性を向上
- 搾乳ロボット等の導入により、搾乳・飼養管理等に関する作業時間を約60%削減し、雇用労働者の人数を減らしても、1人あたりの労働時間を約30%削減しつつ飼養頭数の増加が可能
- 飼料生産データ等に基づくTMR(混合飼料)の設計等により飼料効率を約５%向上（TMRセンターによる）
- 自動操舵機能付トラクター・ドローン、適期刈り、優良品種等の導入・活用、草地更新の適切な実施により、単収を約15%向上（コントラクターによる）

経営発展の姿

【経営形態】
家族経営（２名）

【経営規模】
経産牛　100頭

【試算結果】	
粗収益	1億1,520万円
経営費	8,820万円
農業所得	2,710万円
主たる従事者の所得（/人）	1,350万円
主たる従事者の労働時間（/人）	1,800hr

（参考）比較を行った経営モデル

【経営形態】
家族経営（3~4名,常勤雇用1名）

【経営規模】
経産牛99頭

コントラクター・TMRセンター

耕起・施肥・収穫　＞　栽培管理

● トラクター
（後付け自動操舵機能付）

● ドローンによる
センシング・農薬散布

酪農経営

給餌　＞　交配　＞　搾乳

● 自動給餌機

● 性判別精液
受精卵移植技術

● 搾乳ロボット

（注）試算に基づくものであり、必ずしも実態を表すものではない。

●：2019年までに市販化　●：2022年頃までに市販化　●：2025年頃までに市販化

農業経営モデル㉜

営農類型	肉用牛(繁殖)①	対象地域	全国

モデルのポイント

条件不利な水田等での放牧により省力化を図りつつ、効率的な飼養管理を図る家族経営

技術・取組の概要

- 条件不利な水田等に放牧することで、子牛１頭当たりの飼料費を約40%低減するとともに、地域の景観保全にも寄与
- 水田等への放牧や、コントラクターの活用により、子牛１頭当たりの飼養管理時間を約50%低減
- 自動操舵機能付トラクター・ドローン等の導入により、単収を約15%向上（コントラクターによる）
- 優良な繁殖雌牛を活用した受精卵を販売し、地域ぐるみで繁殖雌牛の増頭を実現

経営発展の姿

【経営形態】
家族経営（２名、臨時雇用１名）

【経営規模・作付体系】
繁殖雌牛　30頭
（水稲1.0ha、露地野菜0.3haの栽培も行う。）

【試算結果】	
粗収益	2,250万円
経営費	990万円
農業所得	1,260万円
主たる従事者の所得（/人）	630万円
主たる従事者の労働時間（/人）	1,600hr

※　試算結果には水稲、露地野菜の収支も含む。

（参考）比較を行った経営モデル

【経営形態】
家族経営（２名）

【経営規模・作付体系】
繁殖雌牛　24頭

コントラクター

耕起・施肥・収穫　＞　栽培管理

● トラクター
（後付け自動操舵機能付）

● ドローンによる
センシング・農薬散布

繁殖経営

放牧

条件不利な水田等での放牧

受精卵生産

優良な繁殖雌牛からの受精卵生産

（注）試算に基づくものであり、必ずしも実態を表すものではない。

●：2019年までに市販化　●：2022年頃までに市販化　●：2025年頃までに市販化

農業経営モデル㉝

営農類型	肉用牛（繁殖）②	対象地域	全国

モデルのポイント

条件不利な水田等での放牧やキャトルブリーディングステーションの活用を通じ、省力化と牛舎の有効利用により規模拡大を図る家族経営

技術・取組の概要

➢条件不利な水田等に放牧することで、子牛１頭当たりの飼料費を約30%低減するとともに、地域の景観保全にも寄与
➢水田等への放牧やキャトルブリーディングステーション（CBS）の活用により、子牛１頭当たりの飼養管理時間を約70%低減
➢TMRセンター等の外部支援組織を活用し、飼料生産データ等に基づくTMR(混合飼料）設計と給与等により飼料効率を約５%向上
➢分娩監視装置、ほ乳ロボット等の省力化機械の導入により、分娩間隔を約0.5か月短縮
➢省力化と外部化による牛舎の空きスペースの有効活用により、規模拡大を実現

経営発展の姿

【経営形態】
家族経営（１～２名）

【経営規模・作付体系】
繁殖雌牛　80頭

【試算結果】

粗収益	4,110万円
経営費	2,350万円
農業所得	1,760万円
主たる従事者の所得（/人）	1,190万円※
主たる従事者の労働時間（/人）	1,600hr

※　構成員２名のうち、労働時間の長い構成員の所得を記載。

（参考）比較を行った経営モデル
【経営形態】
家族経営（２名）
【経営規模・作付体系】
繁殖雌牛　24頭

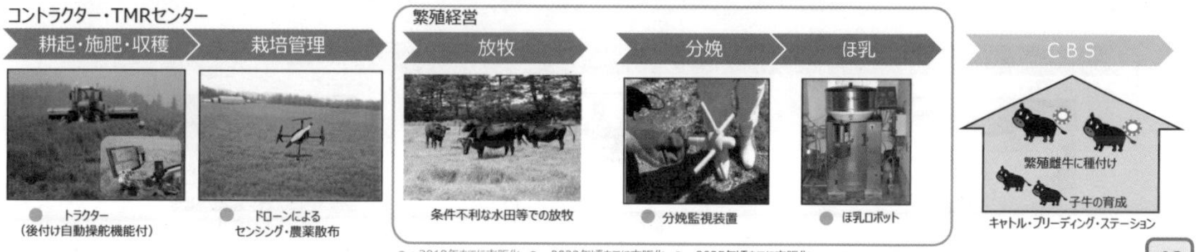

（注）試算に基づくものであり、必ずしも実態を表すものではない。

●：2019年までに市販化　●：2022年頃までに市販化　●：2025年頃までに市販化

43

農業経営モデル㉞

営農類型	肉用牛（肥育及び一貫）	対象地域	全国

モデルのポイント

エコフィード等の活用や肥育牛の出荷月齢の早期化、繁殖・肥育一貫化による飼料費やもと畜費の低減等を図る肉専用種繁殖・肥育一貫の大規模法人経営

技術・取組の概要

➢キャトルブリーディングステーション（CBS）、コントラクター・TMRセンター等の外部支援組織を活用して、分業化・協業化を図る
➢ほ乳ロボット、発情発見装置、分娩監視装置、自動給餌機、起立困難牛検知システム等の新技術の導入により、省力化による経営規模拡大、飼養管理改善を図る
➢地域ぐるみで繁殖雌牛を増頭して地域内一貫生産を推進し、肥育素牛の市場価格の乱高下に左右されず、安定的な経営を図る
➢これらの取組により、経営コストを約20%低減し、所得の向上を実現

経営発展の姿

【経営形態】
法人経営（4名、常時雇用3名、臨時雇用2名）

【経営規模】
飼養頭数
繁殖雌牛　300頭（肉専用種）
育成牛　200頭（肉専用種）
肥育牛　500頭（肉専用種）

【試算結果】

粗収益	3億1,570万円
経営費	2億4,450万円
農業所得	7,110万円
主たる従事者の所得（/人）	1,780万円
主たる従事者の労働時間（/人）	1,800hr

（参考）比較を行った経営モデル
【経営形態】
法人経営（３名、常勤雇用1名）
【経営規模】
飼養頭数
繁殖雌牛　30頭
肥育牛　210頭

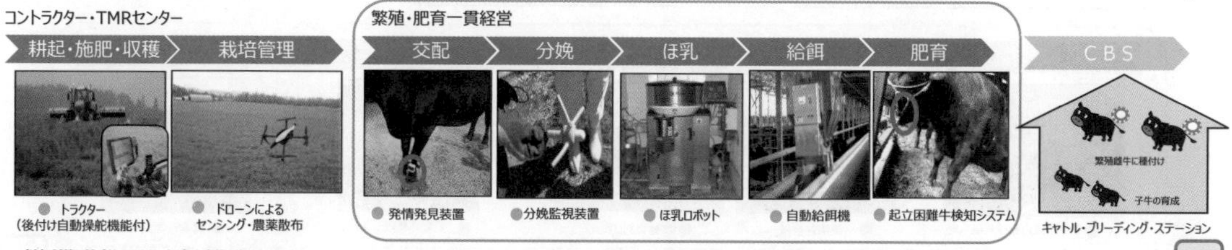

（注）試算に基づくものであり、必ずしも実態を表すものではない。

●：2019年までに市販化　●：2022年頃までに市販化　●：2025年頃までに市販化

44

農業経営モデル㉟

営農類型	養豚	対象地域	全国

モデルのポイント

現状の経営規模を維持しつつ、省力化等の効率的な繁殖・肥育一貫経営を図る大規模法人経営

技術・取組の概要

- ➢個体ごとの生産成績等のデータ管理を容易にした生産管理システムを導入し、適切な飼養管理・出荷管理を行い、母豚１頭あたりの生産性を向上
- ➢省力出荷システムを用い、生体重を自動で測定し、適切な体重で出荷を行い、省力化と収益性の向上を両立
- ➢洗浄ロボットを用い、出荷後の空き豚舎を効率的に洗浄し、空舎期間と労働時間を削減
- ➢母豚１頭あたりの生産性向上と省力化機械の導入により、出荷頭数を減少させずに繁殖母豚の飼養頭数規模を削減し、効率的な経営を実現

経営発展の姿

【経営形態】
法人経営（５名、常勤雇用14名）

【経営規模・作付体系】

繁殖母豚	790頭
年間出荷頭数	20,760頭

【試算結果】

粗収益	7億5,200万円
経営費	6億6,380万円
農業所得	8,820万円
主たる従事者の所得（/人）	1,760万円
主たる従事者の労働時間（/人）	1,800hr

（参考）比較を行った経営モデル

【経営形態】
法人経営（５名、常勤雇用14名、
臨時雇用495hr）

【経営規模・作付体系】

繁殖母豚	900頭
年間出荷頭数	20,630頭

個体管理 ＞ 出荷 ＞ 洗浄

●生産管理システム

●省力出荷システム

● 洗浄ロボット

（注）試算に基づくものであり、必ずしも実態を表すものではない。

●：2019年までに市販化 ●：2022年頃までに市販化 ●：2025年頃までに市販化

45

農業経営モデル㊱

営農類型	有機農業（水田作）	対象地域	関東以西

モデルのポイント

水管理や除草に係る労力軽減と雑草対策の徹底による単収の向上、作業ピークを分散することで６次産業化の取組を実施し所得向上を図る家族経営

技術・取組の概要

- ➢自動水管理システムや自動草刈ロボット等の導入により、米において10aあたり労働時間を約20%削減
- ➢深水管理や除草の徹底により雑草を抑制し、米の単収が約10%向上
- ➢営農管理システムを導入し適時適切な作業を実施
- ➢農作業時間の削減と作業ピークの分散により空いた時間で、有機米を加工した有機餅の生産・販売の取組を実施

経営発展の姿

【経営形態】
家族経営（２名、臨時雇用１名）

【経営規模・作付体系】

経営耕地	12ha
米３品種（うち1品種はもち米）	8ha
大豆	4ha
加工・販売（餅）	

【試算結果】

粗収益	2,319万円
経営費	1,474万円
所得（加工・販売含む）	845万円
主たる従事者の所得（/人）	423万円
主たる従事者の労働時間（/人）	2,000hr

（参考）比較を行った経営モデル

【経営形態】
家族経営（２名、臨時雇用１名）

【経営規模・作付体系】

経営耕地	計12ha
米（1品種）	8ha
大豆	4ha

畦畔除草 ＞ 水田除草 ＞ 水管理 ＞ 営農管理

●リモコン式自動草刈機

● 乗用除草機

●自動草刈ロボット

● 自動水管理システム

● 営農管理システム

（注）試算に基づくものであり、必ずしも実態を表すものではない。

●：2019年までに市販化 ●：2022年頃までに市販化 ●：2025年頃までに市販化

46

農業経営モデル㊲

営農類型	有機農業（畑作）	対象地域	関東以西

モデルのポイント

除草や堆肥散布に係る労力削減による規模拡大や、天敵を活用した防除による施設野菜の生産拡大等により所得向上を図る家族経営

技術・取組の概要

➢自動草刈ロボットの利用による除草時間の削減とペレット堆肥導入による堆肥散布労力の削減、出荷拠点による小分け作業の共同化により、10aあたり労働時間を約10%削減
➢天敵等の活用により病害虫を抑制することでハウス面積を倍増し、施設野菜の生産を拡大
➢出荷拠点による小分け作業の実施により作業負担を軽減
➢営農管理システムを導入し適時適切な作業を実施

経営発展の姿

【経営形態】
家族経営（２名、常勤雇用１名、臨時雇用１名）

【経営規模・作付体系】
経営耕地（輪作体系）　3.4ha（作付延べ4.6ha）
<内訳>
●露地野菜　3.2ha（作付延べ4ha）
緑肥→人参／緑肥→小かぶ／大根→ブロッコリー／人参→太陽熱消毒（計4体系の輪作）
●施設野菜　0.2ha（作付延べ0.6ha）
リーフレタス→葉ねぎ→太陽熱消毒→小松菜／リーフレタス→水菜→太陽熱消毒→小松菜（計2体系の輪作）

【試算結果】

粗収益	3,561万円
経営費	2,020万円
農業所得	1,540万円
主たる従事者の所得（/人）	770万円
主たる従事者の労働時間（/人）	1,900hr

（参考）比較を行った経営モデル

【経営形態】
家族経営（２名、常勤雇用１名）

【経営規模・作付体系】
経営耕地（輪作体系）　計3ha（作付延べ3.8ha）
<内訳>
●露地野菜　2.9ha（作付延べ3.5ha）
緑肥→人参／緑肥→小かぶ／大根→ブロッコリー／人参→太陽熱消毒／さといも（計5体系の輪作）
●施設野菜　0.1ha（作付延べ0.3ha）
リーフレタス→葉ねぎ→太陽熱消毒→小松菜／リーフレタス→水菜→太陽熱消毒→小松菜（計2体系の輪作）

堆肥散布 ＞ 除草 ＞ 防除 ＞ 営農管理 ＞ 出荷

● ペレット堆肥

● 自動草刈ロボット

● 天敵等の活用（天敵増殖用バンカープランツ）

●営農管理システム

●出荷拠点による小分け作業

（注）試算に基づくものであり、必ずしも実態を表すものではない。

●：2019年までに市販化　●：2022年頃までに市販化　●：2025年頃までに市販化

多様なライフスタイルや地域の活性化等に寄与する取組事例

基本的考え方

（1） 農業経営の展望は、他産業並みの所得を目指しつつ、新たな技術等を活用した省力的かつ生産性の高い農業経営モデルを主な営農類型・地域別に例示。

（2） 一方で、近年の社会の成熟化等に伴い、国民の価値観が多様化する中で、農への関わりについて現場ニーズが多様化。人口減少・高齢化が進む中で地域農業の維持・発展にはこれらのニーズに対応した農業経営も含め多様な経営の推進が重要。

（3） このため、今般の新たな基本計画の農業経営の展望の策定にあたっては、小規模農家も含めた多様な農業経営の取組事例を提示。

（4） 各地域でこれらの事例を参考として、地域の実態に即した取組が進むことを期待。

多様な現場のニーズ

・農への関わりをもった新たなライフスタイルを実現したい。

・小規模経営においても収入を安定化させたい。

・地域資源を活かして地域を活性化させたい。 等

提示する事例の着眼点

・半農半Xを実践する取組

・林業との組合せを含め、中山間地域の地域特性を活かした複合経営の取組

・都市住民の理解増進への取組

・棚田等の地域資源を活用した地域活性化の取組

・定年帰農の取組

49

半農半Xの実践①

①半農半X（酒造り）で収入を安定させることにより就農を実現

【島根県邑南町《おおなんちょう》】

実施主体の概要

・酒米 45a

・野菜（広島菜、キャベツ、スイートコーン） 100a

・定住の種別 Iターン（出身：兵庫県）

・就農形態 半農半蔵人（半農半X）

野菜を栽培するNさん
※しまね就農支援サイトより

取組の特徴

・地元兵庫県で働くも、東日本大震災をきっかけに新規就農を決意。

・島根県が良好な就農支援条件で、半農半蔵人を推奨していることから、農業で酒米をつくり、その米で酒をつくりたいと思い、島根県で就農。

・農業は野菜がメインで、酒米が少々。蔵人の仕事は10月から始まり、11月～3月末までは蔵人がメイン。

取組の工夫・効果

・半農半蔵人として働く形態は、通年雇用できない小規模な酒造会社と農閑期の働き口を求める農家にとって、非常にマッチしている。

・農業販売額：500万円/年

・蔵人収入 ：150万円/年

・出荷量

酒米：1.8t/年

酒 ：40t/年

50

半農半Xの実践②

②半農半X（スポーツ）を実践する企業により地域農業を振興

高知ファイティングドックス　【高知県越知町《おちちょう》、佐川町《さかわちょう》、日高村《ひだかむら》】

実施主体の概要

- 平成17年創設の高知ファイティングドックスはプロ野球独立リーグ・四国アイランドリーグplusに所属。
- 農業ビジネスへの参入、小中学校への出前講座、地域の飲食店との特産品共同開発など、独自の地域密着型経営を展開。
- 選手たちが練習の合間に稲、しょうが等の農作物の栽培管理を実施。

「ドッグスジンジャー」と名付けられた球団オリジナルの生姜の植え付け
※球団Facebookより

取組の特徴

- 平成21年に、高知ファイティングドックス、越知町及び佐川町の3者でホームタウン協定を結び、地域活性化と球団の更なる発展を共に目指していくこととし、その一環として農業部門へ進出。
- 水田の所有者と共同で稲作を行い、地域の保育園児・幼稚園児と田植えや稲刈りにより交流。
- 選手自らがビニールハウスを作成し、ハーブ類等野菜を生産・販売。
- 球団で牛の飼育を行い、食肉として販売。

取組の工夫・効果

- 選手引退後のセカンドキャリア支援（引退後に就農した例）や地域の農業振興に貢献。
- 球団の積極的な地域貢献活動により、地域のコミュニティ再生や地域活性化に貢献。これらの活動が周知、賛同されることで、スポンサー獲得、試合の集客効果に繋がり、平成23年度に球団経営の黒字化に成功。

地域のスーパーマーケットにて「ドックスジンジャー」の販売・PR
※球団Facebookより

越知町の保育園児・幼稚園児との交流
※球団Facebookより

51

地域特性を活かした複合経営①

①水稲、園芸、畜産等の複合経営を通じた経営安定化

上野健夫氏（NPO法人鳴子の米プロジェクト理事長）【宮城県大崎市《おおさきし》】

実施主体の概要

- 肉用牛　飼養頭数　16頭
- 水稲　3.6ha
- 花卉　40坪
- 牧草地　8ha

地域の農家の稲わらを飼料として利用

維持困難となった水田での牧草の生産

取組の特徴

- 宮城県大崎市旧鳴子町中山地区の山間地において、小規模の肉用牛の繁殖に、稲作と花卉を組み合わせて経営。
- 地域の農家の稲わらを飼料として利用するとともに、地域の農家へたい肥を供給。
- 維持困難な地域の水田等を積極的に引き取り、自家用の飼料として牧草を生産。
- 生産する米の一部は、NPO法人鳴子の米プロジェクトを通じてCSAの仕組みにより消費者に直接販売。同法人では、CSAの仕組みを導入し、自ら米の価格設定するとともに、この価格なら地域の田園風景を守るために作り手が頑張っていけるということを、積極的に食べ手に情報を発信。

取組の工夫・効果

- 肉用牛の飼養頭数は小規模であるが、8haの牧草地を活用することで荒廃農地の発生抑制に貢献するとともに地域内の資源の循環利用にも貢献。
- NPO法人鳴子の米プロジェクトの取組を通じて、米作りを農家だけの問題にせず、観光地鳴子に欠かせない田園風景を生み出す地域の営みという捉え、地域全体で支えていくという価値観を共有。
- 鳴子地域に限らない、これからの日本全体の農と食を考える機会の提供及び人材の育成にもつながっている。

- 農業所得（粗利益－経営費）
  1500万円/年　－　1100万円/年　＝　400万円/円
- 出荷量
  肉用牛：15頭/年
  水稲：15,000kg/年
  花卉：10,000鉢/年

52

地域特性を活かした複合経営②

②農業と林業の複合経営を通じた経営安定化

【福岡県】

実施主体の概要

- キウイフルーツ　50a
- タケノコ　40a
- 林業　5.7ha

（注）福岡県作成のモデル

キウイフルーツの栽培

タケノコの収穫作業

軽トラックによる木材の運搬

取組の特徴

- 夏季にキウイフルーツ栽培、秋期から冬期に「自伐型林業」、春先にタケノコ栽培を行う組み合わせで、7月～8月には時間的余裕がある。
- 家族2人での経営の場合、年間の総労働時間は3,184 時間。
- 「自伐型林業」は、チェーンソーと軽トラック、ロープウインチのみを使用するため、初期投資が少ない。

月別労働時間の推移

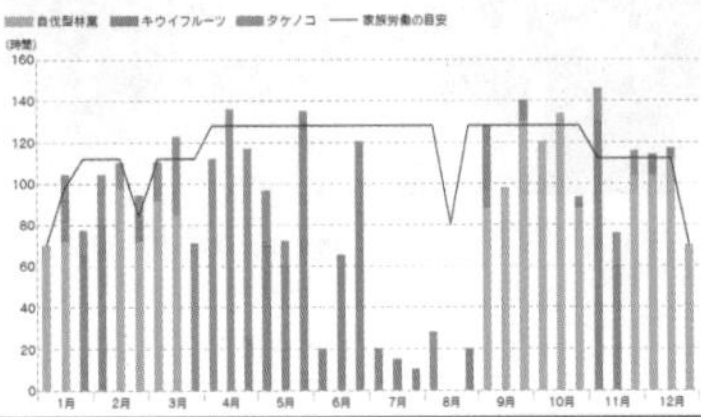

取組の工夫・効果

- 繁忙期が重ならない品目を組み合わせることにより、年間の労働力を平準化。
- 初期投資費用を抑えたことにより、参入のハードルを低減。
- 所得（粗利益－経営費）
  - キウイフルーツ収入：475万円/年 － 311万円/年 ＝ 164万円/年
  - タケノコ収入：132万円/年 － 58万円/年 ＝ 74万円/年
  - 林業収入：150万円/年 － 33万円/年 ＝ 117万円/年
- 出荷量
  - キウイフルーツ：12,500kg/年
  - タケノコ：1,025kg/年
  - 木材：217㎥/年

53

都市住民の理解増進①

①有機農産物の生産に加え、販売・卸売業・飲食店業を営むことにより高収益の事業を実現

株式会社DaisyFresh《でいじーふれっしゅ》【埼玉県草加市《そうかし》】

実施主体の概要

- 40a（うち施設12a）
- 年間を通して約70種類の野菜を生産（多品種・多品目）。安全な野菜づくりをモットーに、化学肥料を使用せず、農薬の使用量を減らした栽培を実施。
- 1997年に青果物の生産・販売・卸業務、飲食店業を営む（株）DaisyFresh（デイジーフレッシュ）を設立。
- 2019年7月に有機農産物とオーガニックレストランのJAS認証を取得。
  街の食を農産物の生産から一貫して支える。

取組の特徴

- 住宅街という立地を活かし、農場の隣に直営店舗「chavipelto」（チャヴィペルト）を開店し、自社農産物に加え、弁当・加工品の製造・販売を実施（6次産業化）。店舗のコンセプトに合致する他の農場の農産物も販売。
- 卸業務も行うことで学校給食にまとまった数量を提供。
- 児童等を対象とした収穫体験、小学校の授業の一環として、枝豆の栽培等を通じた食育プログラムや特別支援学校の就職支援の受入れ等も実施。

取組の工夫・効果

- 学校給食や自ら開拓した販路による農産物の販売や、付加価値を付与した加工により、高収益の事業を実現。
  - 店舗・給食での売上高：
    - 平成18年（店舗開店直後）　400万円
    - →平成30年　7,300万円（1,800％増）
- 店舗開店以降、草加市内販売率（消費率）は80％以上。
- 学校給食への提供のほか、子供達の収穫体験を行うことで、地元産の野菜を通じた農業への理解の促進に大きく貢献。

54

都市住民の理解増進②

②農業体験農園や直売等の取組により、農業経営の安定化を実現

白石農園、農業体験農園「大泉《おおいずみ》風《かぜ》のがっこう」【東京都練馬区】

実施主体の概要

- 140a（農業体験農園50a・アスパラ等施設25a）
- 年間を通して約100種類の野菜を生産（多品種・多品目）
- 20aでブルーベリー摘取り園を開設

取組の特徴

- 70aで少量多品目の栽培を行い、市場に出荷せず、自動販売機で直売するほか、地元小中学校への提供、JA直売所・区内のスーパー・隣接するレストラン等に納入。
- 農園主の指導の下で利用者がは種から収穫までを体験する農業体験農園を主宰（125区画）。
- 食育の推進・農福連携を進めており、練馬大根の生産体験、社会科見学、職場体験等で年間約1,000人の小中学生の農業体験を受入。また、社会適応訓練及び就労として精神障害者を受入。
- 後継者就農によりアスパラ用ハウスを17a新設。今後は農地の貸借により規模の拡大を目指している。

取組の工夫・効果

- 農業体験農園は、あらかじめ利用者から体験料が前払されるため、農業経営の安定化が図られるとともに、農業体験を通じて都市住民の都市農業への理解を促進。

  農業体験農園の収入（試算）:
  625万円 ［5万円（1区画）×125区画］
  利用者：延べ300人（平成30年）

- 自動販売機での直売により、近隣都市住民への新鮮かつ安心できる農作物の供給を通じた地域に根ざした農業経営を実現。

  販売収入に占める自動販売機販売の割合：10%

55

都市住民の理解増進③

③消費者が都市農地の守り手になる地産地消の取組により、地域農業の売上増加を実現

ファームマイレージ《ふぁーむまいれーじ》^{2} 【大阪府東大阪市】

実施主体の概要

- 東大阪市は、町工場や住宅が密集する中に小規模な農地が点在し、極めて開発圧力が高い中、農地を残すことが大きな課題。
- このため、消費者発信で市内の農地を残す取組や、田植え・稲刈り体験をした小学生がフレンチシェフと料理を作り販売する「THE 米」等、食育や農業体験等に関する幅広い農地を残すしくみ「ファームマイレージ^2（ふぁーむまいれーじ）」を展開。

取組の特徴

- 特に直売では、「東大阪市で生産される農産物は全てエコ農産物」にするというブランド戦略と連携し、ファームマイレージ^{2}を実施。
- 直売所や朝市で売られている地元農産物に貼付のエコ農産物シールを50枚で「5m^{2}の東大阪市の農地を守った」ことに対して感謝状等を贈呈。感謝状10枚で表彰状等も贈呈。
- エコ農産物シールに記載された生産者の電話番号により、消費者から生産者へ感謝の気持ちを直接伝達。

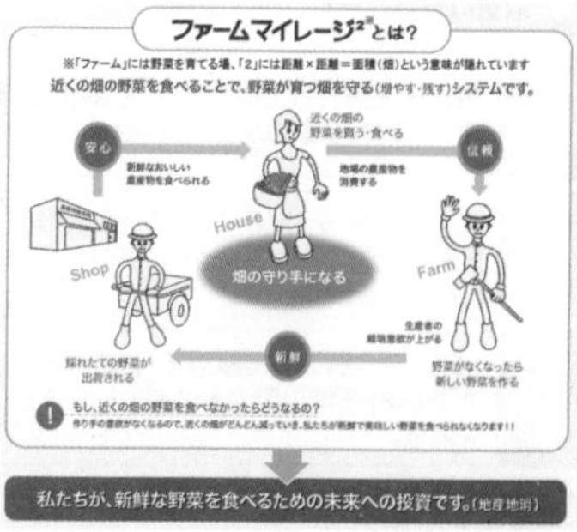

取組の工夫・効果

- 農産物直売所でのエコ農産物の取扱実績は取組前と比較して大幅に増加。環境に配慮した安心できる農産物の地産地消を促進。

農産物直売所「フレッシュクラブ」でのエコ農産物の取扱実績

年度	種類	金額(千円)	エコ農産物率
平成20年度（取組前）	生産者売上	54,621	18%
	(内)エコ農産物売上	10,086	
平成29年度	生産者売上	123,504	51%
	(内)エコ農産物売上	62,531	

56

地域資源を活用した地域活性化①

①オーナー制度等による都市農村交流を通じた農業経営の安定化と地域活性化
大山千枚田《おおやませんまいだ》【千葉県鴨川市《かもがわし》】

実施主体の概要

- 耕作面積：約3.2ha
- 棚田枚数：約375枚
- NPO法人大山千枚田保存会を中心に、棚田オーナー制度等による都市農村交流の取り組み。

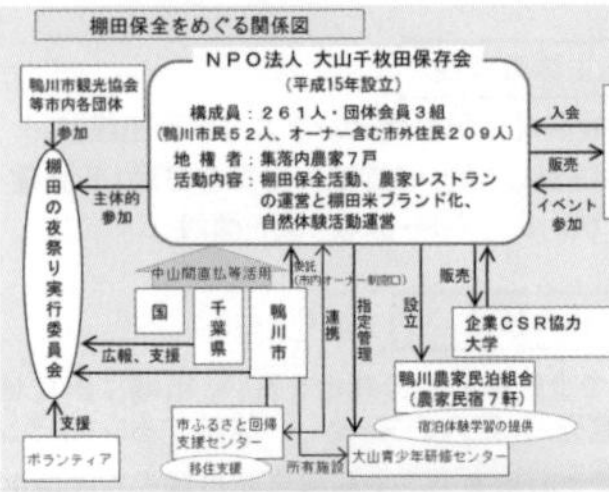

取組の特徴

Step1（H9～）	H12から棚田オーナー制度を本格導入し、H15から自然観察、里山ウォーキング、酒づくりオーナー、ライトアップイベント等、取組を拡大。H15に保存会をNPO法人化。
Step2（H21～）	H21に4軒の農家で鴨川農家民泊準備会を設立し、営業開始。 H28に古民家を再生し、地域の歴史と食文化を伝えるための農家レストランの営業開始。

取組の工夫・効果

- 農家の知見や地域資源を活用した様々なプログラムを用意し、棚田オーナー制度や児童・生徒等の体験学習を行っている。
- 棚田オーナー制度の拡充（154組）
- 体験学習の受入れの充実（学校の体験学習等5664名）
- 農家レストランの充実（売上げ860万円）

57

地域資源を活用した地域活性化②

②地域内外・農家非農家を問わない「協働の力」による棚田・農業の再生と地域の振興
大蕨棚田《おおわらびたなだ》【山形県東村山郡《ひがしむらやまぐん》山辺町《やまのべまち》】

実施主体の概要

- 耕作面積：約13ha
- 棚田枚数：約80枚
- 棚田の元気再生に賛同する5組織（右図青色）が協定を結び、棚田の再生に取り組み。

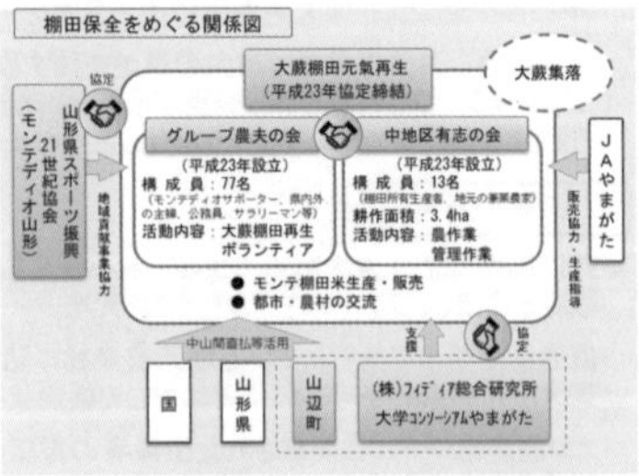

取組の特徴

Step1（H23）	地元生産者だけでの棚田再生は困難と憂慮した地域内外の非農家住民らが協力し、地元農家の「有志の会」と、ボランティア団体の「農夫の会」が設立。
Step2（H23～）	プロサッカーチーム「モンテディオ山形」、「（株）フィディア総合研究所」、「山辺町」を交え、棚田の保全を通じた農業の再生、環境の維持、地域の振興を目的とする5者協定を締結。
Step3（H23～）	H23から協働の力で田植え・杭掛けイベントや雪中棚田サッカー大会の開催、大蕨棚田米等の販売を開始。その後も、体験教室や棚田を舞台にしたイベントを開催。

取組の工夫・効果

- 各種取組や、プロサッカーチーム「モンテディオ山形」等の支援により、作付け面積を年々拡大するとともに、イベント開催時の参加者との交流も活発になってきている。
- 棚田再生の拡大（0.4ha(H23)→2.55ha(R1)）
- 棚田米販売量の拡大（1.7t(H23)→9.7t(R1)）
- イベント参加者増加（年間550人参加）

58

定年帰農の取組

定年帰農により、やりがいある第二の人生を送りながら、耕作放棄地の防止、地域農業の維持・活性化にも貢献　【全国】

（イメージ）

実施主体の概要

・水田 1～2ha、露地野菜50a未満

・就農形態　家族経営

取組の特徴

・地元の企業に勤めながら、休日に実家の農業を手伝っていたが、定年退職した後、実家の農地で農業に従事。

・水田稲作農業や露地野菜を中心に、小規模ながら営農を展開。

・地域の農産物直売所などでも販売。

・地域の活動にも積極的に関わることにより、地域の人とのつながりや活性化にも貢献。

取組の工夫・効果

・年金収入プラスアルファの農業所得で、体力に応じて定年帰農。

・農業販売額：約210万円/年※1

・農業所得：約40万円/年※1

・年金収入　：約265万円/年※2

※1 農林水産省「農業経営統計調査」より
※2 厚生労働省「平成31年度年金額の改定」より

（参考）2025年頃までの技術の実用化の見通し

農業経営	各部門の技術	2019年までに 市販化されたもの	2022年頃までに 実用化見込みのもの	2025年頃までに 実用化見込みのもの
水田作	・ロボットトラクター (有人 - 無人２台協調) ・ロボットトラクター (圃場間移動を含む遠隔監視複数台) ・直進アシスト (後付け自動操舵システム) ・自動運転田植機 ・高速高精度汎用乾田播種機 ・ドローンによるセンシング・農薬散布 ・自動水管理システム ・リモコン式自動草刈機 ・自動草刈ロボット(条間除草) ・自動草刈ロボット(畦畔除草) ・営農管理システム ・檻罠 ・自動収量コンバイン(汎用・自脱) ・収量コンバイン(汎用・自脱) ・小型汎用コンバイン ・乗用除草機	・ロボットトラクター (有人 - 無人２台協調) ・直進アシスト (後付け自動操舵システム) ・高速高精度汎用乾田播種機 ・ドローンによるセンシング・農薬散布 ・自動水管理システム ・リモコン式自動草刈機 ・営農管理システム ・檻罠 ・自動収量コンバイン(汎用・自脱) ・収量コンバイン(汎用・自脱) ・小型汎用コンバイン ・乗用除草機	・自動運転田植機 【現状】 農機メーカーから2020年中の市販化が発表。 ・自動草刈ロボット(条間除草) 【現状】 「革新的技術開発・緊急展開事業(地域戦略プロジェクト)」において研究開発中。 ・自動草刈ロボット(畦畔除草) 【現状】 「革新的技術開発・緊急展開事業(先導プロジェクト)」において研究開発中。	・ロボットトラクター (圃場間移動を含む遠隔監視複数台) 【現状】 SIP「スマートバイオ産業・農業基盤技術」において研究開発中。

61

農業経営	各部門の技術	2019年までに 市販化されたもの	2022年頃までに 実用化見込みのもの	2025年頃までに 実用化見込みのもの
畑作	・トラクター (後付け自動操舵システム) ・ロボットトラクター (有人 - 無人２台協調) ・ビレットプランタ ・営農管理システム ・てんさいロボット狭畦移植機 ・可変施肥システム ・ドローンによるセンシング・農薬散布 ・自動灌水システム (さとうきび) ・自動操舵汎用コンバイン ・ハーベスタ ・ケーンハーベスタ ・生分解性マルチ ・アシストスーツ ・全茎式プランタ ・施肥機 ・機械移植に適した苗生産技術(かんしょ) ・自動草刈ロボット ・高精度移植機(かんしょ)	・トラクター (後付け自動操舵システム) ・ロボットトラクター (有人 - 無人２台協調) ・ビレットプランタ ・営農管理システム ・可変施肥システム ・ドローンによるセンシング・農薬散布 ・自動操舵汎用コンバイン ・ハーベスタ ・ケーンハーベスタ ・生分解性マルチ ・アシストスーツ ・全茎式プランタ ・施肥機	・てんさいロボット狭畦移植機 【現状】 「革新的技術開発・緊急展開事業(経営体強化プロジェクト)」において研究開発中。 ・機械移植に適した苗生産技術(かんしょ) 【現状】 「農林水産研究推進事業(現場ニーズ対応型プロジェクト)」において研究開発中。 ・自動草刈ロボット 【現状】 公的研究機関において開発中。 ・自動灌水システム (さとうきび)	・高精度移植機(かんしょ) 【現状】 「農林水産研究推進事業(現場ニーズ対応型プロジェクト)」において研究開発中。

62

農業経営	各部門の技術	2019年までに 市販化されたもの	2022年頃までに 実用化見込みのもの	2025年頃までに 実用化見込みのもの
茶作	・フィールドサーバ ・ロボット茶園管理機 ・リモコン式自動草刈機 ・ロボット防除機 ・営農管理システム ・ロボット茶摘採機 ・ドローン	・フィールドサーバ ・ロボット茶園管理機 ・リモコン式自動草刈機 ・営農管理システム ・ロボット茶摘採機 ・ドローン	・ロボット防除機 【現状】 「革新的技術開発・緊急展開事業(経営体強化プロジェクト)」において研究開発中。	

63

農業経営	各部門の技術	2019年までに 市販化されたもの	2022年頃までに 実用化見込みのもの	2025年頃までに 実用化見込みのもの
野菜作	・ロボットトラクター (有人 - 無人２台協調) ・乗用型全自動移植機 ・ドローンによる センシング・農薬散布 ・営農管理システム ・自動キャベツ収穫機 ・アシストスーツ ・たまねぎ収穫機 ・ロボットトラクターを用いた牽引式収穫機（ばれいしょ） ・AIを活用した土壌病害リスクの診断技術 ・AIを活用した病害虫診断技術 ・かぼちゃ収穫ロボット	・ロボットトラクター (有人 - 無人２台協調) ・乗用型全自動移植機 ・ドローンによる センシング・農薬散布 ・営農管理システム ・アシストスーツ ・たまねぎ収穫機	・自動キャベツ収穫機 【現状】 「革新的技術開発・緊急展開事業(人工知能未来農業創造プロジェクト)」において研究開発中。 ・AIを活用した土壌病害リスクの診断技術 【現状】 「農林水産研究推進事業(人工知能未来農業創造プロジェクト)」において研究開発中。 ・AIを活用した病害虫診断技術 【現状】 「農林水産研究推進事業(人工知能未来農業創造プロジェクト)」において研究開発中。	・ロボットトラクターを用いた牽引式収穫機（ばれいしょ） 【現状】 「革新的技術開発・緊急展開事業(経営体強化プロジェクト)」において研究開発中。 ・かぼちゃ収穫ロボット 【現状】 SIP「スマートバイオ産業・農業基盤技術」において研究開発中。

64

農業経営	各部門の技術	2019年までに 市販化されたもの	2022年頃までに 実用化見込みのもの	2025年頃までに 実用化見込みのもの
施設園芸	・生育診断ロボット ・自走式高所作業車 ・労務管理システム ・収穫ロボット(トマト) ・収穫ロボット(イチゴ) ・自動運搬車 ・人工光閉鎖型育苗装置 ・ダクト式パットアンドファン(温度管理) ・養液栽培システム ・養液栽培、長期多段栽培 ・高度環境制御装置 ・自動農薬散布ロボット ・半自動移動式収穫台車 ・選花機 ・AIを活用した病害虫診断技術 ・AIを活用した栽培・労務管理の最適化技術の開発	・生育診断ロボット ・自走式高所作業車 ・労務管理システム ・自動運搬車 ・人工光閉鎖型育苗装置 ・ダクト式パットアンドファン(温度管理) ・養液栽培システム ・養液栽培、長期多段栽培 ・高度環境制御装置 ・自動農薬散布ロボット ・半自動移動式収穫台車 ・選花機	・収穫ロボット(トマト) 【現状】 「革新的技術開発・緊急展開事業」(人工知能未来農業創造プロジェクト)において研究開発中。 ・AIを活用した病害虫診断技術 【現状】 「農林水産研究推進事業」(人工知能未来農業創造プロジェクト)において研究開発中。 ・AIを活用した栽培・労務管理の最適化技術の開発 【現状】 「農林水産研究推進事業」(人工知能未来農業創造プロジェクト)において研究開発中。	・収穫ロボット(イチゴ) 【現状】 「農林水産業におけるロボット技術研究開発事業」において研究。現在、開発中。

農業経営	各部門の技術	2019年までに 市販化されたもの	2022年頃までに 実用化見込みのもの	2025年頃までに 実用化見込みのもの
果樹作	・自走式草刈機 ・牽引式草刈機 ・腕上げアシストスーツ ・自動走行車両による農薬散布 ・ドローンによる農薬散布 ・営農管理システム ・AI選果機 ・果実収穫ロボット (リンゴ、ナシ) ・アシストスーツ	・営農管理システム ・腕上げアシストスーツ ・アシストスーツ	・自走式草刈機 【現状】 農機メーカーから2020年より市販化。 ・AI選果機 【現状】 「「知」の集積と活用の場による研究開発モデル事業」において研究開発中。 ・ドローンによる農薬散布 【現状】 「農林水産研究推進事業(現場ニーズ対応型プロジェクト)」において研究開発中。	・果実収穫ロボット (リンゴ、ナシ) 【現状】 「革新的技術開発・緊急展開事業」(人工知能未来農業創造プロジェクト)において研究開発中。 ・牽引式草刈機 【現状】 「革新的技術開発・緊急展開事業」(人工知能未来農業創造プロジェクト)において研究開発中。 ・自動走行車両による農薬散布 【現状】 「革新的技術開発・緊急展開事業」(人工知能未来農業創造プロジェクト)において研究開発中。

農業経営	各部門の技術	2019年までに 市販化されたもの	2022年頃までに 実用化見込みのもの	2025年頃までに 実用化見込みのもの
酪農、肉用牛、養豚	・ロボットトラクター (有人 - 無人２台協調) ・トラクター (後付け自動操舵機能付き) ・ドローンによる センシング・農薬散布 ・自動操蛇付きハーベスター ・自走式配餌車 ・自動給餌機 ・発情発見装置 ・AIやICTを活用した放牧監視技術 ・搾乳ロボット(ロータリー型) ・分娩監視装置 ・ほ乳ロボット ・搾乳ユニット自動搬送装置 ・起立困難牛検知システム ・AI技術を活用した繁殖率を高める栄養状態の評価・最適化技術 ・AIを活用した家畜疾病の早期発見技術 ・性判別精液受精卵移植技術 ・生産管理システム（養豚） ・省力出荷システム(肥育豚の体重による識別) ・省力出荷システム(肥育豚の画像認識による識別) ・BOD監視システム(畜産汚水処理での曝気制御) ・洗浄ロボット(豚舎) ・有人車両とロボット車両の協調作業による踏圧作業体系	・ロボットトラクター (有人 - 無人２台協調) ・トラクター (後付け自動操舵機能付き) ・ドローンによる センシング・農薬散布 ・自動操蛇付きハーベスター ・自走式配餌車 ・自動給餌機 ・発情発見装置 ・搾乳ロボット(ロータリー型) ・分娩監視装置 ・ほ乳ロボット ・搾乳ユニット自動搬送装置 ・起立困難牛検知システム ・性判別精液受精卵移植技術 ・生産管理システム（養豚） ・省力出荷システム (肥育豚の体重による識別) ・洗浄ロボット(豚舎)	・AIやICTを活用した放牧監視技術 【現状】 「革新的技術開発・緊急展開事業(人工知能未来農業創造プロジェクト)」において研究開発中。 ・AI技術を活用した繁殖率を高める栄養状態の評価・最適化技術 【現状】 「生産性革命に向けた革新的技術開発事業」において研究開発中。 ・AIを活用した家畜疾病の早期発見技術 【現状】 「革新的技術開発・緊急展開事業(人工知能未来農業創造プロジェクト)」において研究開発中 ・省力出荷システム(肥育豚の画像認識による識別) 【現状】 「革新的技術開発・緊急展開事業(経営体強化プロジェクト)」において研究開発中。 ・BOD監視システム(畜産汚水処理での曝気制御) 【現状】 「革新的技術開発・緊急展開事業(経営体強化プロジェクト)」において研究開発中。	・有人車両とロボット車両の協調作業による踏圧作業体系 【現状】 「革新的技術開発・緊急展開事業(経営体強化プロジェクト)」において研究開発中。

67

＜品目別基本方針等関係資料＞

畜産・酪農、果樹、花き、茶、有機農業、米粉・飼料用米の基本方針の概要

	方針名	根拠法	方針の目的・ねらい等
1	酪農及び肉用牛生産の近代化を図るための基本方針	酪農及び肉用牛生産の振興に関する法律 （・概ね５年ごとに策定（施行令） ・現行基本方針は、平成27年３月策定）	酪農･肉用牛生産の健全な発展と牛乳・乳製品、牛肉の安定供給に向けた取組や施策の指針を示す
2	家畜改良増殖目標	家畜改良増殖法 （・概ね５年ごとに策定（施行令） ・現行目標は、平成27年３月策定）	家畜の能力（乳用牛の泌乳量、肉用牛の繁殖能力等）、体型、頭数等について、10年後の目標を定める （対象は、乳用牛、肉用牛、豚、馬、めん山羊）
3	果樹農業の振興を図るための基本方針	果樹農業振興特別措置法 （・概ね５年ごとに策定（施行令） ・現行基本方針は、平成27年４月策定）	果樹農業の振興を図るため、果実の消費、生産、輸出や流通・加工対策を推進するための施策の方向を示す
4	花き産業及び花きの文化の振興に関する基本方針	花きの振興に関する法律 （・策定期限の規定なし ・現行基本方針は、平成27年４月策定）	花き産業と花きの文化の振興を図るため、生産者の経営の安定等の取組や施策の指針を示す
5	茶業及びお茶の文化の振興に関する基本方針	お茶の振興に関する法律 （・策定期限の規定なし ・現行基本方針は、平成24年３月策定）	茶業とお茶の文化の振興を図るため、お茶の需要創出、輸出や生産、消費拡大等を推進するための施策の方向を示す
6	有機農業の推進に関する基本的な方針	有機農業の推進に関する法律 （・策定期限の規定なし ・現行基本方針は、平成26年４月策定）	有機農業の推進を図るため、有機農業者の人材育成や産地づくり等の施策の方向を示す
7	米穀の新用途への利用の促進に関する基本方針	米穀の新用途への利用の促進に関する法律 （・概ね５年ごとに策定（施行令） ・現行基本方針は、平成27年４月策定）	米穀の新用途（米粉用・飼料用）への利用の促進に向けた取組の基本的な方向を示す

新たな酪農及び肉用牛生産の近代化を図るための基本方針について

【状況変化】

畜産物需要と輸入の増加

- 畜産物の需要は堅調に推移。生産は回復しつつあるものの、生乳、牛肉ともに需要の伸びに国内生産だけでは対応できないため、輸入が増加

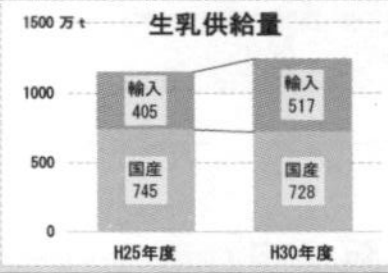

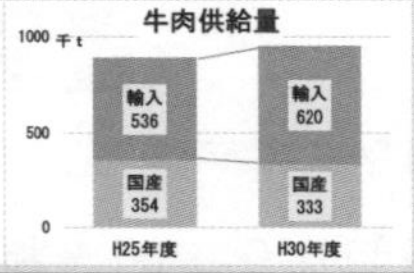

安定供給に向けた生産基盤回復のスタート地点

- 規模拡大等により生産基盤の縮小に歯止めがかかりつつあるが、需要増に対応できる状況にはない
- 酪農では都府県の生産基盤は縮小が継続し、北海道からの生乳移送も限界
- 大規模経営だけでなく、中小規模の家族経営の生産基盤の充実による増産に取り組み需要に応える必要

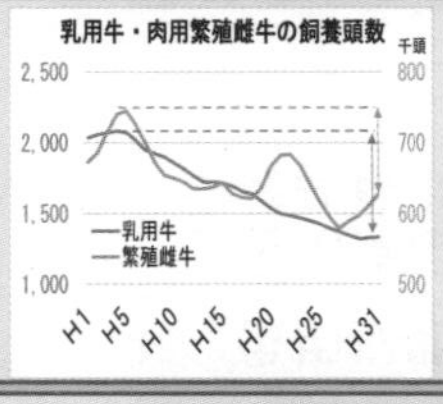

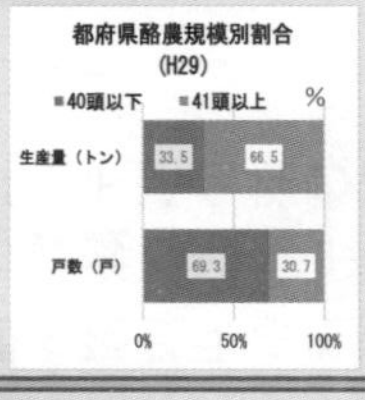

国際環境の変化

- ASFの影響による中国における豪州産牛肉を中心とした輸入量の急増等により、安定的に輸入出来なくなる恐れ
- 日米貿易協定による米国向け牛肉の低関税枠の拡大や中国への畜産物の輸出解禁に向けた動きは、輸出拡大に向けた絶好の機会

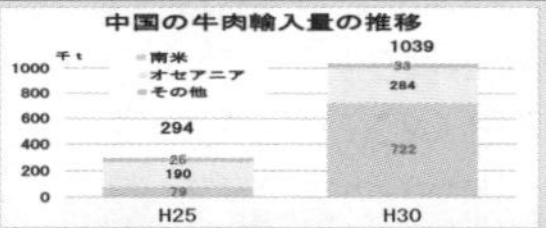

持続可能な発展

- 畜産環境問題への対応
- 国内外での家畜疾病の発生や相次ぐ自然災害
- 世界人口の増加に伴う穀物需給のひっ迫

SUSTAINABLE DEVELOPMENT GOALS

【構成】

海外市場を含め拡大が見込まれる需要に応えるための生産基盤の強化

次世代に継承できる持続的な生産基盤の創造

Ⅰ　生産基盤強化策　（地域内での連携により取組を推進）

1　酪農の方向性

牛乳・乳製品の安定供給、乳製品需要に国産生乳で対応するため、**「都府県酪農の生産基盤の回復」**、**「北海道酪農の持続的成長」**、**「全国の酪農経営の持続的な経営展開」**を目指し、**都府県の既存牛舎の空きスペースを活用した増頭、外部支援組織の育成、性判別技術の活用、経営資源の継承等**を推進

2　肉用牛の方向性

新たな国際環境下における牛肉の安定供給、新たな市場獲得のため、**「和牛の繁殖雌牛の増頭」**、**「和牛肉生産量の増大」**、**「輸出の大幅な拡大」**を目指し、**中小規模の家族経営や公共牧場・外部支援組織等の活用も含めた増頭**、酪農経営による**和牛受精卵の利用、経営資源の継承等**を推進

3　生産基盤強化の具体策

(1)肉用牛・酪農経営の増頭・増産
- **繁殖雌牛・乳用後継牛の増頭推進**、和牛受精卵の増産・利用推進、公共牧場等のフル活用による増頭・増産　　等

(2)中小規模の家族経営を含む収益性の高い経営の育成、経営資源の継承
- **新技術の実装等**による**生産性向上**、投資の後押し等による**規模拡大**、**畜舎の建築基準等見直し**、**経営能力向上**
- 後継者不在の経営の**経営資源を地域で円滑に継承**するためのシステム構築　　等

(3)経営を支える労働力や次世代の人材の確保
- 外部支援組織の新技術の実装、酪農ヘルパーの要員確保等の**外部支援組織の育成・強化**
- 農業高校等の人材確保に資する**雇用就農**やＩＣＴの活用等経営環境の変化に対応できる**多様な人材の登用**を推進等

(4)家畜排せつ物の適正管理と利用の推進
- **飼養形態の変化や地域の実情等に応じた家畜排せつ物処理**、堆肥舎の長寿命化、ペレット化等による**広域流通**　等

(5)国産飼料基盤の強化
- 適正な草地更新や適期収穫、優良品種の普及、草地整備等による**低コストで安定的な自給飼料生産の一層の推進**
- 条件不利な水田等での放牧、気象リスクへの対応、飼料用米の安定生産・供給、エコフィードの推進　　等

(6)経営安定対策の適切な運用

Ⅱ　需要に応じた生産・供給の実現、流通の合理化

1　生乳

- **需要の高い**直接消費用チーズ等の**乳製品製造に向けた高品質生乳の生産**と**商品開発等の事業投資**の推進、**各種制度の適切な運用**による生乳需給の安定
- 新制度を活用した**酪農経営等による付加価値を高めた乳製品の開発・製造販売**の推進、あまねく集乳する**指定事業者が果たすべき**生乳流通・販売に係る**機能の確保、新たな制度下での適切な生乳流通体制の構築**　　等

2　牛肉

- **消費者ニーズや収益性を考慮した多様な牛肉生産**、消費者の選択に資する**食味等の指標化**、食肉処理施設や家畜市場の再編整備による**生産現場と結びついた流通改革**の推進　　等

3　輸出の戦略的拡大

- **輸出先国の求める衛生基準に適合した食肉処理施設・乳業施設の整備、施設認定の迅速化**　　等
- ブランド価値を守るための**和牛遺伝資源の流通管理の徹底、知的財産的価値の保護の強化**　　等

Ⅲ　持続的な発展のための対応

1　災害に強い畜産経営の確立

- 各経営や地域での**災害の備え**
- **飼料穀物の備蓄、非常用電源設備の導入促進**等による甚大な被害からの**早期の経営再開**　　等

2　家畜衛生対策の充実・強化

- 「持ち出させない」「持ち込ませない」ための**水際検疫**、「農場に入れない」**国内防疫の徹底**　　等

3　持続的な経営の実現と畜産への信頼・理解の醸成

- **ＧＡＰ、資源循環型畜産**等の推進
- ＨＡＣＣＰ等**製造・加工段階での衛生管理**や**飼料・動物用医薬品等の安全確保**等を通じた消費者の信頼確保
- 畜産への**国民理解の醸成**、食育等の推進　　等

生産基盤強化により目指す姿

国内の高い畜産物需要に応じた国産畜産物の供給を実現する。

戦略的な輸出により積極的に海外市場を獲得する。

産業として持続的な発展を図る。

生産数量の目標

生乳：780万t

牛肉：　40万t
（部分肉換算）

新たな家畜及び鶏の改良増殖目標のポイント

第11次改良増殖目標は、
・畜産農家の高齢化や後継者不足の進展等により、**省力的な飼養管理の下でも高い生産性を発揮**できる家畜が求められている
・国内の畜産物の消費が堅調な中、日米貿易協定による低関税枠の拡大や、対中輸出の再開に向けた動きなどを踏まえ、**国内外の消費者ニーズに応えつつ、生産基盤の強化**を図る必要がある
などの情勢を踏まえ策定。

乳用牛

○**供用期間を延長**するための改良を推進。
○**労働負担軽減**を促進するため、**搾乳ロボット適合性の高い体型**へ改良。

肉用牛

○ **生産性を向上**するため、増体性や歩留まりなどの**産肉性**や**繁殖性**を改良。
○ 多様な**消費者ニーズ**に対応するため、不飽和脂肪酸など**食味**に関する形質を改良。

豚

○**生産コストを低減**するため、**繁殖性**や**増体性**を改良。
○**消費者ニーズ**に対応するため、ロースの霜降りなど**食味**に関する形質を改良。

鶏

○卵用鶏については、**消費者ニーズに対応**するため、**卵質**などを改良。
○肉用鶏については、**生産コストを低減**するため、**増体性**を改良。

馬

○用途に応じ、**繁殖性**や**強健性**、**競走能力**などを改良。

めん山羊

○需要に対応するため、**産肉性・泌乳性**などを改良。

新たな果樹農業振興基本方針について

＜現 状＞

果樹農業の魅力と重要性

○ **優良品目・品種への改植**等が進んでいること等を背景に、**高品質な国産果実の生産**が行われており、**国内外において高い評価**を受けている。

○ 輸出品目としても**高いポテンシャル**を持っており、令和元年には生鮮果実の輸出額が**過去最高の219億円**を記録。

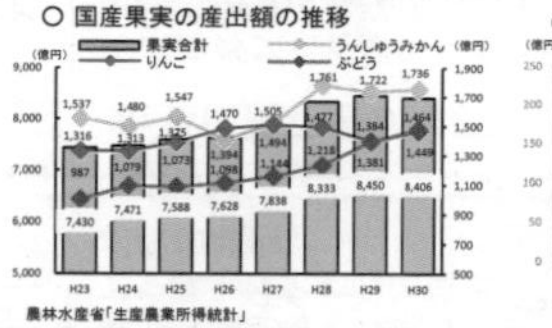

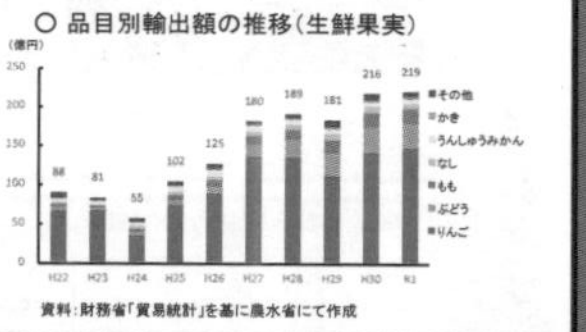

果樹農業の現状と課題

○ 他の作物と比較して労働時間が長く、かつ、労働ピークが収穫等の短期間に集中する**労働集約的な構造**のため、**園地の集積・集約化、規模拡大が進んでいない**。

○ 果樹の販売農家は**10年で2割減少**。**60歳以上**がその**約8割**を占め、**高齢化が深刻**。

生産現場の人手不足等により**生産基盤がぜい弱化し**、人口減少による需要の減少を上回って**生産量が減少**。

○ 近年頻発している**大規模自然災害や気候変動**による栽培環境の変化、**鳥獣・病害虫**等の様々なリスクが存在。

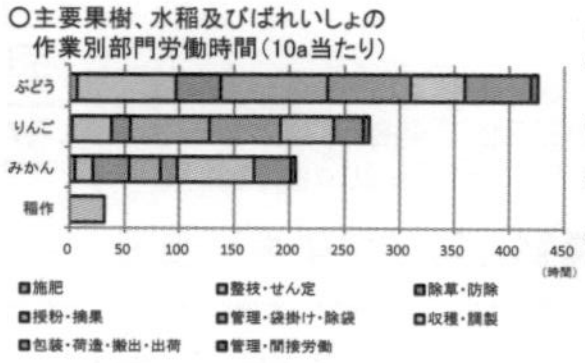

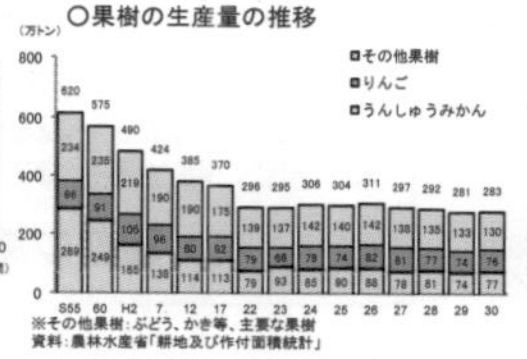

平成30年７月豪雨による園地の崩落被害

令和元年東日本台風（台風第19号）による園地の浸水被害

流通・加工面における課題

○ 集出荷、輸送等の**食品流通においても人手不足**が深刻化。

○ カットフルーツや醸造利用等の**新たな加工ニーズがある**ものの、生産量の減少等により、**国産加工原料用果実の確保が年々困難**となっている。

＜施 策 の 方 向＞

果樹農業の振興に向けた基本的考え方

供給過剰基調に対応した生産抑制的な施策から、**低下した供給力を回復**し、**生産基盤を強化**するための施策に転換する。

生産現場における対策の推進

○ **果樹の生産基盤を強化**するため、
①省力樹形等の導入による
労働生産性の抜本的な向上
②園地・樹体を含めた
次世代への円滑な経営継承
③苗木・花粉等の
生産資材の安定供給体制の整備
等を推進。

○ 様々なリスクへの対応力を強化するため、
・**防災・減災の観点**からの**基盤整備の推進**、
・**気候変動等に対応**した**技術・品種の開発・普及**
・**収入保険**や**果樹共済**といったセーフティーネットへの**加入**
等を一層推進。

＜生産数量目標＞ （単位：千トン）

	うんしゅうみかん	りんご	ぶどう	なし	もも	果実計
平成30年度	774	756	175	259	113	2,833
令和12年度目標	**784**	**819**	**210**	**288**	**124**	**3,083**

市場拡大に向けた対策の推進

○ 食の外部化・簡便化等に伴う消費者ニーズの多様化・高度化に対応し、**「より美味しく、より食べやすく、より付加価値の高い」**果実及び果実加工品の供給拡大を推進。

○ **輸出拡大**に向けた**生産力の増強**と輸出先国・地域の規制や条件に対応するための**環境整備**等を推進。

流通・加工面における対策の推進

○ 出荷規格の見直しやパレット流通体制の構築等の**省力的・効率的な果実流通**への転換を推進。

○ **新たなニーズに対応した国産の加工原料用果実**の生産・供給拡大を推進。

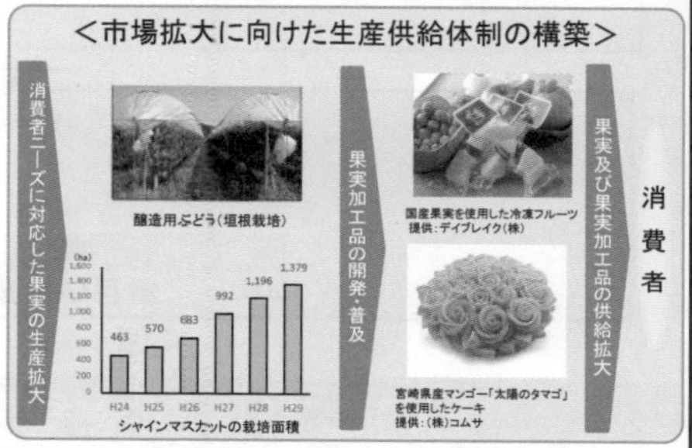

果樹農業の持続的発展と成長産業化

新たな花き産業及び花きの文化の振興に関する基本方針について

＜国産花きの強みと課題＞

・ 平成29年の産出額が3,687億円と農業産出額の4%。
・ 多様で高品質な国産花きは国際的にも高い評価。近年輸出は増加傾向(令和元年に138億円)。

生産

国際競争力の強化が緊要の課題

・ 近年の国内市場における花き消費の伸び悩み、大量生産された安価な切り花の輸入の増加等に対応する観点から国際競争力の強化が緊要な課題。

流通

日持ちの良い花きに対する消費者ニーズへの対応

・ 輸入花きからシェアを回復するには、国産花きの鮮度、日持ちの良さ等の強みを活かすためのコールドチェーンの整備等が必要。

輸出

輸出は増加傾向

・ 国産花きは、国際的に高い評価を得ており、アジアや欧米けを中心に輸出が増加傾向。

花き輸出額の推移

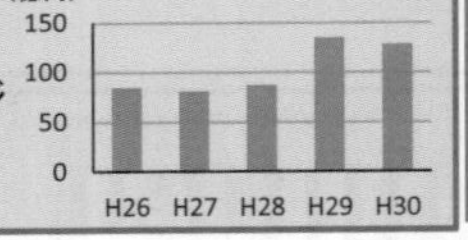

文化

世界に誇る豊かな花きの文化

・ 花きの文化を振興することは、国民の心豊かな生活の実現に資する。

需要

国内外の需要拡大

・ オリンピック・パラリンピック、国際園芸博覧会の成果を最大限に活かし、国内外の花きの需要を飛躍的に拡大。

＜施　策　の　方　向＞

生産量その他の花き産業の振興の目標

(億円)

	H29実績	R12目標	R17目標
産出額	3,687	4,500	6,500
輸出額	138	200	450
輸入額	511	300(見込)	300(見込)

生産性・品質の向上と生産者の経営の安定

・ 暑熱。対策等による周年生産、次世代施設園芸の面的拡大、ロボット、AI・IoTを活用したスマート農業技術の導入等の推進。
・ 自然災害等のリスクへの備えとして収入保険や園芸施設共済等の普及促進

暑熱対策

次世代施設園芸

スマート農業

研究開発の推進

・ 花きの新品種の育成や増殖技術の高度化、生産性・品質の向上等の研究開発を推進。

加工及び流通の高度化

・ 加工に関する技術開発や卸売市場等におけるコールドチェーンの整備、流通経路の合理化等を推進。

産地
・採花後の前処理(抗菌剤等で水揚げ)
・出荷前の温度管理(低温保管)等の徹底

市場
・配送施設、卸売場の低温化
・輸送時の温度管理(積載前のトラック庫内の冷却等)の徹底

小売店
・市場から店舗まで搬送時の温度上昇の防止
・入荷時の適切な水揚げの実施、低温ショーケースの利用等。

輸出の促進

・ 産地における輸出に対応した栽培体系の確立。
・ 国際園芸博覧会への政府出展等を活用した海外需要の創出。

輸出対応産地

輸出拠点

国際園芸博への出展

花きの文化の振興

・ 花きの文化の振興に向け、
① 公共施設やまちづくり等における花きの活用
② 花育、日常生活における花きの活用
等を推進。

公共施設やまちづくりにおける活用

花きの需要の増進

・ 国際園芸博覧会等の開催、切り花の日持ちを保証する販売の確立。
・ SNSの活用、観光業界、インテリア業界等との連携による効果的な需要喚起。

花いっぱいプロジェクト

花き産業の健全な発展と心豊かな国民生活の実現

新たな茶業及びお茶の文化の振興に関する基本方針について

＜現　状＞

茶業及びお茶の文化の振興の意義

○ 国民の豊かで健康的な生活の実現に寄与
○ 中山間地域における重要な基幹作物
○ 茶業は、裾野が広く、地域経済・雇用確保の観点からも重要な産業

お茶をめぐる課題

○ 消費者の簡便化志向により、**リーフ茶から緑茶飲料へ消費がシフト**。
　若年層のお茶への嗜好の変化や、特徴的なものへのこだわりなど、**消費は多様化**してきているが、こうした**変化への対応に遅れ**た結果、お茶の**消費が伸び悩み、価格が低迷**。
○ 一方、海外に目を転じると、**世界の緑茶貿易量**は**今後も増加**すると見込まれており、このような**海外需要を取り込んでいくことが重要**。
○ 生産面では、急傾斜地を中心に、**高齢化や繁忙期の労働力不足**等により、今後お茶の**生産が維持できなくなる恐れ**。近年多発する災害等への対応も必要。

【１世帯当たりの緑茶・茶飲料の年間支出金額】

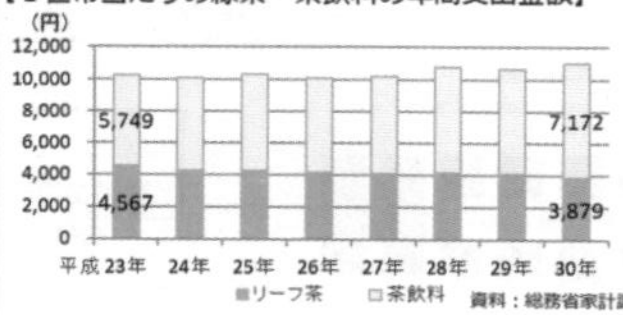

資料：総務省家計調査

【世界の緑茶貿易量の見通し】

出典：FAO茶に関する政府間協議資料

【主産県における販売農家数の推移】　（戸）

	静岡	鹿児島	三重	京都	福岡	宮崎	熊本	全国
H12	24,019	4,309	4,598	1,330	2,217	820	1,277	53,687
H17	17,731	3,072	2,294	1,035	1,629	642	973	37,617
H22	13,933	2,216	1,455	825	1,385	513	695	28,116
H27	9,617	1,744	967	653	980	399	529	20,144

資料：農林水産省「農林業センサス」

＜施　策　の　方　向＞

今後の茶業及びお茶の文化の振興に関する基本的な方向

　従来の取組の単なる延長ではなく、新たな発想のもと、国内外の多様化した消費者ニーズを的確に捉えつつ、各産地の特徴や実情を踏まえたお茶の生産、加工、流通の取組を促進。

国内需要の長期見通し及び生産数量目標

お茶の国内需要の長期見通し　：8.6万トン（H30）　→　7.9万トン（R12）
お茶の生産数量目標　：8.6万トン（H30）　→　9.9万トン（R12）
（うち輸出 0.5万トン）　（うち輸出 2.5万トン）

茶業の振興のための施策

○ **消費者ニーズに対応した品質・付加価値の向上の促進、加工及び流通の高度化**
・多様化する消費者ニーズへの対応
・付加価値の向上のための取組の促進
・生産者と流通・実需者が連携した取組の促進
・品質の向上のための取組の促進
・加工施設の整備の促進

【生産者と流通・実需者が連携した取組（イメージ）】

○ **輸出の拡大**
・海外市場の開拓の推進
・輸出の大幅な拡大に向けた生産・流通体制の構築
・輸出先国・地域が求める輸入条件への対応

【プロモーションの実施】【輸出向け集出荷施設整備】

○ **生産者の経営の安定**
・産地の特色に応じたお茶の生産の促進
・茶樹の改植・新植の促進
・スマート農業技術の研究開発及び実証・導入の推進
・茶園の基盤の整備
・中山間地域等の特色を活かした取組の促進
・茶園の継承・集積や離農茶園への対応
・自然災害等のリスクへの備えの促進

【戦略的な改植・新植】【スマート技術の実証・導入】

○ **消費の拡大**
・多様な消費者層に向けたお茶の魅力発信
・国内外の消費の拡大につなげるための、健康機能性や新用途への利用に関する研究開発の推進及びその成果の普及
・お茶を活用した食育の推進

【新たなお茶の飲み方の提案】【健康機能性の発信】

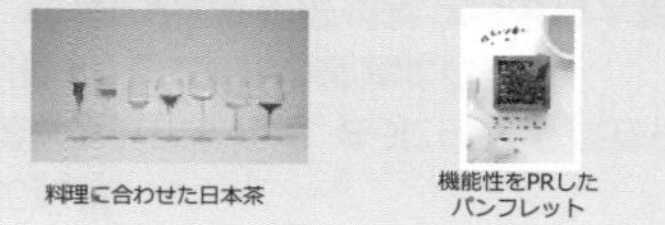

○ **お茶に関する情報の一元化及び活用**

お茶の文化の振興のための施策

○ お茶の文化に関する理解の促進
○ お茶に関する文化財の保存・活用

茶産地の収益力・販売力の強化、持続可能性の向上

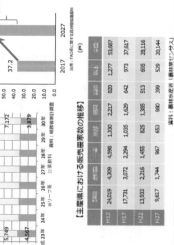

新たな有機農業の推進に関する基本的な方針について

有機農業を巡る近年の状況

国内外の有機食品需要の増大と有機農業の取組面積の推移

国内外の有機食品市場規模の推移

国内（億円）

2009年	2017年
1,300	1,850

世界全体（億USドル）

2009年	2017年
509	970

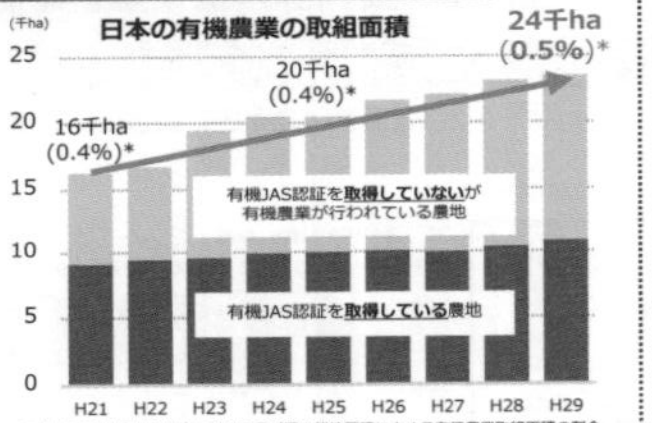

*（ ）内の数字は各年度における我が国の耕地面積に占める有機農業取組面積の割合。

有機農業をめぐる事情（令和2年2月）農林水産省 より抜粋

有機農業はSDGsの達成に貢献

有機農業の生物多様性保全効果の調査結果

生物群[1]	栽培方法間の比較
レッドリスト植物	慣行 < 農薬節減 < 有機
アシナガグモ属	慣行 < 農薬節減 < 有機
アカネ属	慣行 < 有機
トノサマガエル属	慣行・農薬節減 < 有機
水鳥	有機栽培の水田が多い地域ほど多い

令和元年8月28日（国）農研機構プレスリリース「(研究成果) 有機・農薬節減栽培と生物多様性の関係を解明」より

有機農業に取り組んだ際の、一般的な管理（化学肥料使用）と比較した温室効果ガス削減量

地球温暖化防止効果の調査結果

取組の名称	単位当たり温室効果ガス削減量※（tCO_2/ha/年）	実施面積（ha）	温室効果ガス削減量（tCO_2/年）
有機農業	0.93	14,537	13,519

環境保全型農業直接支払制度に関する第三者委員会（第11回、令和元年8月22日）資料より農業環境対策課取りまとめ

果樹・有機部会における論点（同部会 中間とりまとめより）

【有機農業の推進目的】

✓有機農業の特徴等を踏まえ、農業全体の中で有機農業を推進する目的を明確化すべき。

【有機農業の制度】

✓有機農業関連制度が、生産者にも消費者にもわかりにくい。国際水準も踏まえ定義を整理する、有機認証を取得しやすくする、等の整理が必要。

【有機農業の施策】

✓有機農業に取り組む生産者の人材育成や相互連携。技術開発、農地の確保・集団化、販路開拓や流通の合理化、消費者への情報伝達・理解確保が必要。

これまでの有機農業の推進に関する基本的な方針

○ 有機農業推進法（平成18年12月制定）に基づき策定

○ 基本的な事項、推進及び普及の目標、施策等を記載

平成19年4月策定 ⇨ 平成26年4月改定

※ おおむね平成30年までの目標を設定

※平成30年（2018）に、取組面積を全耕地面積の1.0%とする目標を設定（2017年時点で0.53%）

新たな有機農業の推進に関する基本的な方針

基本的な事項

- 有機農業の取組拡大は、以下のような特徴から農業施策の推進に貢献。
  - ➢ 農業の自然循環機能を大きく増進し、農業生産に由来する環境への負荷を低減、さらに生物多様性保全や地球温暖化防止等に高い効果を示すなど農業施策全体及び農村におけるSDGsの達成に貢献。
  - ➢ 国内外での需要の拡大に対し国産による安定供給を図ることが、需要に応じた生産供給や輸出拡大推進に貢献。
- 有機農業の拡大に向け、農業者その他の関係者の自主性を尊重しつつ、以下の取組を推進。
  - ➢ 有機農業の生産拡大：有機農業者の人材育成、産地づくりを推進。
  - ➢ 有機食品の国産シェア拡大：販売機会の多様化、消費者の理解の増進を推進。

推進及び普及の目標

- 10年後（2030年）の国内外の有機食品の需要拡大を以下のように見通し。

<国内の有機食品の需要>	1,300億円（2009）→ 1,850億円（2017）	→	3,280億円（2030）
< 有機食品の輸出額 >	17.5億円（2017）	→	210億円（2030）

- この需要に対応し、生産および消費の目標として、以下を設定。

【有機農業の取組面積】	24千ha	(2017)	→	63千ha	(2030)
【有機農業者数】	12千人	(2009)	→	36千人	(2030)
【有機食品の国産シェア】	60%	(2017)	→	84%	(2030)
【週１回以上 有機食品を利用する消費者の割合】	18%	(2017)	→	25%	(2030)

推進に関する施策

- 有機農業をSDGsへ貢献するものとして推進し、その特徴を消費者に訴求していくため、人材育成、産地づくり、販売機会の多様化、消費者の理解の増進に関しては、国際水準以上の有機農業の取組を推進。
- 調査や技術開発等は、国際水準に限らず幅広く推進。

※青太字は今次基本方針にて追加された施策

- ➢人材育成：就農相談、共同利用施設整備、技術実証、土壌診断DB構築、指導員の育成・現地指導等
- ➢産地づくり：拠点の育成、有機農業に適した農地の確保・団地化、地方公共団体のネットワーク構築等
- ➢販売機会の多様化：多様な業界との連携、物流の合理化、加工需要の拡大、有機認証取得時の負担軽減等
- ➢消費者の理解の増進：表示制度等の普及啓発、食育等との連携、小売事業者等と連携した国産需要喚起等
- ➢技術開発・調査：雑草対策、育種等、地域に適した技術体系の確立、各種調査の実施とわかりやすい情報発信等

中間評価及び見直し

- 10年後（2030年）を目標年度としつつ、達成状況を随時確認し、5年後を目途に中間評価を行い見直しを検討。

米穀の新用途への利用の促進に関する基本方針について

○　本基本方針は、米穀の新用途（米粉用、飼料用）への利用を促進するための基本的な方向を提示するもの。
○　これまでに明らかになってきた課題やその対応に向けた取組の方向について、関係者等の意見を基に追記して改定。

＜現状と課題＞

生産量等の推移

＜米粉用米＞

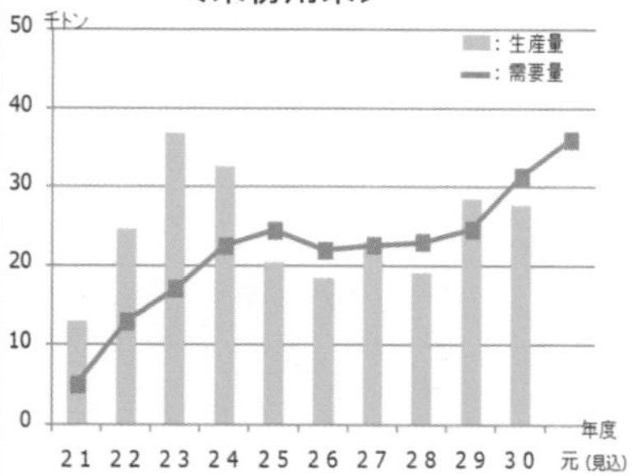

注）農林水産省調べ

＜飼料用米＞

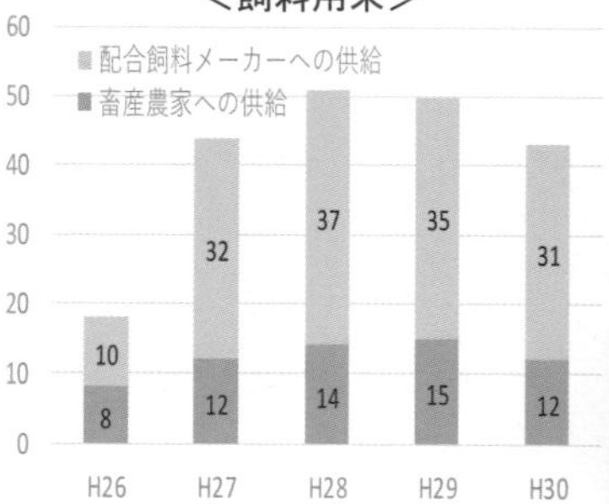

注）農林水産省調べ

米粉用米

更なる利用拡大を図るには、①消費者ニーズを踏まえた商品開発、②米粉の特徴を活かした輸出の拡大、③二次加工コストの低減が課題

＜製粉・加工コストの状況＞　（kgあたり）

	原料価格	製粉コスト等	米粉価格	二次加工品価格
米粉	50円程度	50～240円程度	100～290円程度	1,300円～2,000円程度
小麦粉	50円程度	50円程度	100円程度	430円

注1）米粉原料価格は企業購入価格（平均値）であり、農家出荷価格とは異なる場合がある。
注2）米粉価格は業務用（加工用）の価格。
注3）二次加工品価格は、食パン1kgの価格（米粉は農林水産省調べ、小麦粉は小売物価統計調査）

飼料用米

更なる利用拡大を図るには、①飼料用米を活用した畜産物のブランド化、②流通コストの低減、③複数年契約などの安定取引の拡大が課題

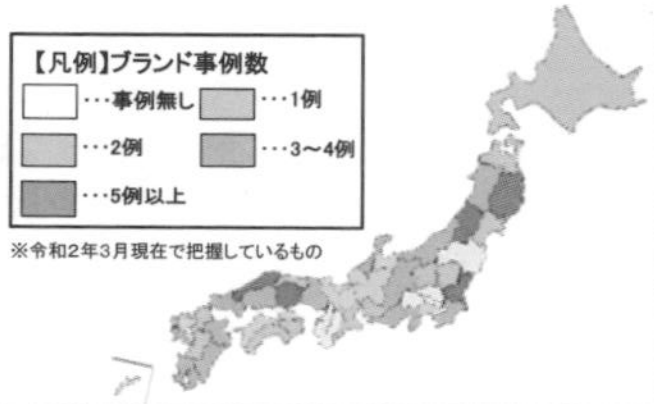

※令和2年3月現在で把握しているもの

＜施策の方向＞

消費者ニーズを踏まえた商品開発

- 米ゲルやアルファ化米粉等の新たな米粉の加工法を活用した商品の開発
- 飼料用米を利用した畜産物のブランド力の強化

アルファ化米粉を使用した製品

マーク

輸出用米粉麺

米粉用米の海外需要の創出

- 国内産米粉や米粉加工品の優位性を活かした海外需要の創出及びノングルテン米粉JASの制定

ノングルテン米粉マーク

JASマーク

流通・加工コスト低減

- 米粉用米について、パンや麺等の大規模製造ラインに適した二次加工技術の開発
- 飼料用米について、バラ出荷やストックポイントの整備等

バラ出荷の様子

安定取引の推進

- 需要を確実なものとするため、複数年契約などの安定取引の一層の推進

生産努力目標

- 食料・農業・農村基本計画においては、生産努力目標として、令和12年度において、米粉用米にあっては13万トン、飼料用米にあっては70万トンを設定

米粉用米・飼料用米の利用促進

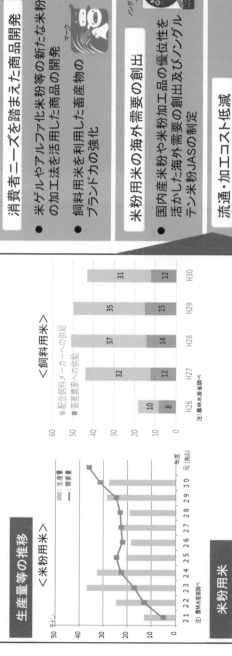

食料・農業・農村政策審議会委員名簿

有田《ありた》　芳子《よしこ》　主婦連合会　会長

磯崎《いそざき》　功典《よしのり》　キリンホールディングス株式会社　代表取締役社長

大橋《おおはし》　弘《ひろし》　東京大学公共政策大学院　経済学研究科　教授

加藤《かとう》　百合子《ゆりこ》　株式会社エムスクエア・ラボ　代表取締役

上岡《かみおか》　美保《みほ》　東京農業大学国際食料情報学部国際食農科学科　教授

栗本《くりもと》　めぐみ　ＫＵＲＩ　ＢＥＲＲＹ　ＦＡＲＭ　代表

近藤《こんどう》　一海《かずみ》　公益社団法人日本農業法人協会　副会長

佐藤《さとう》　ゆきえ　農業生産法人有限会社まるせい果樹園　業務部長

砂子田《すなこだ》　円佳《まどか》　株式会社マドリン　代表取締役

染谷《そめや》　茂《しげる》　株式会社柏染谷農場　代表取締役

髙島《たかしま》　宏平《こうへい》　オイシックス・ラ・大地株式会社　代表取締役社長

◎　髙野《たかの》　克己《かつみ》　東京農業大学　学長

中家《なかや》　徹《とおる》　全国農業協同組合中央会　会長

平松《ひらまつ》　和昭《かずあき》　九州大学大学院農学研究院　教授

堀切《ほりきり》　功章《のりあき》　キッコーマン株式会社　代表取締役社長ＣＥＯ

前田《まえだ》　佳良子《かよこ》　セブンフーズ株式会社　代表取締役社長

松尾《まつお》　直人《なおと》　株式会社ラルズ　常務取締役

宮島《みやじま》　香澄《かずみ》　日本テレビ放送網株式会社報道局　解説委員

三輪《みわ》　泰史《やすふみ》　株式会社日本総合研究所　創発戦略センター　エクスパート

柚木《ゆのき》　茂夫《しげお》　一般社団法人全国農業会議所　専務理事

◎：会長

食料・農業・農村政策審議会企画部会委員名簿

【委員】

有田《ありた》　芳子《よしこ》　主婦連合会　会長

磯崎《いそざき》　功典《よしのり》　キリンホールディングス株式会社　代表取締役社長

○　大橋《おおはし》　弘《ひろし》　東京大学公共政策大学院　経済学研究科　教授

栗本《くりもと》　めぐみ　ＫＵＲＩ　ＢＥＲＲＹ　ＦＡＲＭ　代表

近藤《こんどう》　一海《かずみ》　公益社団法人日本農業法人協会　副会長

佐藤《さとう》　ゆきえ　農業生産法人有限会社まるせい果樹園　業務部長

染谷《そめや》　茂《しげる》　株式会社柏染谷農場　代表取締役

髙島《たかしま》　宏平《こうへい》　オイシックス・ラ・大地株式会社　代表取締役社長

髙野《たかの》　克己《かつみ》　東京農業大学　学長

中家《なかや》　徹《とおる》　全国農業協同組合中央会　会長

堀切《ほりきり》　功章《のりあき》　キッコーマン株式会社　代表取締役社長ＣＥＯ

宮島《みやじま》　香澄《かずみ》　日本テレビ放送網株式会社報道局　解説委員

三輪《みわ》　泰史《やすふみ》　株式会社日本総合研究所　創発戦略センター　エクスパート

柚木《ゆのき》　茂夫《しげお》　一般社団法人全国農業会議所　専務理事

【専門委員】

大山《おおやま》　泰《やすし》　株式会社オウケイウェイヴ社長室長（広報・特命担当）兼
オウケイウェイヴ総研所長　農政ジャーナリスト

図司《ずし》　直也《なおや》　法政大学現代福祉学部　教授

中谷《なかたに》　朋昭《ともあき》　横浜市立大学データサイエンス学部　教授

西村《にしむら》　やす子《こ》　株式会社クレアファーム　代表取締役

（五十音順、敬称略）

○　部会長

新たな食料・農業・農村基本計画の審議経過

平成３１年（令和元年）

３月１８日 ○企画部会
・農業者等からのヒアリング①（水田農業）

３月２８日 ○企画部会
・農業者等からのヒアリング②（畜産・酪農）

４月１２日 ○企画部会
・農業者等からのヒアリング③（果樹・茶）

４月２５日 ○企画部会
・農業者等からのヒアリング④（野菜）

５月２１日 ○企画部会
・農業者等からのヒアリング⑤（食品事業者）

５月２９日 ○企画部会
・農業者等からのヒアリング⑥（農村振興）

６月１２日 ○企画部会
・農業者等からのヒアリング⑦（産地・地域づくり）

６月２０日 ○企画部会
・農業者等からのヒアリング⑧（経営継承）

６月２７日 ○企画部会
・８回のヒアリングを基に、企画部会委員間で意見交換

９月　６日 ○第１回食料・農業・農村政策審議会、第１回企画部会合同会議
・基本計画の見直しについて（諮問）
・食料・農業・農村をめぐる情勢及び農業者等からのヒアリングにおける主な意見　等

９月１９日 ○第２回企画部会
・現行基本計画の検証と次期基本計画に向けた施策の検討（食料の安定供給の確保）

１０月　９日 ○第３回企画部会
・現行基本計画の検証と次期基本計画に向けた施策の検討（農業の持続的な発展）

１０月３０日 ○第４回企画部会
・現行基本計画の検証と次期基本計画に向けた施策の検討（農村の振興、東日本大震災からの復旧・復興、団体の再編整備等）

１１月１２日　○第５回企画部会
・現行基本計画の検証と次期基本計画に向けた施策の検討
（食料自給率・食料自給力）

１１月１５日～１２月２日
○企画部会地方意見交換会・現地調査
（全国10カ所：北海道、東北、関東、北陸、東海、近畿、中国、四国、九州、沖縄）

１１月２６日　○第６回企画部会
・現行基本計画の検証と次期基本計画に向けた施策の検討
（農地の見通しと確保、農業構造の展望、農業経営等の展望、農業のデジタルトランスフォーメーション（ＤＸ））

１２月　９日　○第７回企画部会
・これまでの議論で出された意見や課題の整理
・地方意見交換会及び現地調査（報告）

１２月２３日　○第８回企画部会
・次期基本計画の検討に向けた課題の整理

令和２年
１月２９日　○第９回企画部会
・次期基本計画の検討に向けた基本的考え方
・経営政策及び農村施策、構造展望、農地の見通し

２月１３日　○第１０回企画部会
・品目ごとの生産のあり方及び食料政策等に関する主な論点と対応方向
・食料自給率目標及び食料自給力指標の考え方
・新しい農業経営の展望（経営展望）の考え方

２月２１日　○第１１回企画部会
・食料・農業・農村基本計画骨子（案）

３月１０日　○第１２回企画部会
・食料・農業・農村基本計画（原案）
・食料・農業・農村基本計画に係る展望等（案）

３月１９日　○第１３回企画部会
・食料・農業・農村基本計画（案）

３月２５日　○第２回食料・農業・農村政策審議会
・食料・農業・農村基本計画（案）

食料・農業・農村基本法（平成１１年法律第１０６号）

最終改正：平成３０年法律第６２号

第一章　総則

（目的）
第一条　この法律は、食料、農業及び農村に関する施策について、基本理念及びその実現を図るのに基本となる事項を定め、並びに国及び地方公共団体の責務等を明らかにすることにより、食料、農業及び農村に関する施策を総合的かつ計画的に推進し、もって国民生活の安定向上及び国民経済の健全な発展を図ることを目的とする。

（食料の安定供給の確保）
第二条　食料は、人間の生命の維持に欠くことができないものであり、かつ、健康で充実した生活の基礎として重要なものであることにかんがみ、将来にわたって、良質な食料が合理的な価格で安定的に供給されなければならない。
２　国民に対する食料の安定的な供給については、世界の食料の需給及び貿易が不安定な要素を有していることにかんがみ、国内の農業生産の増大を図ることを基本とし、これと輸入及び備蓄とを適切に組み合わせて行われなければならない。
３　食料の供給は、農業の生産性の向上を促進しつつ、農業と食品産業の健全な発展を総合的に図ることを通じ、高度化し、かつ、多様化する国民の需要に即して行われなければならない。
４　国民が最低限度必要とする食料は、凶作、輸入の途絶等の不測の要因により国内における需給が相当の期間著しくひっ迫し、又はひっ迫するおそれがある場合においても、国民生活の安定及び国民経済の円滑な運営に著しい支障を生じないよう、供給の確保が図られなければならない。

（多面的機能の発揮）
第三条　国土の保全、水源のかん養、自然環境の保全、良好な景観の形成、文化の伝承等農村で農業生産活動が行われることにより生ずる食料その他の農産物の供給の機能以外の多面にわたる機能（以下「多面的機能」という。）については、国民生活及び国民経済の安定に果たす役割にかんがみ、将来にわたって、適切かつ十分に発揮されなければならない。

（農業の持続的な発展）
第四条　農業については、その有する食料その他の農産物の供給の機能及び多面的機能の重要性にかんがみ、必要な農地、農業用水その他の農業資源及び農業の担い手が確保され、地域の特性に応じてこれらが効率的に組み合わされた望ましい農業構造が確立されるとともに、農業の自然循環機能（農業生産活動が自然界における生物を介在する物質の循環に依存し、かつ、これを促進する機能をいう。以下同じ。）が維持増進されることにより、その持続的な発展が図られなければならない。

（農村の振興）
第五条　農村については、農業者を含めた地域住民の生活の場で農業が営まれていることにより、農業の持続的な発展の基盤たる役割を果たしていることにかんがみ、農業の有する食料その他の農産物の供給の機能及び多面的機能が適切かつ十分に発揮されるよう、農業の生産条件の整備及び生活環境の整備その他の福祉の向上により、その振興が図られなければならない。

（水産業及び林業への配慮）
第六条　食料、農業及び農村に関する施策を講ずるに当たっては、水産業及び林業との密接な関連性を有することにかんがみ、その振興に必要な配慮がなされるものとする。

（国の責務）
第七条　国は、第二条から第五条までに定める食料、農業及び農村に関する施策についての基本理念（以下「基本理念」という。）にのっとり、食料、農業及び農村に関する施策を総合的に策定し、及び実施する責務を有する。
２　国は、食料、農業及び農村に関する情報の提供等を通じて、基本理念に関する国民の理解を深めるよう努めなければならない。

（地方公共団体の責務）
第八条　地方公共団体は、基本理念にのっとり、食料、農業及び農村に関し、国との適切な役割分担を踏まえて、その地方公共団体の区域の自然的経済的社会的諸条件に応じた施策を策定し、及び実施する責務を有する。

（農業者等の努力）
第九条　農業者及び農業に関する団体は、農業及びこれに関連する活動を行うに当たっては、基本理念の実現に主体的に取り組むよう努めるものとする。

（事業者の努力）
第十条　食品産業の事業者は、その事業活動を行うに当たっては、基本理念にのっとり、国民に対する食料の供給が図られるよう努めるものとする。

（農業者等の努力の支援）
第十一条　国及び地方公共団体は、食料、農業及び農村に関する施策を講ずるに当たっては、農業者及び農業に関する団体並びに食品産業の事業者がする自主的な努力を支援することを旨とするものとする。

（消費者の役割）

第十二条　消費者は、食料、農業及び農村に関する理解を深め、食料の消費生活の向上に積極的な役割を果たすものとする。

（法制上の措置等）

第十三条　政府は、食料、農業及び農村に関する施策を実施するため必要な法制上、財政上及び金融上の措置を講じなければならない。

（年次報告等）

第十四条　政府は、毎年、国会に、食料、農業及び農村の動向並びに政府が食料、農業及び農村に関して講じた施策に関する報告を提出しなければならない。

2　政府は、毎年、前項の報告に係る食料、農業及び農村の動向を考慮して講じようとする施策を明らかにした文書を作成し、これを国会に提出しなければならない。

3　政府は、前項の講じようとする施策を明らかにした文書を作成するには、食料・農業・農村政策審議会の意見を聴かなければならない。

第二章　基本的施策

第一節　食料・農業・農村基本計画

第十五条　政府は、食料、農業及び農村に関する施策の総合的かつ計画的な推進を図るため、食料・農業・農村基本計画（以下「基本計画」という。）を定めなければならない。

2　基本計画は、次に掲げる事項について定めるものとする。

一　食料、農業及び農村に関する施策についての基本的な方針

二　食料自給率の目標

三　食料、農業及び農村に関し、政府が総合的かつ計画的に講ずべき施策

四　前三号に掲げるもののほか、食料、農業及び農村に関する施策を総合的かつ計画的に推進するために必要な事項

3　前項第二号に掲げる食料自給率の目標は、その向上を図ることを旨とし、国内の農業生産及び食料消費に関する指針として、農業者その他の関係者が取り組むべき課題を明らかにして定めるものとする。

4　基本計画のうち農村に関する施策に係る部分については、国土の総合的な利用、開発及び保全に関する国の計画との調和が保たれたものでなければならない。

5　政府は、第一項の規定により基本計画を定めようとするときは、食料・農業・農村政策審議会の意見を聴かなければならない。

6　政府は、第一項の規定により基本計画を定めたときは、遅滞なく、これを国会に報告するとともに、公表しなければならない。

7　政府は、食料、農業及び農村をめぐる情勢の変化を勘案し、並びに食料、農業及び農村に関する施策の効果に関する評価を踏まえ、おおむね五年ごとに、基本計画を変更するものとする。

8　第五項及び第六項の規定は、基本計画の変更について準用する。

第二節　食料の安定供給の確保に関する施策

（食料消費に関する施策の充実）

第十六条　国は、食料の安全性の確保及び品質の改善を図るとともに、消費者の合理的な選択に資するため、食品の衛生管理及び品質管理の高度化、食品の表示の適正化その他必要な施策を講ずるものとする。

2　国は、食料消費の改善及び農業資源の有効利用に資するため、健全な食生活に関する指針の策定、食料の消費に関する知識の普及及び情報の提供その他必要な施策を講ずるものとする。

（食品産業の健全な発展）

第十七条　国は、食品産業が食料の供給において果たす役割の重要性にかんがみ、その健全な発展を図るため、事業活動に伴う環境への負荷の低減及び資源の有効利用の確保に配慮しつつ、事業基盤の強化、農業との連携の推進、流通の合理化その他必要な施策を講ずるものとする。

（農産物の輸出入に関する措置）

第十八条　国は、農産物につき、国内生産では需要を満たすことができないものの安定的な輸入を確保するため必要な施策を講ずるとともに、農産物の輸入によってこれと競争関係にある農産物の生産に重大な支障を与え、又は与えるおそれがある場合において、緊急に必要があるときは、関税率の調整、輸入の制限その他必要な施策を講ずるものとする。

2　国は、農産物の輸出を促進するため、農産物の競争力を強化するとともに、市場調査の充実、情報の提供、普及宣伝の強化その他必要な施策を講ずるものとする。

（不測時における食料安全保障）

第十九条　国は、第二条第四項に規定する場合において、国民が最低限度必要とする食料の供給を確保するため必要があると認めるときは、食料の増産、流通の制限その他必要な施策を講ずるものとする。

（国際協力の推進）

第二十条　国は、世界の食料需給の将来にわたる安定に資するため、開発途上地域における農業及び農村の振興に関する技術協力及び資金協力、これらの地域に対する食料援助その他の国際協力の推進に努めるものとする。

第三節　農業の持続的な発展に関する施策

（望ましい農業構造の確立）

第二十一条　国は、効率的かつ安定的な農業経営を育成し、これらの農業経営が農業生産の相当部分を担う農業構造を確立するため、営農の類型及び地域の特性に応

じ、農業生産の基盤の整備の推進、農業経営の規模の拡大その他農業経営基盤の強化の促進に必要な施策を講ずるものとする。

（専ら農業を営む者等による農業経営の展開）

第二十二条　国は、専ら農業を営む者その他経営意欲のある農業者が創意工夫を生かした農業経営を展開できるようにすることが重要であることにかんがみ、経営管理の合理化その他の経営の発展及びその円滑な継承に資する条件を整備し、家族農業経営の活性化を図るとともに、農業経営の法人化を推進するために必要な施策を講ずるものとする。

（農地の確保及び有効利用）

第二十三条　国は、国内の農業生産に必要な農地の確保及びその有効利用を図るため、農地として利用すべき土地の農業上の利用の確保、効率的かつ安定的な農業経営を営む者に対する農地の利用の集積、農地の効率的な利用の促進その他必要な施策を講ずるものとする。

（農業生産の基盤の整備）

第二十四条　国は、良好な営農条件を備えた農地及び農業用水を確保し、これらの有効利用を図ることにより、農業の生産性の向上を促進するため、地域の特性に応じて、環境との調和に配慮しつつ、事業の効率的な実施を旨として、農地の区画の拡大、水田の汎用化、農業用用排水施設の機能の維持増進その他の農業生産の基盤の整備に必要な施策を講ずるものとする。

（人材の育成及び確保）

第二十五条　国は、効率的かつ安定的な農業経営を担うべき人材の育成及び確保を図るため、農業者の農業の技術及び経営管理能力の向上、新たに就農しようとする者に対する農業の技術及び経営方法の習得の促進その他必要な施策を講ずるものとする。

２　国は、国民が農業に対する理解と関心を深めるよう、農業に関する教育の振興その他必要な施策を講ずるものとする。

（女性の参画の促進）

第二十六条　国は、男女が社会の対等な構成員としてあらゆる活動に参画する機会を確保することが重要であることにかんがみ、女性の農業経営における役割を適正に評価するとともに、女性が自らの意思によって農業経営及びこれに関連する活動に参画する機会を確保するための環境整備を推進するものとする。

（高齢農業者の活動の促進）

第二十七条　国は、地域の農業における高齢農業者の役割分担並びにその有する技術及び能力に応じて、生きがいを持って農業に関する活動を行うことができる環境整備を推進し、高齢農業者の福祉の向上を図るものとする。

（農業生産組織の活動の促進）

第二十八条　国は、地域の農業における効率的な農業生産の確保に資するため、集落を基礎とした農業者の組織その他の農業生産活動を共同して行う農業者の組織、委託を受けて農作業を行う組織等の活動の促進に必要な施策を講ずるものとする。

（技術の開発及び普及）

第二十九条　国は、農業並びに食品の加工及び流通に関する技術の研究開発及び普及の効果的な推進を図るため、これらの技術の研究開発の目標の明確化、国及び都道府県の試験研究機関、大学、民間等の連携の強化、地域の特性に応じた農業に関する技術の普及事業の推進その他必要な施策を講ずるものとする。

（農産物の価格の形成と経営の安定）

第三十条　国は、消費者の需要に即した農業生産を推進するため、農産物の価格が需給事情及び品質評価を適切に反映して形成されるよう、必要な施策を講ずるものとする。

２　国は、農産物の価格の著しい変動が育成すべき農業経営に及ぼす影響を緩和するために必要な施策を講ずるものとする。

（農業災害による損失の補てん）

第三十一条　国は、災害によって農業の再生産が阻害されることを防止するとともに、農業経営の安定を図るため、災害による損失の合理的な補てんその他必要な施策を講ずるものとする。

（自然循環機能の維持増進）

第三十二条　国は、農業の自然循環機能の維持増進を図るため、農薬及び肥料の適正な使用の確保、家畜排せつ物等の有効利用による地力の増進その他必要な施策を講ずるものとする。

（農業資材の生産及び流通の合理化）

第三十三条　国は、農業経営における農業資材費の低減に資するため、農業資材の生産及び流通の合理化の促進その他必要な施策を講ずるものとする。

第四節　農村の振興に関する施策

（農村の総合的な振興）

第三十四条　国は、農村における土地の農業上の利用と他の利用との調整に留意して、農業の振興その他農村の総合的な振興に関する施策を計画的に推進するものとする。

２　国は、地域の農業の健全な発展を図るとともに、景観が優れ、豊かで住みよい農村とするため、地域の特性に応じた農業生産の基盤の整備と交通、情報通信、衛生、教育、文化等の生活環境の整備その他の福祉の向上とを総合的に推進するよう、必要な施策を講ずるものとする。

（中山間地域等の振興）

第三十五条　国は、山間地及びその周辺の地域その他の地勢等の地理的条件が悪く、農業の生産条件が不利な地域（以下「中山間地域等」という。）において、その地域の特性に応じて、新規の作物の導入、地域特産物の生産及び販売等を通じた農業その他の産業の振興による就業機会の増大、生活環境の整備による定住の促進その他必要な施策を講ずるものとする。
2　国は、中山間地域等においては、適切な農業生産活動が継続的に行われるよう農業の生産条件に関する不利を補正するための支援を行うこと等により、多面的機能の確保を特に図るための施策を講ずるものとする。
（都市と農村の交流等）
第三十六条　国は、国民の農業及び農村に対する理解と関心を深めるとともに、健康的でゆとりのある生活に資するため、都市と農村との間の交流の促進、市民農園の整備の推進その他必要な施策を講ずるものとする。
2　国は、都市及びその周辺における農業について、消費地に近い特性を生かし、都市住民の需要に即した農業生産の振興を図るために必要な施策を講ずるものとする。

第三章　行政機関及び団体

（行政組織の整備等）
第三十七条　国及び地方公共団体は、食料、農業及び農村に関する施策を講ずるにつき、相協力するとともに、行政組織の整備並びに行政運営の効率化及び透明性の向上に努めるものとする。
（団体の再編整備）
第三十八条　国は、基本理念の実現に資することができるよう、食料、農業及び農村に関する団体の効率的な再編整備につき必要な施策を講ずるものとする。

第四章　食料・農業・農村政策審議会

（設置）
第三十九条　農林水産省に、食料・農業・農村政策審議会（以下「審議会」という。）を置く。
（権限）
第四十条　審議会は、この法律の規定によりその権限に属させられた事項を処理するほか、農林水産大臣又は関係各大臣の諮問に応じ、この法律の施行に関する重要事項を調査審議する。
2　審議会は、前項に規定する事項に関し農林水産大臣又は関係各大臣に意見を述べることができる。
3　審議会は、前二項に規定するもののほか、土地改良法（昭和二十四年法律第百九十五号）、家畜改良増殖法（昭和二十五年法律第二百九号）、家畜伝染病予防法（昭和二十六年法律第百六十六号）、飼料需給安定法（昭和二十七年法律第三百五十六号）、酪農及び肉用牛生産の振興に関する法律（昭和二十九年法律第百八十二号）、果樹農業振興特別措置法（昭和三十六年法律第十五号）、畜産経営の安定に関する法律（昭和三十六年法律第百八十三号）、砂糖及びでん粉の価格調整に関する法律（昭和四十年法律第百九号）、農業振興地域の整備に関する法律（昭和四十四年法律第五十八号）、卸売市場法（昭和四十六年法律第三十五号）、肉用子牛生産安定等特別措置法（昭和六十三年法律第九十八号）、食品流通構造改善促進法食品等の流通の合理化及び取引の適正化に関する法律（平成三年法律第五十九号）、主要食糧の需給及び価格の安定に関する法律（平成六年法律第百十三号）、食品循環資源の再生利用等の促進に関する法律（平成十二年法律第百十六号）、農業の担い手に対する経営安定のための交付金の交付に関する法律（平成十八年法律第八十八号）、有機農業の推進に関する法律（平成十八年法律第百十二号）、中小企業者と農林漁業者との連携による事業活動の促進に関する法律（平成二十年法律第三十八号）、米穀の新用途への利用の促進に関する法律（平成二十一年法律第二十五号）及び都市農業振興基本法（平成二十七年法律第十四号）の規定によりその権限に属させられた事項を処理する。
（組織）
第四十一条　審議会は、委員三十人以内で組織する。
2　委員は、前条第一項に規定する事項に関し学識経験のある者のうちから、農林水産大臣が任命する。
3　委員は、非常勤とする。
4　第二項に定めるもののほか、審議会の職員で政令で定めるものは、農林水産大臣が任命する。
（資料の提出等の要求）
第四十二条　審議会は、その所掌事務を遂行するため必要があると認めるときは、関係行政機関の長に対し、資料の提出、意見の開陳、説明その他必要な協力を求めることができる。
（委任規定）
第四十三条　この法律に定めるもののほか、審議会の組織、所掌事務及び運営に関し必要な事項は、政令で定める。

附　則　抄

（施行期日）
第一条　この法律は、公布の日から施行する。
（農業基本法の廃止）
第二条　農業基本法（昭和三十六年法律第百二十七号）は、廃止する。
（経過措置）
第三条　この法律の施行の際平成十一年における前条の規定による廃止前の農業基本法（以下「旧基本法」という。）第六条第一項の報告が国会に提出されていない場合には、同項の報告の国会への提出については、なお従前の例による。
2　この法律の施行前に旧基本法第六条第一項の規定により同項の報告が国会に提出された場合又は前項の規定によりなお従前の例によるものとされた旧基本法第六条第一項の規定により同項の報告が国会に提出された場合には、これらの報告は、第十四条第一項の規定により同項の報告として国会に提出されたものとみなす。

3　この法律の施行の際平成十一年における旧基本法第七条の文書が国会に提出されていない場合には、同条の文書の国会への提出については、なお従前の例による。
4　この法律の施行前に旧基本法第七条の規定により同条の文書が国会に提出された場合又は前項の規定によりなお従前の例によるものとされた旧基本法第七条の規定により同条の文書が国会に提出された場合には、これらの文書は、第十四条第二項の規定により同項の文書として国会に提出されたものとみなす。

附　則　（平成一一年七月一六日法律第一〇二号）　抄

（施行期日）
第一条　この法律は、内閣法の一部を改正する法律（平成十一年法律第八十八号）の施行の日から施行する。ただし、次の各号に掲げる規定は、当該各号に定める日から施行する。
二　附則第十条第一項及び第五項、第十四条第三項、第二十三条、第二十八条並びに第三十条の規定　公布の日
（職員の身分引継ぎ）
第三条　この法律の施行の際現に従前の総理府、法務省、外務省、大蔵省、文部省、厚生省、農林水産省、通商産業省、運輸省、郵政省、労働省、建設省又は自治省（以下この条において「従前の府省」という。）の職員（国家行政組織法（昭和二十三年法律第百二十号）第八条の審議会等の会長又は委員長及び委員、中央防災会議の委員、日本工業標準調査会の会長及び委員並びに　これらに類する者として政令で定めるものを除く。）である者は、別に辞令を発せられない限り、同一の勤務条件をもって、この法律の施行後の内閣府、総務省、法務省、外務省、財務省、文部科学省、厚生労働省、農林水産省、経済産業省、国土交通省若しくは環境省（以下この条において「新府省」という。）又はこれに置かれる部局若しくは機関のうち、この法律の施行の際現に当該職員が属する従前の府省又はこれに置かれる部局若しくは機関の相当の新府省又はこれに置かれる部局若しくは機関として政令で定めるものの相当の職員となるものとする。
（別に定める経過措置）
第三十条　第二条から前条までに規定するもののほか、この法律の施行に伴い必要となる経過措置は、別に法律で定める。

附　則　（平成一二年六月二日法律第一〇七号）　抄

（施行期日）
第一条　この法律は、平成十二年十月一日から施行する。

附　則　（平成一二年六月七日法律第一一六号）　抄

（施行期日）
第一条　この法律は、公布の日から起算して一年を超えない範囲内において政令で定める日から施行する。

附　則　（平成一四年一二月四日法律第一二六号）　抄

（施行期日）
第一条　この法律は、平成十五年四月一日から施行する。ただし、附則第九条から第十八条まで及び第二十条から第二十五条までの規定は、同年十月一日から施行する。

附　則　（平成一五年六月一一日法律第七三号）　抄

（施行期日）
第一条　この法律は、公布の日から起算して三月を超えない範囲内において政令で定める日から施行する。

附　則　（平成一七年七月二九日法律第八九号）　抄

（施行期日等）
第一条　この法律は、公布の日から起算して六月を超えない範囲内において政令で定める日（以下「施行日」という。）から施行する。

附　則　（平成一八年六月二一日法律第八八号）　抄

（施行期日）
第一条　この法律は、平成十九年四月一日から施行する。

附　則　（平成一八年六月二一日法律第八九号）　抄

（施行期日）
第一条　この法律は、平成十九年四月一日から施行する。

附　則　（平成一八年一二月一五日法律第一一二号）　抄

（施行期日）
1　この法律は、公布の日から施行する。

附　則　（平成二〇年五月二三日法律第三八号）　抄

（施行期日）
第一条　この法律は、公布の日から起算して六月を超えない範囲内において政令で定める日から施行する。

附　則　（平成二一年四月二四日法律第二五号）　抄

（施行期日）
第一条　この法律は、公布の日から起算して六月を超えない範囲内において政令で定

める日から施行する。

附　則　（平成二七年四月二二日法律第一四号）　抄

（施行期日）

1　この法律は、公布の日から施行する。

附　則　（平成二八年一二月一六日法律第一〇八号）　抄

（施行期日）

第一条　この法律は、環太平洋パートナーシップに関する包括的及び先進的な協定が日本国について効力を生ずる日（第三号において「発効日」という。）から施行する。ただし、次の各号に掲げる規定は、当該各号に定める日から施行する。

一及び二　略

二の二　附則第十八条の規定　畜産経営の安定に関する法律及び独立行政法人農畜産業振興機構法の一部を改正する法律（平成二十九年法律第六十号）附則第一条第二号に掲げる規定の施行の日

附　則　（平成二九年六月一六日法律第六〇号）　抄

（施行期日）

第一条　この法律は、平成三十年四月一日から施行する。ただし、次の各号に掲げる規定は、当該各号に定める日から施行する。

一　略

二　附則第十七条及び第十八条の規定　平成三十年三月三十一日

（調整規定）

第十八条　施行日が環太平洋パートナーシップ協定の締結に伴う関係法律の整備に関する法律の施行の日以後となる場合には、前条の規定は、適用しない。

附　則　（平成三〇年六月二二日法律第六二号）　抄

（施行期日）

第一条　この法律は、公布の日から起算して六月を超えない範囲内において政令で定める日から施行する。

附　則　（平成三〇年七月六日法律第七〇号）　抄

（施行期日）

第一条　この法律は、公布の日から施行する。

＜食料安全保障に関する資料＞―2020年５月20日現在―

食料の安定供給の確保の考え方

○　国民に対する食料の安定的な供給については、世界の食料需給等に不安定な要素が存在していることを考慮し、国内の農業生産の増大を図ることを基本とし、これと輸入及び備蓄とを適切に組み合わせることにより確保。

○　また、世界の人口増加等による食料需要の増大や異常気象による生産減少、新型コロナウイルス感染症などの新たな感染症の発生による輸入の一時的な停滞等、我が国の食料の安定的な供給に影響を及ぼす可能性のあるリスクが顕在化しつつあり、自然災害や輸送障害等の一時的・短期的に発生するリスクも常に存在。
　このため、不測の事態に備え、平素から食料供給に係るリスクの分析・評価を行うとともに、我が国の食料の安定供給への影響を軽減するための対応策を検討、実施することにより、総合的な食料安全保障を確立。

（1）食料安全保障の確立に向けた取組

① **国内の農業生産の増大**
・食育や地産地消の推進と国産農産物の消費拡大
・肉用牛・酪農の生産基盤の強化、水田のフル活用
・新たな市場創出や輸出の促進
・担い手の育成・確保、農地の集積・集約化　　等

② **輸入穀物等の安定供給の確保**
・輸入相手国との良好な関係の維持・強化
・食料の安定供給に資する国際交渉
・関連情報の収集・分析、定期的な情報発信　　等

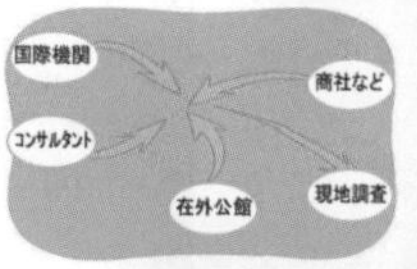

③ **備蓄の推進**
・米、小麦及び飼料穀物の適正な備蓄水準の確保　　等

（2）不測時に備えた食料安全保障

○ **リスクを洗い出し、そのリスクごとの影響度合、発生頻度、対応の必要性等について定期的に検証**
○ 主要な不測の事態を想定した**具体的な対応手順を検証**

1

（参考）食料の安定供給の確保の考え方

○食料・農業・農村基本法（平成11年法律第106号）

（食料の安定供給の確保）
第二条　**食料は、人間の生命の維持に欠くことができないもの**であり、かつ、健康で充実した生活の基礎として重要なものであることにかんがみ、**将来にわたって、良質な食料が合理的な価格で安定的に供給**されなければならない。

２　国民に対する食料の安定的な供給については、**世界の食料の需給及び貿易が不安定な要素を有していることにかんがみ、国内の農業生産の増大を図ることを基本とし、これと輸入及び備蓄とを適切に組み合わせ**て行わなければならない。

４　国民が最低限度必要とする食料は、**凶作、輸入の途絶等の不測の要因**により国内における**需給が相当の期間著しくひっ迫し、又はひっ迫するおそれがある場合においても**、国民生活の安定及び国民経済の円滑な運営に著しい支障を生じないよう、供給の確保が図られなければならない。

（不測時における食料安全保障）
第十九条　国は、第二条第四項に規定する場合において、**国民が最低限度必要とする食料の供給を確保するため**必要があると認めるときは、食料の増産、流通の制限**その他必要な施策を講ずる**ものとする。

○食料・農業・農村基本計画（令和２年３月31日閣議決定）

第３　１．（５）食料供給のリスクを見据えた総合的な食料安全保障の確立
　国民に対する食料の安定的な供給については、国内の農業生産の増大**を図ることを基本とし、**輸入**及び**備蓄**を適切に組み合わせ**ることにより確保する必要がある。
　また、**凶作、輸入の途絶等の不測の事態**が生じた場合にも、国民が最低限必要とする食料の供給の確保を図る必要がある。

2

我が国の食料消費構造と食料自給率の変化

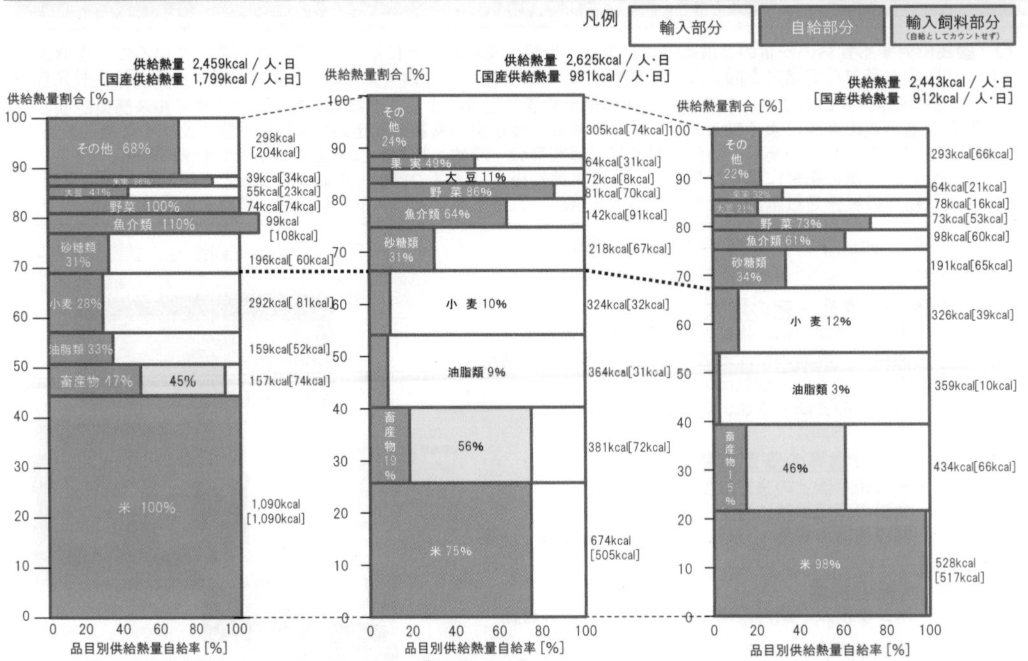

【昭和40年度】（カロリーベース総合食料自給率 73％）
【平成5年度】（カロリーベース総合食料自給率 37％）
【平成30年度】（カロリーベース総合食料自給率 37％）

3

穀物の生産量、消費量、期末在庫率の推移

○ 世界の穀物消費量は、途上国の人口増、所得水準の向上等に伴い増加傾向で推移。2019/20年度は、2000/01年度に比べ1.4倍の水準に増加。一方、生産量は、主に単収の伸びにより消費量の増加に対応している。
○ 2019/20年度の期末在庫率は、生産量が消費量を上回ることから30.4％となり、直近の価格高騰年の2012/13年度(20.9％)を上回る見込み。
○現時点の米国農務省の需給見通しによれば、2020/21年度の世界の穀物生産量は過去最高になる見込み。

□ 穀物（米、とうもろこし、小麦、大麦等）の需給の推移

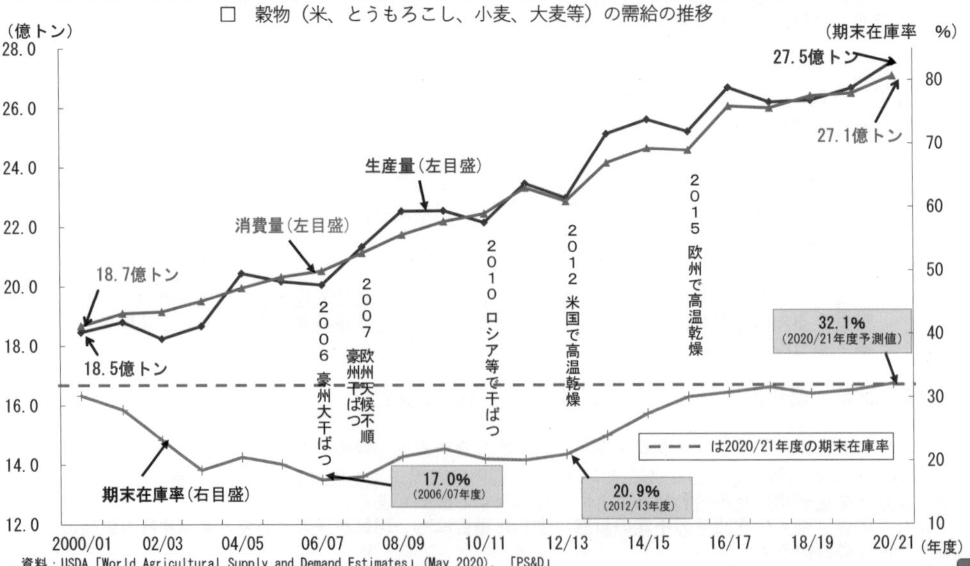

資料：USDA「World Agricultural Supply and Demand Estimates」(May 2020)、「PS&D」
（注）なお、「PS&D」については、最新の公表データを使用している。

4

穀物等の国際貿易の現状

○穀物等の国別輸出シェア

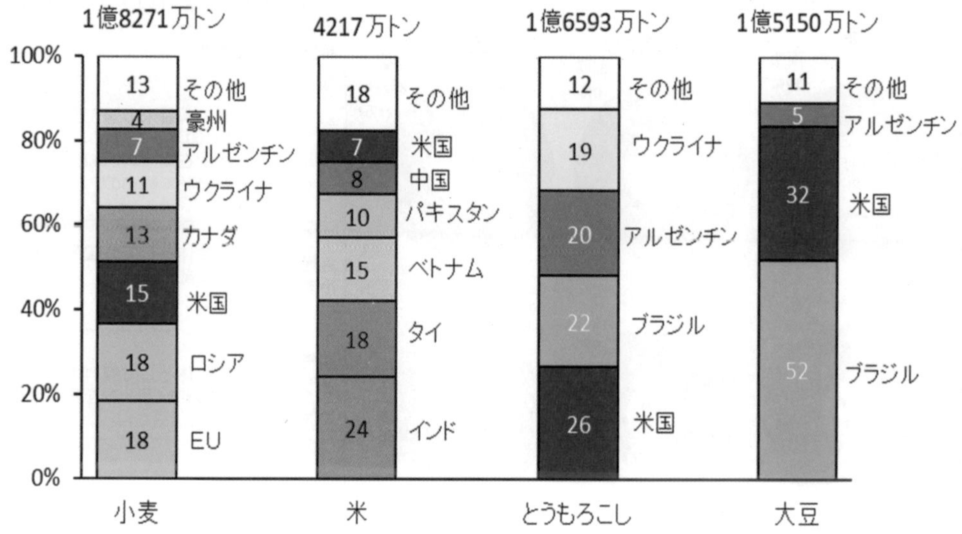

資料：USDA「PS＆D」（2020年4月）（2019/2020の数値）
注：EU加盟国（英国を含む28か国）については、EUとして一括区分。

5

穀物等の国際価格の動向(ドル/ブッシェル)

○とうもろこし、大豆が史上最高値を記録した2012年以降、世界的な小麦やとうもろこし、大豆の豊作等から穀物等価格は低下。2017年以降ほぼ横ばいで推移。
○大豆や小麦は３月下旬に、コロナウィルスによる家庭需要増加の見込みや、中国による米国産穀物購入の期待などから一時上昇したものの、現在は落ち着きを見せている。
○とうもろこしは、飼料だけでなく、ガソリンに添加されるバイオエタノールの原料にも用いられており、原油価格の動向と連動する傾向。

□　穀物等の国際価格の動向

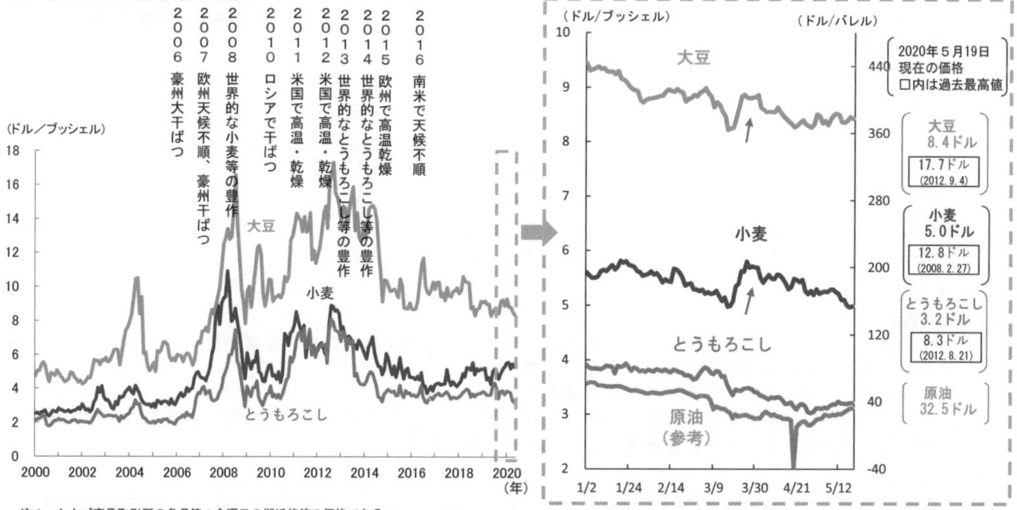

注１：シカゴ商品取引所の各月第１金曜日の期近終値の価格である。
注２：過去最高価格については、シカゴ商品取引所の全ての取引日における期近終値の最高価格。

注：穀物価格は、シカゴ商品取引所の１月２日からの毎日の期近終値の価格
原油は、NYMEX・WTI原油価格である。

6

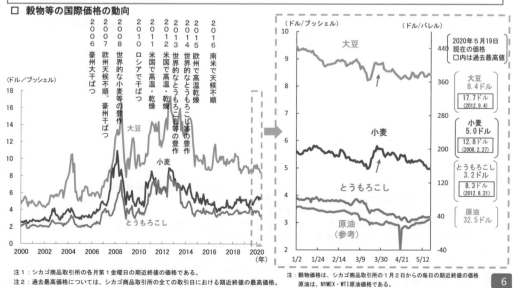

主要穀物等の輸入の安定化・備蓄

○国内生産では国内需要を満たすことができない品目は、品目ごとの国際需給及び価格の動向を踏まえた輸入の安定化や農産物備蓄を通じて、国内への安定供給を図っている。

○ 我が国の品目別輸入状況

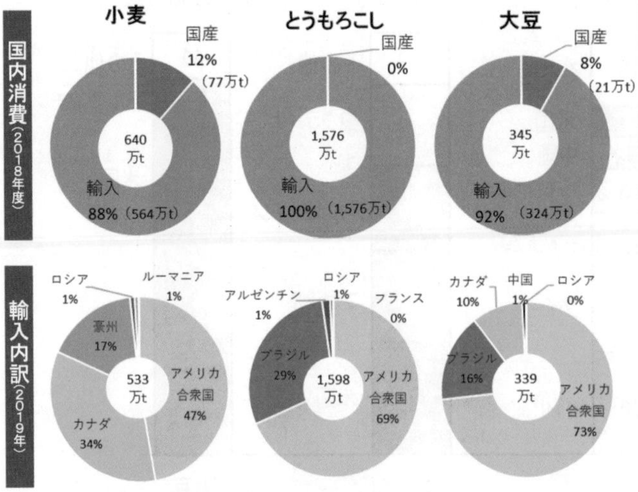

（備考）1　国内消費は、農林水産省「食料需給表」（平成30年度）、
輸入内訳は、農林水産省「農林水産物輸出入概況」（令和元年暦年）より作成。
2　単純化のため輸出、在庫分は捨象し、国内消費≒国内生産＋輸入と仮定。
3　国内消費における国産、輸入については、食料自給率算定方法に従い、加工品も原料換算して含めた（例：ビスケットに含まれる小麦分を小麦としてカウント）値としている一方、輸入内訳については、加工品の原料分は含まない値である。
4　民間在庫についてはヒアリング等を基にした推計値を含む。また、数量は消費の状況により変動する。

○ 我が国の農産物備蓄等の状況（2020年5月）

品目	概要
米	政府備蓄米の適正備蓄水準は約100万トン程度 民間在庫（約230万トン）と合わせて約330万トン
食糧用小麦	国全体として外国産食糧用小麦約93万トン
飼料用とうもろこし	国全体として飼料用とうもろこし約84万トンを民間備蓄
大豆	民間在庫 約40万トン

新型コロナウイルス感染拡大下における主要輸入先国における穀物等の輸出に係る業務継続の状況

【米国】

○ＣＩＳＡ（米国国土安全保障省サイバーセキュリティ・インフラストラクチャーセキュリティ庁）

・コロナウイルスの感染期においても、通常通りの操業を続けるべき「基幹的に重要な社会基盤の従事者」（the Essential Critical Infrastructure Workforce）の業種の一つに、「食品・農業」を指定
※農漁業や、流通、製造、外食等の関連産業も含む。
http://www.agr.georgia.gov/covid-19/Guidance-on-the-Essential-Critical-Infrastructure-Workforce-V2.pdf

・コロナウイルスの影響により操業を停止している食肉加工処理施設に対して、「国防生産法」（Defense Production Act）に基づき、大統領令による操業の再開を指示（４/28）し、１４施設が操業再開(５/８)。
※他に操業を指示されている品目は、防護マスクや人工呼吸器など。
https://www.usda.gov/media/press-releases/2020/04/28/usda-implement-president-trumps-executive-order-meat-and-poultry

○U.S.GRAINS COUNSIL（米国穀物協会）　３月25日付け声明（抜粋）

・米国の穀物輸出施設については、公共と民間を問わずにおおむね正常に操業を続けている。
・コロナウイルスに関連する直接の懸念事項は発生していないが、コンテナの不足による間接的な影響がみられる。協会では、これらの状況はウイルスやウイルス対応の影響ではなく、市場の問題であると理解。http://grainsjp.org/cms/wp-content/uploads/dlm_uploads/USGC-COVID-19.pdf

○主要穀物の日本向けの供給量は十分にあり、物流も円滑に機能しており、日本への輸出は問題ないと米国穀物協会等から確認（在外公館）

【カナダ】

○カナダ政府

・コロナウイルスの感染期においても、「基幹サービス」の提供を行うための操業が許可される「重要な社会基盤」の業種の一つに、「食品」を指定
※農漁業や、流通、製造、外食等の関連産業も含む。https://www.publicsafety.gc.ca/cnt/ntnl-scrt/crtcl-nfrstrctr/esf-sfe-en.aspx

○日本向けの供給面において大きな問題・影響は生じていないと、カナダ農業・農産食料省幹部及びカナダ各品目農業団体（豚肉、カノーラ、小麦等）から確認（在外公館）

【ブラジル】

○国内輸送、港湾での船積みなどはいずれも、現時点では目立った遅延などは見られないと現地日系企業から聞き取り（在外公館）

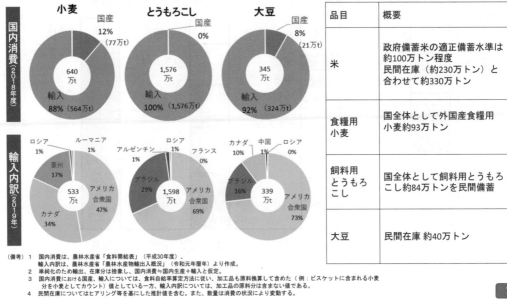

農産物・食品の輸出規制に関する最近の主な動き

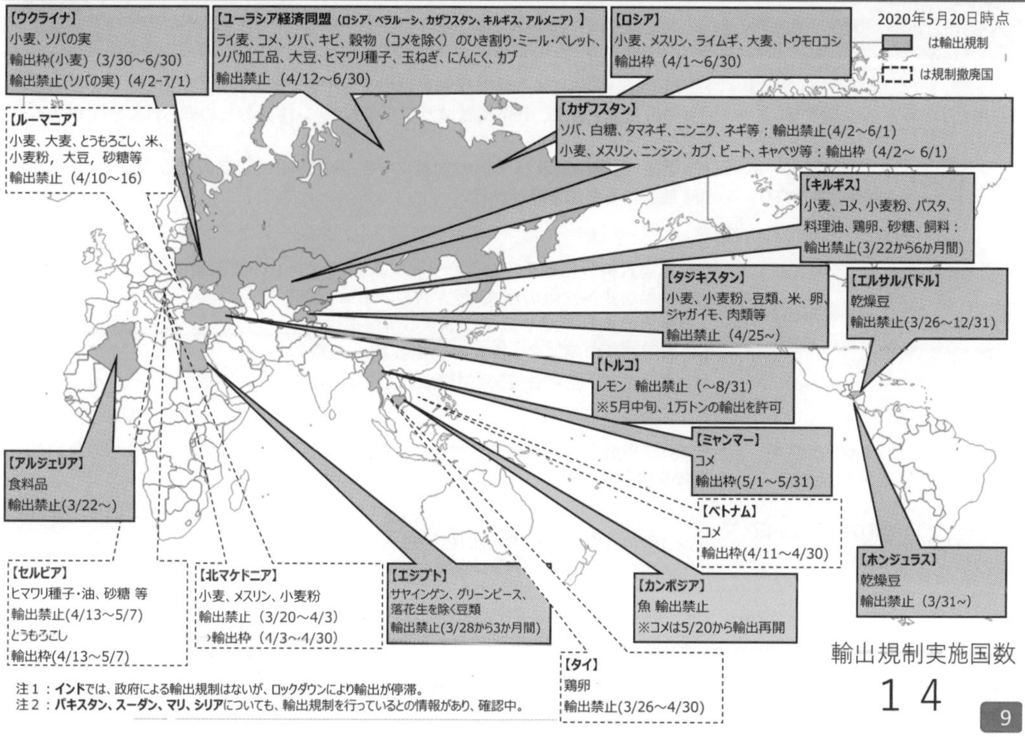

注１：**インド**では、政府による輸出規制はないが、ロックダウンにより輸出が停滞。
注２：**パキスタン、スーダン、マリ、シリア**についても、輸出規制を行っているとの情報があり、確認中。

9

輸出規制を実施しているロシア、ウクライナの小麦輸出先

○小麦輸出量の変化（2000/2001年度→2019/2020年度）

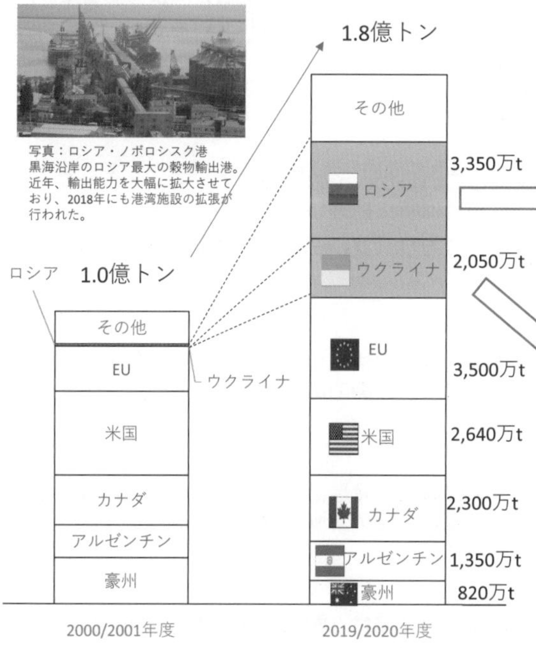

写真：ロシア・ノボロシスク港
黒海沿岸のロシア最大の穀物輸出港。近年、輸出能力を大幅に拡大させており、2018年にも港湾施設の拡張が行われた。

資料：米国農務省穀物等需給報告他により農林水産省作成（2020. 5）

○ロシア、ウクライナの輸出先国（2019年）

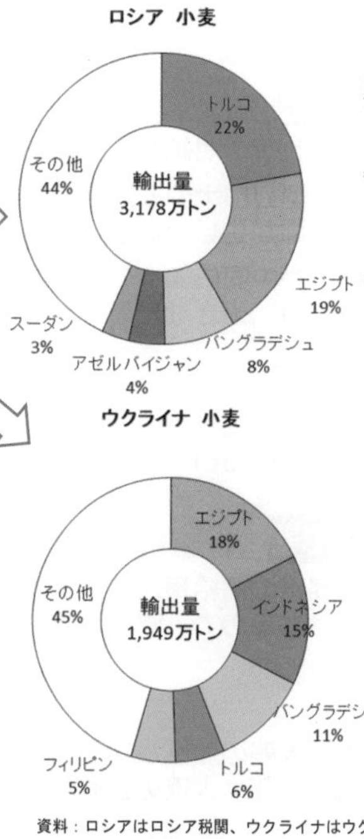

輸出枠
700万トン*
(2020年4/1～6/30)
*小麦、メスリン、ライムギ、大麦、とうもろこしを合わせた量

※日本は非食用として約５万トンを輸入(2019年)

輸出枠
2020万トン
(2019/20年度)

※日本はウクライナからの輸入はない（2019年）

資料：ロシアはロシア税関、ウクライナはウクライナ国家統計局。

10

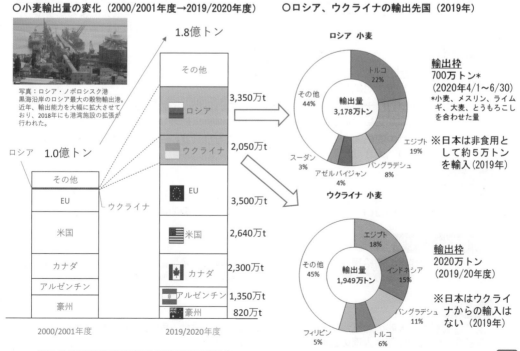

新型コロナウイルス関連：農産物・食品輸出入規制等への国際的な対応

5月15日時点

	月日	項目	概要
1	3/31	FAO・WHO・WTO共同声明	・正当でない理由による輸出規制等はサプライチェーンの混乱を招く。 ・食料の生産、加工、小売業者はサプライチェーン維持のため守られる必要がある。
2	4/16	NZ・シンガポール共同宣言（WTO）	・医薬品・医療用品及び一部の食料につき、関税・輸出規制の撤廃等を一方的に約束。他国にも参加を呼びかけ。
3	4/21	G20農相会合共同声明	（1）生産資材の供給を含む、フード・サプライチェーンの機能維持 （2）不当な貿易制限の回避と、WTOルールの遵守 （3）世界の食料市場や政策に関する情報提供 （4）食品ロスの削減や、将来の動物疾病への備え （5）農村地域、農業者・農業労働者及び食品事業者への支援
4	4/21	FAO・世銀等共同声明	・G20農相会合と同様の内容に加え、貧困層や所得に影響のあった者への重点的支援を提言。
5	4/22	WTO有志23か国・地域（※）共同声明	・G20農相会合（1）～（3）と同様の提言　（※日本も参加）
6	4/24	WTO・IMF共同声明	・医療用品・食料への不必要な輸出規制を行わないよう呼びかけ。
7	5/5	WTO有志42か国・地域（※）共同声明	・医療用品・農産物の貿易制限の回避を提言　（※日本も参加）

11

穀物等の輸入に関する商社等との情報交換の実施

○海外からの輸入に依存している穀物等に関し、新型コロナウイルス感染拡大による影響や対応方向について、商社等との情報交換を実施し、以下の情報が得られている。

物流の現状

・港湾の人員減少により船積みに時間がかかる事例はあるが、米国やカナダにおいて、現時点では物流の遅れ等の明確な影響は見られない。

・ブラジルでは新型コロナウイルスの感染が拡大しているが、その影響によって、トラックなどの物流に支障が生じているという具体的な事例は特に把握していない。

・輸送用コンテナが中国に滞っている関係で不足しており、フレート価格は上昇している一方、原油安もあり、大きな影響はない。

作付状況

・米国やカナダでは小麦や大豆、とうもろこしの作付けが本格化しているが、作付作業は機械化されており、新型コロナによる影響は特段見られず、順調である。

穀物価格への影響

・５月の米国農務省の需給報告によれば、世界全体の穀物生産量は過去最大になる見込みであり、もの自体はあるので、物流が滞らない限り、国際価格の急騰はないのではないか。

懸念事項

・港湾労働者や輸入船の船員が新型コロナに感染している場合、輸入船が日本の港湾に接岸する際、物流の停滞や入港の遅れなどのリスクがある。

12

＜基本法における施策の検証等＞

食料・農業・農村基本法における食料の安定供給の確保に関する施策の検証（基本法第 16 条～第 20 条）

食料・農業・農村基本法における農業の持続的な発展に関する施策の検証（基本法第 21 条～第 33 条）

食料・農業・農村基本法における農村の振興及び団体の再編整備に関する施策の検証（基本法第 34 条～第 36 条及び第 38 条）

食料の安全性の確保等（基本法第16条第1項）

○　**食料・農業・農村基本法（平成11年）**

（食料消費に関する施策の充実）

第１６条　国は、食料の安全性の確保及び品質の改善を図るとともに、消費者の合理的な選択に資するため、食品の衛生管理及び品質管理の高度化、食品の表示の適正化その他必要な施策を講ずる。

○　**現行基本計画の概要**

- 「後始末より未然防止」の考え方を基本とし、国産農林水産物や食品の安全性を向上（危害要因の含有実態調査と低減指針の作成、現場への普及、低減指針の効果検証等）
- 生産資材（肥料・農薬・飼料・動物用医薬品）について、安全性の向上、適正使用の推進、迅速な供給といった観点から、科学的知見に基づくリスク管理を効果的かつ効率的に実施
- 農水省のガイドラインに則した一定水準以上のGAPの普及・拡大を推進、中小規模層の事業者へのHACCP導入のための施設や体制の整備等、必要な環境整備の推進

12基本計画（H12.3閣議決定） ＞ **17基本計画（H17.3閣議決定）** ＞ **22基本計画（H22.3閣議決定）** ＞ **現行基本計画（H27.3閣議決定）**

情勢の変化等

- ●H13.9 国内初のＢＳＥの発生
- ●H20.1 冷凍餃子薬物混入事案発生
- ●H23.3 東日本大震災発生
- ●H25.5 OIEによる「無視できるBSEリスクの国」
- ●H25.12 冷凍食品への農薬混入事案の発生
- ●H30.6 食品衛生法改正

主な制度等

- ■H10.5 HACCP支援法の制定
- ■H14.4 食と農の再生プラン：消費者に軸足を移した農政
- ■H14.6 BSE特措法の制定（飼料安全法等の改正）
- ■H15.7 ①食品安全基本法の制定 ②消費・安全局の設置 ③食品安全委員会の設置
- ■25.6 HACCP支援法の改正
- ■R2.6 HACCPに沿った衛生管理の制度化（R3.6 完全実施）

講じた措置

［リスク管理］

- H15 コーデックス委員会がリスクアナリシスの作業原則を採択
- ■リスクアナリシスの考え方が食品安全基本法に規定
- → リスクアナリシスの導入を17基本計画で位置づけ
- → リスク管理の標準手順書を作成(H17.8)
- 優先的にリスク管理の対象とする有害物質をリスト化、実態調査の中期計画作成
  - 有害化学物質(H18.4、H22.12改定、H28.1改定)　・有害微生物(H19.4、H24.3改定、H28.12改定)
  - コーデックス委員会での国際基準等の策定に貢献
- 食品中の有害物質の含有実態調査(H18～)
- 生産者や食品事業者向けの、有害物質の低減対策を示した指針等を順次作成(H19～)
  - 例：コメ中のカドミウム低減のための実施指針（ H23.8、H30.1改訂）
- 措置の効果を検証し、必要に応じて見直し
  - 例：調味料中の3-MCPDについて低減措置が有効であることを確認（H31.3）

［生産資材］

安全な食品の安定供給のために、安全な生産資材（肥料・農薬・飼料・動物用医薬品）の確保を図るとともに、その適正な使用を推進

- 例）■BSE関係規制：牛の肉骨粉を原料等とする飼料の使用禁止等 ＞ 科学的知見に基づきリスクの程度に応じたリスク管理措置 ＞ 牛の肉骨粉の肥料利用の再開(H26.1) ＞ 牛の肉骨粉の飼料利用（養魚用）の再開(H27.4)
- 例）飼料中の有害物質の基準値設定・見直し　かび毒2項目 ＞ 農薬91項目,かび毒等１項目 ＞ 農薬61項目,かび毒等７項目 ＞ 農薬40項目,かび毒１項目
- 例）動物用医薬品の基準設定・見直し　動物用医薬品　16項目 ＞ 動物用医薬品　31項目
- 例）日米欧での動物用医薬品の安全性等確認試験の共通化　39ガイドライン ＞ 15ガイドライン ＞ 10ガイドライン
- 農薬の安全性の一層の向上を図るため、農薬取締法の改正（H30.6）
  - 農薬の再評価制度の導入
  - 農薬の安全性評価の充実
- 肥料取締制度の見直しに係る意見交換会を開催し、課題を整理（H31.1）

食料の安全性の確保等（基本法第16条第1項）

12基本計画（H12.3閣議決定）
17基本計画（H17.3閣議決定）
22基本計画（H22.3閣議決定）
現行基本計画（H27.3閣議決定）
講じた措置
[GAP･HACCP]
H19.3「基礎GAP」の策定(作物別のモデル)
H22.4「農業生産工程管理(GAP)の共通基盤に関するガイドライン」の策定
H28.5 都道府県GAPについて、農林水産省の「農業生産工程管理(GAP)の共通基盤に関するガイドライン」への準拠確認を開始
H30.11 GAPを策定している39都府県が準拠
農業者や事業者等のGAPの策定と自主的な取組を促進
食品安全に加え、環境、労働等を対象とした高度な取組内容を含むGAPの推進
市場のグローバル化の進展に伴い欧米や国内の一部量販店における取引条件として国際水準GAP規格の認証取得を求める動きの加速化を踏まえ、国際的に通用する水準のGAPを推進
（GAPの導入産地数*1 ）
596（H19年度）
1,984（H21年度）
2,607（H24年度）
2,713（H25年度）
2,737（H26年度）
2,832（H27年度）
H15 コーデックス委員会が中小企業を考慮したHACCPガイドライン改定を実施
■食品製造業への HACCP（危害分析・重要管理点）導入促進
中小食品製造業へ普及
■HACCP導入の前段階の整備も融資対象化(HACCP支援法改正)
■～30年高度化基盤整備を重点的に推進
■H31年～R5年高度化を重点的に推進
食品企業のHACCP導入率*2
42%（H30年度）
[震災対応]
●食品中の放射性物質の検査、低減対策、説明会の実施等
●肥料・飼料等に含まれる放射性セシウムの暫定許容値の設定
●肥料・飼料の放射性セシウムの検査及び暫定許容値を踏まえた、適切な管理の指導・徹底
[事件対応]
●事業者に、情報提供、早期回収への協力や再発防止対策を依頼
●事業者に、情報提供、早期回収への協力依頼

*1：農林水産省調べ　*2：平成30年度「食品製造業におけるＨＡＣＣＰに沿った衛生管理の導入状況実態調査」

2

食品表示の適正化等（基本法第16条第1項）

○　**食料・農業・農村基本法（平成11年）**
（食料消費に関する施策の充実）
第１６条　国は、食料の安全性の確保及び品質の改善を図るとともに、消費者の合理的な選択に資するため、食品の衛生管理及び品質管理の高度化、食品の表示の適正化その他必要な施策を講ずる。

○　**現行基本計画の概要**
・加工食品の原料原産地表示について、実行可能性を確保しつつ拡大に向けて検討
・食品表示について産地判別等への科学的な分析手法の活用等により、効果的かつ効率的な監視を実施
・食品産業事業者等におけるトレーサビリティの取組の拡大　等

12基本計画（H12.3閣議決定）　**17基本計画（H17.3閣議決定）**　**22基本計画（H22.3閣議決定）**　**現行基本計画（H27.3閣議決定）**

情勢の変化等
● H13頃～ 食品の不正表示問題 （原産地・品種の虚偽表示等）
● H20.9 事故米穀の不正規流通問題
● H25.10～ 外食メニュー等の不正表示問題

主な制度等
■H14.6 JAS法の改正
■H17.6 JAS法の改正
■H21.4 JAS法の改正
■H21.4 米トレーサビリティ法の制定
■H21.9 消費者庁の設置
消費者庁が食品表示の企画・立案を担当
監視・取り締まりは消費者庁・農水省が連携して実施
■H25.6 食品表示法の制定
（食品衛生法、JAS法、健康増進法の表示に関する規定を統合）
■H25.12 農林水産業・地域の活力創造プラン
（農林水産業・地域の活力創造本部決定）
■景品表示法の改正等の検討
（事業者の表示管理体制の強化、都道府県の権限強化等）
■H27.4 食品表示法の施行
■H28.4 景品表示法の改正法の施行

講じた措置

［表示基準］
■違反業者名の公表の迅速化等
（H14.6 JAS法の改正）
■品質表示基準制定（H12.3）
・生鮮食品の原産地表示を義務化(H12.7施行)
・加工食品の原材料名等の表示を義務化(H13.4施行)
・遺伝子組み換え食品の表示等を義務化(H13.4施行)
■H20.4 業者間で取引される加工食品等にも表示を義務付け
■H17.7 外食向け原産地表示のガイドラインを策定
■虚偽の原産地表示に対する罰則の新設等
（H21.4 JAS法の改正）
■食品表示法に基づく「食品表示基準」の策定
（H27.4施行）
■機能性の表示を容認する新たな方策の検討
（26年度中に結論・措置）
■食品表示基準を改正し、輸入品以外の全ての加工食品に原料原産地表示を義務付け（H29.9施行）
■H27.3 機能性表示食品の届出等に関するガイドラインの制定、以降運用開始

原料原産地表示
原料原産地表示の義務化 8品目(H13.10) → 20食品群＋４品目(H18.10) → 22食品群＋４品目(H25.4) → 輸入品以外の全ての加工食品＋1品目(おにぎりののり)
(H29.9施行、経過措置期間はR4.3末まで)

［表示監視・指導］
■H14.2～ 食品表示110番を開設
■H14.4～ 食品表示ウオッチャーによる食品表示の点検を実施(～24.3)
■H15.7～ 食品表示Gメンを設置
■H20.4 広域・重大な案件に対応する食品表示特別Gメンを設置
■H22.10 指示･公表の指針の運用改善
(「指導」の要件の厳格化)
■食品表示法に基づく執行体制の検討
■食品表示Gメン等が景品表示法に基づく巡回調査等を実施
(H26.2月下旬～)
■食品表示法の執行体制に基づく、監視・指導の実施

不適正表示率（農林水産省調査）							
生鮮食品	46.9%(H15)	21.8%(H17)		10.6%(H22)	3.8%(H24)	0.6%(H27)	0.4%(H30)
加工食品			18.4%(H20)	12.7%(H22)	9.8%(H24)	2.3%(H27)	1.8%(H30)

［JAS］
■有機JAS、生産情報公表JASの制定
■流通方法を基準とするJASの制定を可能にする規定の新設等
（H17.6 JAS法の改正）
■H21.4 定温管理流通JASの制定
■H22.7 JASの制定等に関する計画を毎年度、作成・公表することにより、JASの策定と見直しの手続きを透明化
【基本法第17条に記載】

［トレーサビリティ］
■米穀等の取引等の記録作成・保存（H22.10～）、産地情報伝達（H23.7～）の義務化
■ H23.9～　米穀流通監視官の設置
■米穀等以外の飲食料品に係るトレーサビリティについて、農林漁業者や中小食品産業事業者における取組の拡大を推進
■R1.5 有識者で構成した推進方策の検討会を設置し、新たな推進方策について検討を開始

食料消費の改善等（基本法第16条第2項）

○ **食料・農業・農村基本法（平成11年）**
（食料消費に関する施策の充実）
第１６条第２項　食料消費の改善及び農業資源の有効利用に資するため、健全な食生活に関する指針の策定、食料の消費に関する知識の普及及び情報の提供その他必要な施策を講ずる。

○ **現行基本計画の概要**
- 健全な食生活を営めるよう、関係府省が、地方公共団体等と連携した食育の推進
- 「日本型食生活」の実践に係る取組と併せて、学校教育をはじめとする様々の機会を活用した、幅広い世代に対する農林漁業体験の機会の提供を一体的に推進
- 食育や「和食」の保護・継承、介護食品の開発など医療・福祉分野と食料・農業分野が連携する医福食農連携、農村の魅力と観光需要を結び付ける農観連携、国産花きなど品目別の需要拡大等を推進する取組と連携しつつ、官民一体となった国民運動を推進
- 地域の農産物の学校給食への安定供給体制を構築するなど、関係府省が連携しつつ、地産地消を更に推進
- 国産農産物の消費拡大に向けて、官民一体となった国民運動を推進するとともに、関係府省が連携しつつ、地産地消を更に推進
- ユネスコの無形文化遺産に登録された日本人の伝統的な食文化である「和食」の保護・継承を本格的に推進

12基本計画（H12.3閣議決定） → **17基本計画（H17.3閣議決定）** → **22基本計画（H22.3閣議決定）** → **現行基本計画（H27.3閣議決定）**

情勢の変化
- ●H23.3 東日本大震災発生
- ●H25.12 和食のユネスコ無形文化遺産登録
- **長期的には、米、野菜等の消費が減少する一方、畜産物、油脂等の消費が増加。また、外食や惣菜、調理食品への支出割合が増加。**
- **単身世帯の増加、スーパー、コンビニでの食料購入額の増加**

主な制度等
- ■H14.4 食と農の再生プラン
  ：消費者に軸足を置いた農政
- ■H12.3 食生活指針の推進について（閣議決定）
  ：食生活指針等の普及・定着に向けた取組の推進、国民的運動の展開
- ■H17.6 食育基本法の制定
  ：食育推進基本計画の作成等
- ■H18.3 第１次食育推進基本計画
  ：食育の推進に関する施策の基本的な方針や目標、総合的な促進等
- ■H17.6 食事バランスガイド
  （厚生労働省・農林水産省決定）
- ■H22.12 六次産業化・地産地消法の制定
- ■H23.3 第２次食育推進基本計画
  ：「周知」から「実践」をコンセプトに、生涯にわたるライフステージに応じた間断ない食育の推進等
- ■H28.3 第３次食育推進基本計画
  ：「実践の環（わ）を広げよう」をコンセプトに、若い世代を中心とした食育の推進等

講じた措置

［国産の消費拡大］
- 米の消費拡大
  - 米飯学校給食や朝ごはんをしっかりとる国民運動（めざましごはんキャンペーン）の推進
- ・中食・外食向けのマッチング支援、「やっぱりごはんでしょ！」運動の展開
- 「日本型食生活」の実践を推進する観点から、品目別に行われていた国産農産物の消費拡大対策を、一体的かつ戦略的に実施
- 食料自給率向上に向けた「フード・アクション・ニッポン」等の展開
  - 企業・団体等と連携した、品目横断的な国産農林水産物の消費拡大
- 国産消費拡大に向けた「フード・アクション・ニッポン」等の展開
  企業・団体等と連携した官民一体の国民運動の推進
- 被災地産食品の消費拡大
  - 「食べて応援しよう！」のキャッチフレーズの下、被災地産食品の利用を促進

［食育］
- ■食を考える国民会議を発足し、食育を推進
- ・「食生活指針」の策定と普及啓発
- ・学校における食・農業などに関する教育を充実
- 国民運動としての食育の推進
  - 「食事バランスガイド」の活用を通じた「日本型食生活」等健全な食生活の実践の促進
  - 食と農林水産業への理解を醸成する教育ファーム等農林漁業体験の推進
  - 地域の食文化への理解促進
- 地域の関係者が連携して取り組む食育の推進
  第３次食育推進基本計画の目標達成に向けて、食文化の継承、和食給食の普及、農林漁業体験機会の提供、日本型食生活の普及推進、食育を推進するリーダーの育成等を推進

［「和食」保護・継承］
- 「和食」の保護・継承に向けた取組の推進
- 食文化・市場開拓課及び同課和食室の設置
- ・学校給食を通じて和食文化を伝える「和食給食」の推進
- ・子供、子育て世代への「和食」継承活動の推進
- ・「和食」の喫食機会を増やす官民協働の「Let's!和ごはんプロジェクト」の推進

［地産地消］
- 地産地消の推進　・地域食材の利用促進
- 地産地消コーディネーターの育成・派遣

4

食料消費の改善等（基本法第16条第2項）

	12基本計画（H12.3閣議決定）	17基本計画（H17.3閣議決定）	22基本計画（H22.3閣議決定）	現行基本計画（H27.3閣議決定）
米の消費量*1	64.6kg/人/年（H12年度）	61.4kg/人/年（H17年度）	59.5kg/人/年（H22年度）　56.3kg/人/年（H24年度）	
米飯学校給食の週当たりの平均実施回数*2		2.9回（H17年）	3.3回（H24年）　目標：週３回以上注)	
朝食の欠食率*3		【総数】10.7%（H17年） 【20代】男性：33.1%、女性：23.5%（H17年）	【総数】10.8%（H24年） 【20代】男性：29.5%、女性：22.1%（H24年）	【総数】11.8%（H27年度） 【20代】男性：35.1%、女性：23.4%（H27年度） ※目標：20歳代・30歳代男性：15%以下(R２年度)
食事バランスガイドの認知度*4		26.0%（H17年度）	61.0%（H24年度）	57.2%（H27年度）
日本型食生活を実践している人の割合*4		17%（H21年度）	18%（H22～24年度）	61.9%（H27年度）
主食・主菜・副菜を組み合わせた食事を１日２回以上毎日食べている国民の割合*6				57.76%（H27年度） 41.5%（H28年度）　59.7%（28年度）　58.1%（H29年度） 目標：70%以上（H32年度）
食文化を継承し、伝えている国民の割合*6				41.6%（H27年度） 41.5%（H28年度）　37.8%（H29年度） 目標：50%以上
食文化を継承している若い世代の割合*7				49.3%（H27年度） 54.6%（H28年度）　50.4%（H29年度） 目標：60%以上
農林漁業体験を経験した国民の割合*4			27%（H22年度）　31%（H24年度）	36.2%（H27年度）　目標：40%（H32年度）
学校給食における地場産物使用割合*5			25.1%（24年度）	26.9%（H27年度）　目標：30%（H32年度）
学校給食における国産食材使用割合*5			77%（H24年度）	77.7%（H27年度）　目標：80%（H32年度）
食料自給率*1	40%（H12年度）	40%（H17年度）	39%（H22年度）	39%（H27年度）　目標：45%（H37年度）

＊1：農林水産省「食料需給表」、＊2：米飯給食実施状況調査（文部科学省）、＊3：厚生労働省「国民健康・栄養調査」（【総数】は１歳以上での平均、H24年の【総数】は「平成24年国民健康・栄養調査結果の概要」から農林水産省において推計）
＊4：「食事バランスガイド」認知度及び参考度に関する全国調査（平成21～22年度）、「食生活及び農林漁業体験に関する調査結果」（平成23～24年度）
＊5：文部科学省「学校給食における地場産物の活用状況調査」（学校給食の地場産物使用割合：学校給食の献立に使用した総食品数のうち、県内産の食品数の割合。学校給食の国産食材使用割合：学校給食の献立に使用した総食品数のうち、国内産の食品数の割合）
注）週３回以上の地域や学校については、週４回などの目標設定を促す
※は第2次食育推進基本計画における目標値

食品産業の健全な発展－食品製造業・外食産業－（基本法第17条関係）

○ **食料・農業・農村基本法（平成11年）**
（食品産業の健全な発展）
第１７条　食品産業の健全な発展を図るため、事業活動に伴う環境への負荷の低減及び資源の有効利用の確保に配慮しつつ、事業基盤の強化、農業との連携の推進、流通の合理化その他必要な施策を講ずる。

○ **現行基本計画の概要**
・ 六次産業化・地産地消法（平成22年法律第67号）や農林漁業成長産業化ファンド等の支援施策の活用を推進
・ 中小規模の事業者が多い食品産業における生産性向上や労働力確保等に向け、優良事例の共有化等を図る官民一体となった協議会の立ち上げや、ロボット技術の導入等の取組を推進
・ 介護食品や食を通じた健康管理を支援するサービスの分野について、医福食農連携による食品産業事業者等の参入を促す
・ 食品に対する消費者の信頼の確保を図りつつ、市場拡大に資する観点から、新たな消費者ニーズを踏まえたJAS規格等を検討し、制度化を図る
・ 青果物等の輸出拠点として、卸売市場の活用を目指す新たな取組などを推進するとともに、農産物先物市場について、市場環境を整備　等

12基本計画（H12.3閣議決定）　〉　17基本計画（H17.3閣議決定）　〉　現行基本計画（H22.3閣議決定）　〉　現行基本計画（H27.3閣議決定）

情勢の変化等

- ●H20 世界の穀物・原油価格高騰
  ：事業環境の悪化、原料調達リスク
- ●H25 円安局面へ
  ：事業環境の更なる悪化
- ●人手不足、物流問題が表面化
- ●AIやドローンが研究段階から本格導入がはじまる
- ●H19～ 食品の不適切事案の発生
- ●H23 人口減少局面に
  ：国内マーケットの縮小
- ●アジア市場の拡大
  ：海外の伸びゆく需要の獲得
- ●インバウンドの急増
  ：新たな需要の獲得
- ●EPA交渉等における段階的な関税削減

主な制度等

- ■H24.3 食品産業の将来ビジョン（農林水産省公表）
- ■H25.12 農林水産業・地域の活力創造プラン（農林水産業・地域の活力創造本部決定）
- ■H30.4 食品産業戦略の策定
- ■H16.5 特定農産加工法の延長　■H21.5 延長　■R元年.6 延長
- ■H19.10 農林水産省に食品の信頼確保・向上対策推進本部の設置
- ■H25.8 国別・品目別輸出戦略（FBI戦略）の策定
- ■H29.5 農業競争力強化支援法の制定
- ■H30.12 入管法の改正
- ■H20.5 農商工等連携促進法の制定
- ■H22.11 六次産業化・地産地消法の制定
- ■H24.8 株式会社農林漁業成長産業化支援機構法の制定
- ■H14.6 JAS法の改正
- ■H17.6 JAS法の改正
- ■H21.4 JAS法の改正
- ■H25.6 食品表示法の制定
  （食品衛生法、JAS法、健康増進法の表示に関する規定を統合）
- ■H29.6 JAS法の改正

講じた措置

[事業基盤]

〈 中小食品企業中心の脆弱な産業構造 〉　→　施設の効率化による経営環境の改善、コンプライアンス体制の一層の強化、グローバルな観点からの競争力強化等の取組を支援

- ■食品産業の生産性向上に向けた優良事例の収集、共有化等を図る表彰事業の実施
- ■外食・中食産業の生産性向上に向けた研修会や異業種交流会等を実施
- ■関税引き下げ等の影響を受ける加工業者への支援（特定農産加工法延長）
  融資実績累計 859件、3,200億円（H12～H24）
- ■H20.3 「『食品業界の信頼性向上自主行動計画』策定の手引き」の策定
  中小食品関係事業者の策定割合　50%（H19）、80%（H24）
  目標：80%（H24）＊1
- 食品産業のグローバル展開を支援(各国の情報収集、人材確保等)
  アジアにおける現地法人数　588法人（H20）、694法人（H24）、目標：800法人（H32）＊1
  アジアにおける活動規模　1.2兆円（H20）、1.46兆円（H24）、目標：2兆円（H32）＊1
- ■H30.4 食品産業のイノベーションの推進（革新的技術の活用実証支援）
- ■H20.6 食の信頼を高めるための「フード・コミュニケーション・プロジェクト（FCP）＊2」スタート
  参加企業数　約200社（H20）、約1,600社（H25）
- ■H23.8 米の先物取引の試験上場の開始（H25、H27、H29年に2年間ずつ延長）
- ■H24.9 総合取引所の実現に向けた法整備(金融商品取引法の改正)
- ■R1.6 規制改革推進に関する第４次答申を受け、総合取引所の上場運用基準を策定
- ■外食事業者などのグローバル展開を支援
  ●アジアにおける飲食店の現地法人数
  ：41（H17）、62（H22）、68（H23）

[JAS]

- ■有機JAS、生産情報公表JASの制定
- ■H22.7 JASの制定等に関する計画を毎年度、作成・公表することにより、JASの策定と見直しの手続きを透明化
- ■H28.8 そしゃく配慮食品のJASの制定
- ■H30.12 新たなJASマークの制定
- ■流通方法を基準とするJASの制定を可能にする規定の新設等（H17.6 JAS法の改正）
- ■H21.4 定温管理流通JASの制定
- ■JAS法改正以降H31.3までに日持ち生産管理切り花のJASなど11規格の制定

[農業との連携]

〈 農業者と食品企業との連携不足 〉　→　国産農産物を活用した新商品開発、本格的な事業展開、多様な連携の創出を目指した環境づくり等の取組を支援

- ■農業者と中小企業が連携して行う新商品開発等を支援（農商工等連携促進法）
  農商工等連携事業計画認定数　370件（H21）、612件（H26）
- ■農林漁業者の加工・販売等の取組を支援（六次産業化・地産地消法）
  総合化事業計画の認定数　1,690件（H25）
- ■6次産業化に取り組む農業者を出資等を通じて支援（株式会社農林漁業成長産業化支援機構法）
  - ■H28.5 支援事業者を出資対象に追加
  - ■H29.5 農業法人等への直接的な出資を可能にするための措置
  - ■H29.8 農業競争力強化支援法に基づく事業再編等への出資等を推進
  サブファンド数　36（H26年2月10日現在）、43(H30年11月１日現在)／出資案件数　6件(H26年2月10日現在)、136件(H30年12月19日現在)
- ■医福食農連携の推進（産官学コンソーシアムの整備等）
- ■医福食農連携の推進(介護食品の開発・普及等)

6

＊1：農林水産省「政策評価結果書」（平成25年11月）
＊2：FCPは、食品事業者、関連事業者、行政、消費者の連携により、消費者の「食」に対する信頼の向上に取り組むプロジェクト

食品産業の健全な発展－食品流通業－（基本法第17条関係）

○ **食料・農業・農村基本法（平成11年）**
（食品産業の健全な発展）
第１７条　食品産業の健全な発展を図るため、事業活動に伴う環境への負荷の低減及び資源の有効利用の確保に配慮しつつ、事業基盤の強化、農業との連携の推進、流通の合理化その他必要な施策を講ずる。

○ **現行基本計画の概要**
・ 各市場それぞれの立地条件や独自の強みを踏まえた経営戦略を確立し、産地や実需者との連携を通じた魅力ある生産物の集荷・販売を推進
・ 配送の共同化や取引の電子化等による、食品流通の各段階におけるコスト縮減や、多様な消費者や実需者のニーズに適切に対応した多元的な流通の展開等を推進
・ 食品ロスの削減に向け、食品の流通過程における納品期限等に関する商慣習の見直しの促進や、消費者への普及啓発等を行う国民運動の展開を図る
・ 高齢化や人口減少等の影響により食料の入手が困難となっている消費者が存在する地域において、移動販売や宅配サービスの展開など、食品産業事業者等による地域の関係者等と連携した取組を推進　等

12基本計画（H12.3閣議決定） ＞ **17基本計画（H17.3閣議決定）** ＞ **現行基本計画（H22.3閣議決定）** ＞ **現行基本計画（H27.3閣議決定）**

情勢の変化等

- ●H2～ ゴミ処分に伴うダイオキシン問題：循環型社会への転換
- ●H17 京都議定書発効：環境問題への取組強化
- ●アジア市場の拡大：海外の伸びゆく需要の獲得
- ●H23 人口減少局面に：国内マーケットの縮小
- ●食料品へのアクセス困難人口※：850万人
- ●ネットスーパー等流通形態の多様化
- ●持続可能な開発目標（SDGs）採択（H27.9）
- ●地球規模での資源・廃棄物制約や海洋プラスチックごみ問題

主な制度等

- ■H24.3 食品産業の将来ビジョン（農林水産省決定）
- ■H30.12 入管法の改正
- ■H16.6 卸売市場法の改正
- ■H16.10 第8次卸売市場基本方針の策定
- ■H22.10 第9次卸売市場基本方針の策定
- ■H28. 1 第10次卸売市場基本方針の策定
- ■H12. 5 食品流通構造改善促進法の改正
- ■ 28.11生産者に有利な流通・加工構造の確立が明記された農業競争力強化プログラムが決定
- ■H30.6 卸売市場法及び食品等流通法の改正
- ■H30.6 第四次循環型社会形成推進基本計画
- ■H12. 6 食品リサイクル法の制定
- ■H18. 6 容器リサイクル法の改正
- ■H19. 6 食品リサイクル法の改正
- ■H26.1 農林水産物・食品の輸出に係る物流検討会
- ■H27.7、R元.7 食品リサイクル基本方針の策定
- ■R元.5 食ロス削減推進法成立

講じた措置

［流通の合理化］

＜多様化する消費者ニーズへの対応＞　→　コールドチェーンをはじめ食品流通の効率化、卸売市場の再編・合理化、食品販売に係る業務の共同化等の取組を支援

- ■ 市場の再編促進等（卸売市場法改正）
- ■第8次中央卸売市場整備計画に再編が必要な中央市場を定め、再編を推進（第8次基本方針）
- ■21.4 卸売市場の手数料の弾力化（卸売市場法改正）
- ■第9次中央卸売市場整備計画に中央拠点市場を定め、流通ネットワークの構築を推進（第９次基本方針）
- ■第10次中央卸売市場整備計画を定め、品質管理が徹底された物流システムの構築を推進（第10次基本方針）
- ■農業者と製造業者の提携の支援を創設（食品流通構造改善促進法の改正）
- ■インショップなど直売所への取組を支援
  - ●直売所の年間販売金額：7,927億円（H23）
- ■食料品アクセス環境改善に向けて地域の関係者が検討する場の設置等を支援（24～28年度）
- ■農産物流通の合理化の取組（パレット化やICTを活用した共同配送等）の推進（30年度～）

［環境］

＜食品廃棄物等による環境負荷の増大＞　→　食品ロスの削減、地球温暖化防止・省エネ対策、容器包装の再商品化等の取組を支援

- ■食品廃棄物の発生抑制目標値の設定(H26.4:26業種、H27.8:５業種)
- ■R元.7 食品廃棄物の発生抑制目標値の設定(34業種)
- ■食品事業者の再生利用等の目標を設定（食品リサイクル法）
- ■川下における食品リサイクルの強化(食品リサイクル法改正)
- ■H24.3 食品廃棄物の発生抑制目標値（暫定16業種）の設定
- ■R元.7 事業系食品ロスの半減目標設定（2000年度比2030年度目標）
- ■H24～ 食品ロス削減のための商慣習検討ワーキングチームへの支援を通じた納品期限の緩和などの推進
- ●食品循環資源の再生利用率：製造 52%、卸 32%、小売 16%、外食8%（H12）、製造 95%、卸 57%、小売 41%、外食23%（H23）、目標：製造 85%、卸 70%、小売 45%、外食 40%
- ●食品循環資源の再生利用率：製造 95%、卸 67%、小売 51%、外食32%（H29）
  目標（H31）：製造 95%、卸 70%、小売 55%、外食 50%
  目標（R6）：製造 95%、卸 75%、小売 60%、外食 50%
- ■ 食品産業界において環境自主行動計画の推進・強化等
- ■新たな自主的取組の推進（H25～）
- ■容器包装を大量に使用する小売事業者に対する規制・罰則の強化等（容器リサイクル法改正）
- ■H28.5 容器包装リサイクル法の施行状況の評価・検討に関する報告
- ■プラスチック資源循環の促進

※　生鮮食料品販売店舗まで500m以上で、自動車を持たない人口（出典：農林水産政策研究所「平成22年国勢調査に基づく店舗まで500m以上の人口・世帯数推計」）

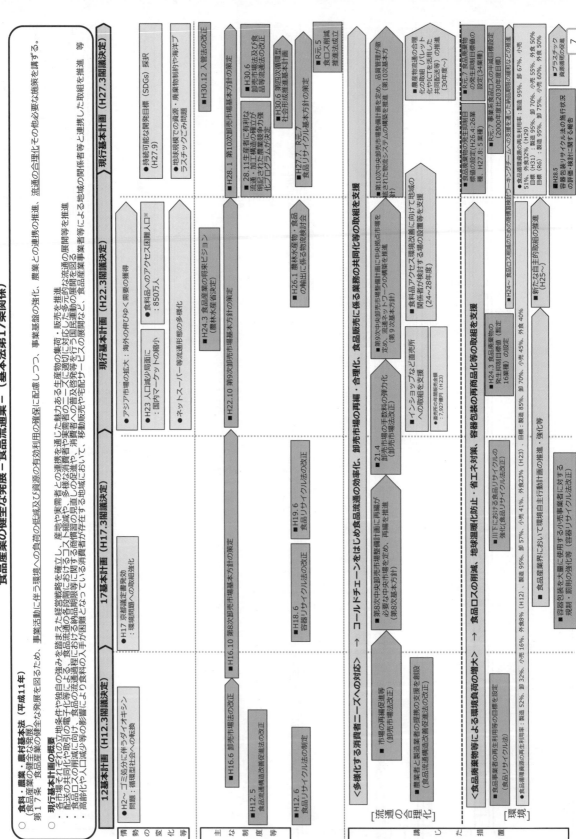

農産物の輸入に関する措置（基本法第18条第１項）

○ **食料・農業・農村基本法（平成11年）**
（農産物の輸出入に関する措置）

第１８条 国は、農産物につき、国内生産では需要を満たすことができないものの安定的な輸入を確保するため必要な施策を講ずるとともに、農産物の輸入によってこれと競争関係にある農産物の生産に重大な支障を与え、又は与えるおそれがある場合において、緊急に必要があるときは、関税率の調整、輸入の制限その他必要な施策を講ずるものとする。

〔**第２条第２項** 国民に対する食料の安定的な供給については、世界の食料の需給及び貿易が不安定な要素を有していることにかんがみ、国内の農業生産の増大を図ることを基本とし、これと輸入及び備蓄とを適切に組み合わせて行われなければならない。〕

○ **現行基本計画の概要**
- 食料の安定的な供給について、国内で農業生産の増大を図ることを基本とし、これと輸入及び備蓄とを組み合わせることにより確保することが必要。
- ＷＴＯドーハ・ラウンド農業交渉について、今後とも「多様な農業の共存」という基本理念を保持し、我が国の食料輸入国としての立場を最大限に反映すべきことを念頭に置きながら、各国の農業が相互に発展することができる貿易ルールの確立を目指す。
- 東アジア等における地域連携の推進に当たっては、我が国を含む関係国の食料の安定供給に資する取組を進めるとともに、ＥＰＡ(経済連携協定)、ＦＴＡ(自由貿易協定)について、食の安全・安定供給、食料自給率の向上、国内農業・農村の振興等を損なうことは行わないことを基本に取り組む。

【凡 例】
- 基本計画に基づく施策を青色で示すとともに、「主な制度等」と「講じた措置」の記載内容が対応している場合は濃い青色で示している。
- その時々の政策課題を踏まえて策定されたプラン等とそれに基づく取組については、青以外の色で対応関係を示している。

12基本計画（H12.3閣議決定） ＞ 17基本計画（H17.3閣議決定） ＞ 22基本計画（H22.3閣議決定） ＞ 現行基本計画（H27.3閣議決定）

情勢の変化等
- H20 食料価格の高騰：各国による輸出規制の実施、途上国の食料暴動の発生
- H20 米・小麦（国際価格最高値）
- H24 とうもろこし・大豆（国際価格最高値）

主な制度等
- H16.12 今後の経済連携協定の推進についての基本方針（経済連携促進関係閣僚会議決定）
- H22.11 包括的経済連携に関する基本方針：高いレベルの経済連携の推進と国内農業・農村振興との両立
- H25.6 日本再興戦略：2018年までにFTA比率[*1]70%（現状:19%）を目指す
- R元.6 成長戦略：速やかにFTA比率[*1]70%（現状:52%）を超える

講じた措置

［安定的な輸入の確保］

国際的な食料事情に対応した我が国の輸入の安定化・多角化
（ 輸入先国の生産者や輸出業者との情報交換、代替輸入先国の調査（H21.4～）、海外投資促進に関する指針の策定（H21.8）、日豪EPAにおいて食料安全保障章創設（H27.1）等 ）

世界的な食料安全保障強化への取組
（ H20年のG８洞爺湖サミットでの食料安保首脳声明を契機に、G７、G20、APEC、FAO等で食料安保や農業生産の強化等が重要課題として議論され、責任ある農業投資原則、G20農業市場情報システム、ASEAN+３緊急米備蓄協定等の取組が進展。また、途上国の貧困削減や気候変動等地球的規模の課題への対応のため、農林水産分野の国際協力を推進。 ）

［WTO］

WTO農業交渉を推進
（ H13年に開始されたドーハ開発ラウンドは、先進国と新興国の立場の違い等から交渉が難航。我が国は、市場アクセスの柔軟性の確保や輸出規制の強化等を主張。H25年12月の第９回閣僚会議では、農業の一部、貿易円滑化、開発の３分野からなる「バリ・パッケージ」に合意。H26年内にドーハラウンドの残された課題に関する作業計画を作成。 H27年12月の第10回閣僚会議では「輸出競争」に関する規定への合意に貢献。 ）

- （H7.1 WTO協定発効）
- H13.11 ドーハ閣僚会議・ドーハラウンド立ち上げ → H16.7 枠組み合意 → H20.7 非公式閣僚会合・モダリティ合意決裂 → H23.12 ジュネーブ閣僚会議・部分合意を目指すと確認 → H25.12 バリ閣僚会議・バリ・パッケージ合意
- H27.12 ナイロビ閣僚会議・「輸出競争」に関する規定に合意
- H29.12 ブエノスアイレス閣僚会議・議論の継続

［EPA・FTA等］

各国とのEPA・FTA等交渉を推進
（ これまでに18の国・地域とEPAを締結。 ）

【協定発効】
- H14.11 シンガポール
- H17.4 メキシコ
- H18.7 マレーシア
- H19.9 チリ
- H19.11 タイ
- H20.7 インドネシア
- H20.7 ブルネイ
- H20.12 順次発効 ASEAN全体
- H20.12 フィリピン
- H21.9 スイス
- H21.10 ベトナム
- H23.8 インド
- H24.3 ペルー
- H27.1 豪州
- H28.6 モンゴル
- H30.12 TPP11[*4]
- H31.2 EU

【交渉中】
- H15.12～ 韓国（中断中）
- H18.9～ GCC[*2]（延期）
- H24.11～ カナダ
- H24.12～ コロンビア
- H25.3～ 日中韓
- H25.5～ RCEP[*3]
- H25.12～ トルコ
- H31.4～ 米国

［セーフガード等］

WTO協定・EPAに基づく輸入急増時の関税の緊急措置の適用
- H13.4～H13.11 ねぎ等３品目に関するセーフガード暫定措置の発動
- 数量ベース特別セーフガード（12年度以降59回）・価格ベース特別セーフガード（12年度以降442回）の発動
- 牛肉・豚肉の関税緊急措置（13年度以降6回）の発動

＊1 FTA比率：ＦＴＡ・ＥＰＡ発効国との貿易額が貿易総額に占める割合
＊2 GCC（湾岸協力理事会）加盟国：バーレーン、クウェート、オマーン、カタール、サウジアラビア、アラブ首長国連邦
＊3 RCEP（東アジア地域包括的経済連携）：これまでのASEAN＋３（日,中,韓）及びASEAN＋６（日,中,韓,印,豪,NZ）の検討を踏まえ、既にASEANと「個々に」EPA/FTAを有するこれらの６ヵ国が「一つ」のEPAを目指すもの
＊4 TPP11（環太平洋パートナーシップに関する包括的及び先進的な協定）協定参加国：豪州、ブルネイ、カナダ、チリ、日本、マレーシア、メキシコ、NZ、ペルー、シンガポール、ベトナム

8

農産物の輸出に関する措置（基本法第18条第２項）

○ **食料・農業・農村基本法（平成11年）**
（農産物の輸出入に関する措置）
第１８条第２項　国は、農産物の輸出を促進するため、農産物の競争力を強化するとともに、市場調査の充実、情報の提供、普及宣伝の強化その他必要な施策を講ずるものとする。

○ **現行基本計画の概要**

- 輸出戦略実行委員会において、品目別の輸出拡大に向けた取組の方向を示す輸出拡大方針を毎年作成し、検証を行うとともに、物流効率化などの品目横断的な課題に対する方策を検討
- 輸出先となる国や事業者等から求められるHACCP、ハラール、GLOBALG.A.P.等の認証取得を促進
- 戦略的知的財産活用マニュアルの普及啓発により、育成者権や商標権といった特性の異なる知的財産権を組み合わせる等、戦略的に知的財産を利活用する取組を促進
- 東電福島第一原発事故後に放射性物質に係る輸入規制を行っている国・地域に対し、政府一体となって、規制の緩和や撤廃に向けた働きかけを継続
- 平成26年６月に策定した「グローバル・フードバリューチェーン戦略」に基づき、我が国の食品産業の海外展開等を通じたコールドチェーン（低温流通体系）、流通販売網等の整備を推進
- 平成27年のミラノ国際博覧会や平成32年のオリンピック・パラリンピック東京大会などを積極的に活用し、日本食や日本の食文化の海外展開を戦略的に推進
- 外食メニューの多言語化の推進等による訪日外国人の受入環境づくり等を推進
- 官民合同の協議会において、日本食や日本の食文化を効果的に海外に普及するための戦略を策定し、関係者が連携した取組を推進

12基本計画（H12.3閣議決定）　**17基本計画（H17.3閣議決定）**　**現行基本計画（H22.3閣議決定）**　**現行基本計画（H27.3閣議決定）**

情勢の変化等

- H20.9 リーマンショック発生（急速な需要減退による輸出の減少）
- H23.3 東日本大震災発生（原発事故に伴う放射性物質や汚染水問題）
- H25.12 和食のユネスコ無形文化遺産登録
- H28.6 英国の国民投票によりブレグジット賛成派が勝利
- H27.5～10 ミラノ万博
- H30 米中貿易摩擦
- H30.12 CPTPP発行
- H31.2 日EU・EPA発行

農林水産物・食品の輸出額

H12年	H17年	H20年	H21年	H22年	H23年	H25年	H27年	H28年	H29年	H30年
3,149億円	4,008億円	5,078億円	4,454億円	4,920億円	4,511億円	5,506億円	7,451億円	7,502億円	8,071億円	9,068億円

昭和59年に記録した過去の最高額5,328億円を更新

主な制度等

【目標】
- H21年までに6000億円（H18.4 21世紀新農政2006）
- 平成25年までに1兆円（H19.4 21世紀新農政2007）
- 平成32年までに1兆円（H21.12 新成長戦略、H25.12 農林水産業・地域の活力創造プラン）
- 平成32年1兆円目標を前倒しして平成31年までとした（H28.8 未来への投資を実現する経済対策）

- H16.4 国際部に輸出促進室を設置
- H17.4 農林水産物等輸出促進全国協議会設立
- ■H17.6 農林水産物等輸出倍増行動計画
- H19.5 我が国農林水産物・食品の総合的な輸出戦略
- H23.9 食料産業局の創設（輸出促進グループを設置。産業としての輸出を促進する体制を整備）
- H23.11 「農林水産物・食品輸出の拡大にむけて」（農林水産物・輸出戦略検討会 提言）
- ■H25.6 日本再興戦略（ＦＢＩ戦略による輸出の促進）
- ■H25.8 農林水産物・食品の国別・品目別輸出戦略
- H25.6（衆）農林水産委員会決議（我が国の農林水産物・食品の輸出拡大に関する件）
- ■H25.6 HACCP支援法の改正
- ■H27.6 日本再興戦略改定
- ■H28.5 農林水産業の輸出力強化戦略
- ■H19.3 農林水産省知的財産戦略
- ■H22.3 新たな農林水産省知的財産戦略
- ■H27.5 農林水産省知的財産戦略２０２０

講じた措置

「農林水産物・食品の輸出促進に向けた取組」

- 輸出先国の制度に関する情報の収集・提供や、産地の輸出促進に向けた海外での販売促進活動等への支援
- H25年度～　事業者等に対する支援を、輸出戦略に基づく取組に重点化
- H25年度～　輸出に係るビジネスサポートをジェトロに集約
- ■輸出環境整備に係る約170の課題を整理
  当面、このうち50程度の課題に優先的に対応。
  例：有機同等性の承認の取得（米国）
  自由販売証明書の発行　等
- H29年度～　日本食品海外プロモーションセンター（JFOODO）を設立。集中的に取り組むべき５品目７テーマを設定し、ブランディングのためのオールジャパンでのプロモーションを実施
- H30.8～　GFP登録サイトを設立。輸出診断、交流会、生産者と商社等とのマッチングサービス等を実施。
- R1.6～　6月4日に開催された「農林水産物・食品の輸出拡大のための輸入国規制への対応等に関する関係閣僚会議」において喫緊に対応すべき課題約100項目からなる「工程表」をとりまとめ。
- R1.7～　緊急増員を実施し、工程表を着実に実施。
- ■改正HACCP支援法の基本方針に輸出促進を明記
- H25年度～　官邸や関係省庁などと連携した総理、大臣のトップセールス
- H26.2　外国人調理師が国内で働きながら日本料理を学べるよう在留資格の要件を緩和
- H28.4　農泊地域に訪日外国人を誘客する重点地域として、「SAVOR JAPAN」認定制度を開始
- H28.4　農林水産省の枠組みにおいて行う民間団体等による認定活動
  - 日本食材を積極的に使用する海外の飲食店等を「日本産食材サポーター店」として認定
  - 海外の料理人を日本料理の調理技能のレベルに応じて認定
- ■原発事故後の輸入規制に対し、各国・地域に緩和・撤廃の働きかけ、風評被害の払拭等
  - H25年度～　原発事故を受け、日本から食品等を輸出する際に必要となっている証明書の発給体制を国で一元化
  - これまで14カ国において規制が撤廃（H26.3時点）
  - 香港、台湾、中国、韓国等に対する働きかけを継続
  - これまで32カ国・地域において規制が撤廃（R1.6時点）
  - 香港、台湾、中国、韓国等に対する働きかけを継続
- ■知的財産権・ブランド保護
  - 商標の管理等のブランド保護
  - 我が国で育成された品種の権利侵害の防止
- ■「日本ブランド」確立に向け、ブランドマークによる輸出促進等（農林水産省知的財産戦略）
- H19.11 東アジア植物品種保護フォーラム設立
  ASEAN+3各国の植物品種保護制度の整備の促進等、UPOV91年条約※加盟に向けた取組の実施
- H21.6 農林水産知的財産保護コンソーシアム設立
  海外における商標出願状況の監視、模倣品の販売状況等に関する調査の実施等
- ■H30.3　「農ハウパンフレット」（農業知財の重要性等に関する普及・啓発パンフレット）を作成
- ■H30.12　「農業分野におけるデータ契約ガイドライン」を策定
- H29.11　ミャンマー及びブルネイの国内法のUPOV整合性が承認
- H30.8　東アジア植物品種保護フォーラム10年戦略の採択

※植物の新品種保護に関する国際条約

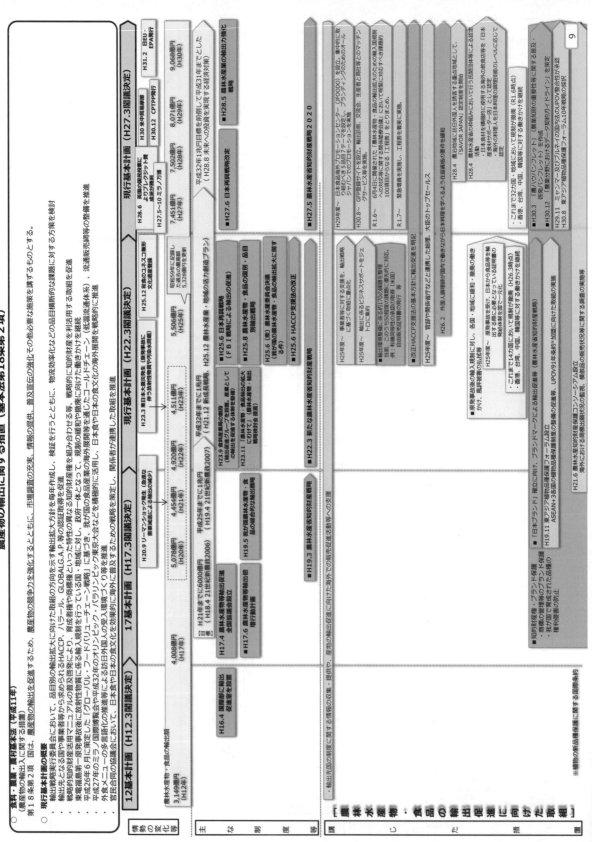

動植物防疫（基本法第18条第１項、第２項）

○　**食料・農業・農村基本法（平成11年）**
（農産物の輸出入に関する措置）
第１８条　国は、農産物につき、国内生産では需要を満たすことができないものの安定的な輸入を確保するため必要な施策を講ずるとともに、農産物の輸入によってこれと競争関係にある農産物の生産に重大な支障を与え、又は与えるおそれがある場合において、緊急に必要があるときは、関税率の調整、輸入の制限その他必要な施策を講ずるものとする。
２　国は、農産物の輸出を促進するため、農産物の競争力を強化するとともに、市場調査の充実、情報の提供、普及宣伝の強化その他必要な施策を講ずるものとする。

○　**現行基本計画の概要**
・　輸入検疫や国内防除・防疫措置の強化については、植物の病害虫や家畜等の伝染性疾病の海外からの侵入や国内のまん延の防止と、他国への拡大の防止を徹底するため、的確なリスク評価と管理措置を実施。
・　輸出環境の整備をはじめとする総合的な輸出戦略を策定

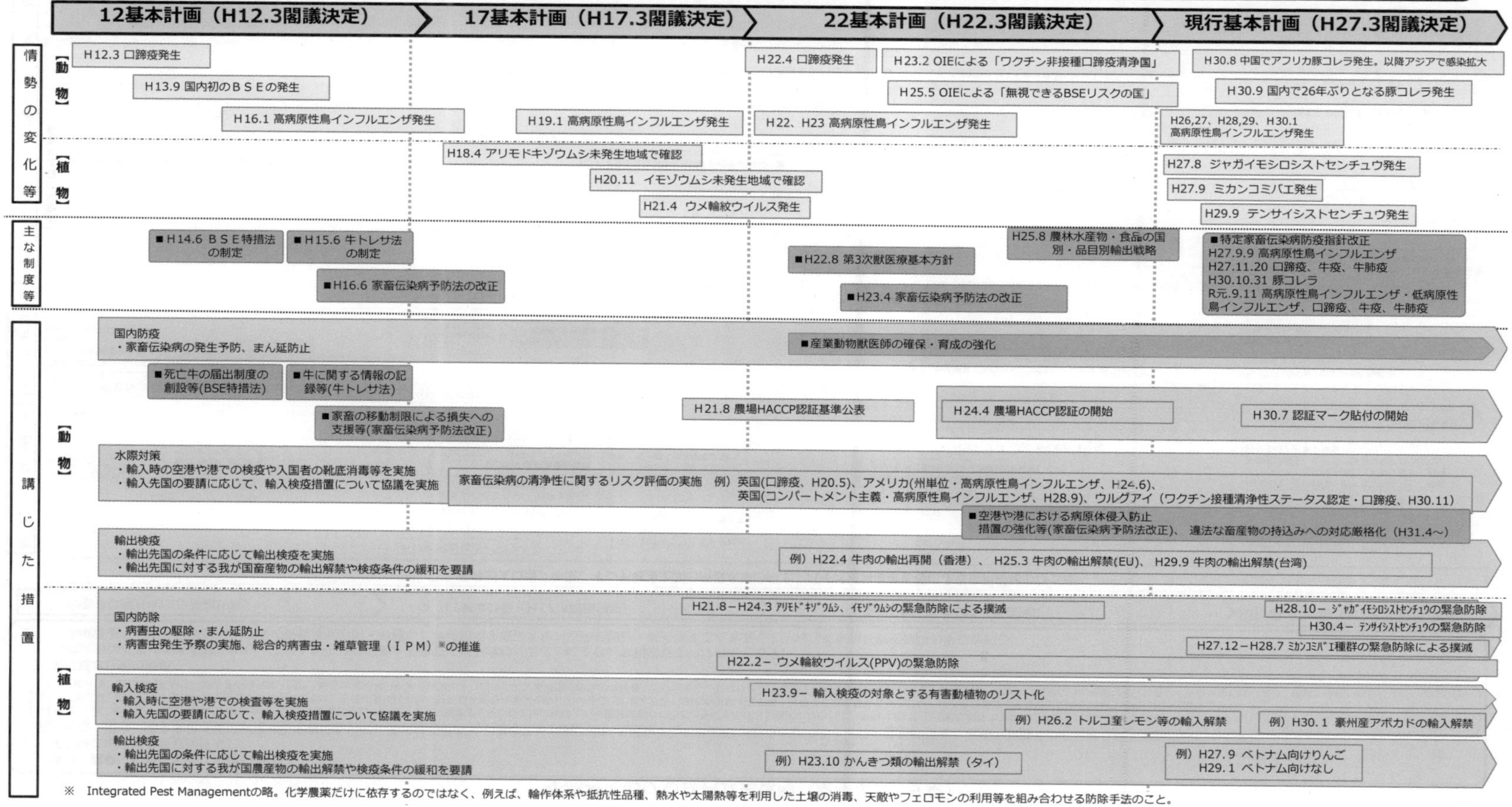

※　Integrated Pest Managementの略。化学農薬だけに依存するのではなく、例えば、輪作体系や抵抗性品種、熱水や太陽熱等を利用した土壌の消毒、天敵やフェロモンの利用等を組み合わせる防除手法のこと。

10

不測時における食料安全保障（基本法第１９条）

○ **食料・農業・農村基本法（平成11年）**
（不測時における食料安全保障）
第１９条　国は、第２条第４項に規定する場合において、国民が最低限度必要とする食料の供給を確保するため必要があると認めるときは、食料の増産、流通の制限その他必要な施策を講ずるものとする。

第２条 第１項　食料は、人間の生命の維持に欠くことができないものであり、かつ、健康で充実した生活の基礎として重要なものであることにかんがみ、将来にわたって、良質な食料が合理的な価格で安定的に供給されなければならない。
第２項　国民に対する食料の安定的な供給については、世界の食料の需給及び貿易が不安定な要素を有していることにかんがみ、国内の農業生産の増大を図ることを基本とし、これと輸入及び備蓄とを適切に組み合わせて行われなければならない。
第４項　国民が最低限度必要とする食料は、凶作、輸入の途絶等の不測の要因により国内における需給が相当の期間著しくひっ迫し、又はひっ迫するおそれがある場合においても、国民生活の安定及び国民経済の円滑な運営に著しく支障を生じないよう、供給の確保が図られなければならない。

○ **現行基本計画の概要**
・国内の農業生産の増大を基本とし、これと輸入及び備蓄とを適切に組み合わせることにより、食料の安定的な供給を確保。
・不測の事態に備え、平素からリスクの影響等を分析・評価し、評価結果を踏まえた対応策を検討・実施することを通じて、総合的な食料安全保障の確立を図る。

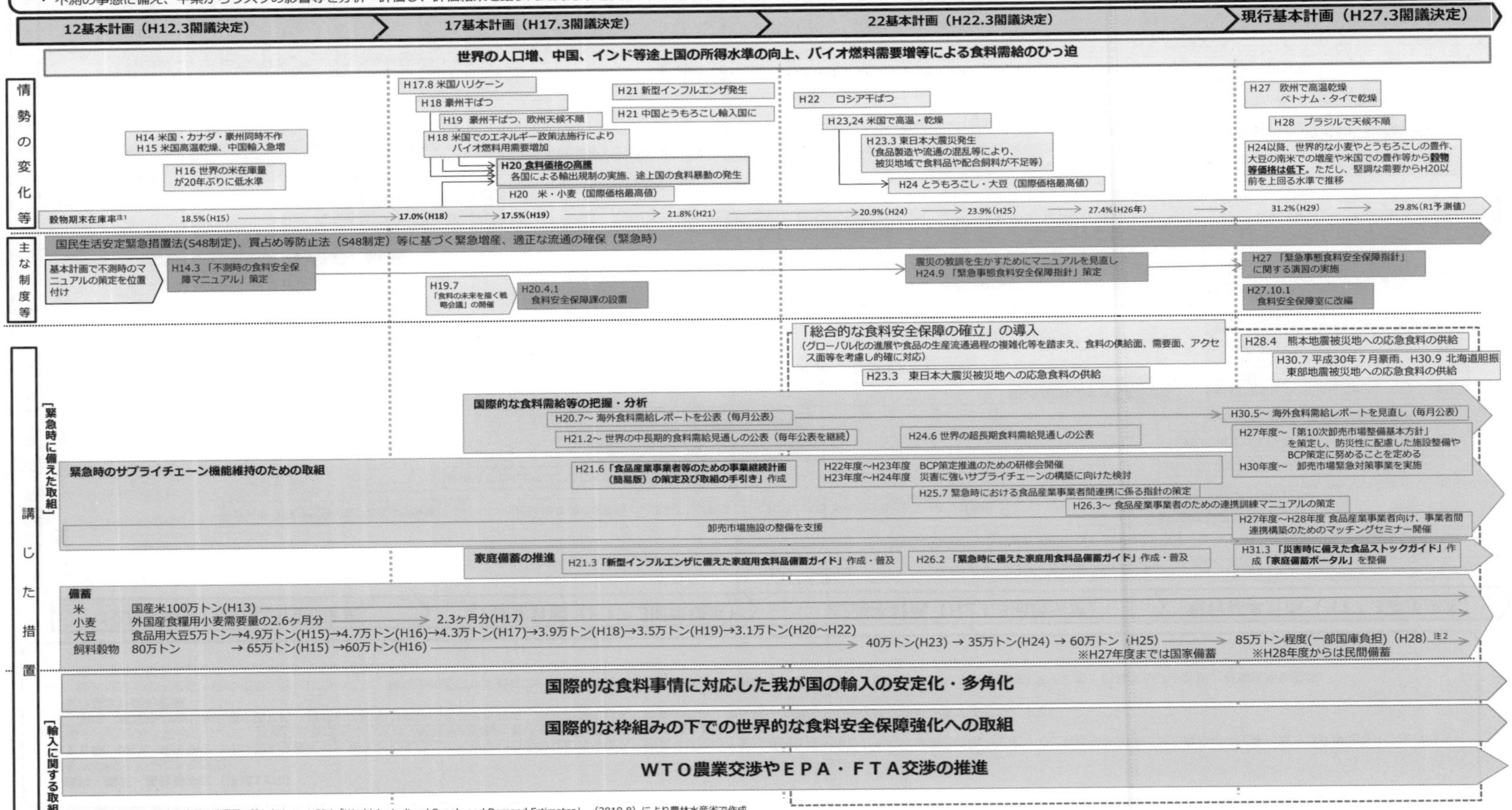

注１）期末在庫率：期末在庫量を消費量で除したもの　USDA「World Agricultural Supply and Demand Estimates」（2019.8）により農林水産省で作成
注２）飼料穀物の民間備蓄で対応が困難な場合は、政府所有のミニマム・アクセス米のうち35万トンを活用。

国際協力の推進（基本法第20条）

○ **食料・農業・農村基本法（平成11年）**
（国際協力の推進）
第二十条　国は、世界の食料需給の将来にわたる安定に資するため、開発途上地域における農業及び農村の振興に関する技術協力及び資金協力、これらの地域に対する食料援助その他の国際協力の推進に努めるものとする。

○ **現行基本計画の概要**
・アフリカ諸国等開発途上国の農業・農村の振興、食の安全に関する技術協力・資金協力、さらにはこれらの地域に対する食料援助を引き続き実施し、世界の食料安全保障に貢献。
・東アジア地域における大規模災害等の緊急時に備えるため、ＡＳＥＡＮ＋３（ＡＳＥＡＮ諸国＋日中韓）の緊急米備蓄体制の実現等に努力。
・世界の食料安全保障への貢献、我が国の農産物輸入の安定化・多角化を図る観点から、海外の農地での農業生産を含む海外投資について、重点化すべき農産物や地域を明確化しつつ支援　等

12基本計画（H12.3閣議決定） ＞ **17基本計画（H17.3閣議決定）** ＞ **22基本計画（H22.3閣議決定）** ＞ **現行基本計画（H27.3閣議決定）**

情勢の変化等

- H12.9　国連ミレニアムサミット
  飢餓撲滅を含むミレニアム開発目標（MDGｓ）を策定
- **H20 食料価格の高騰**
  各国による輸出規制の実施、途上国の食料暴動の発生
- H20　米・小麦（国際価格最高値）
- H24 とうもろこし・大豆（国際価格最高値）
- H24.7　2015年より先の国連開発目標の策定に向けた議論開始
- H27.9　国連サミット
  民間投資を含む持続可能な開発目標（SDGｓ）※1を策定

主な制度等

- **H15.8 政府開発援助大綱（ODA対抗）**
- **H17.2 政府開発援助に関する中期政策**
- **H21.8 食料安全保障のための海外投資促進に関する指針（食料安全保障のための海外投資促進に関する会議）**
- **H25.5 ｲﾝﾌﾗｼｽﾃﾑ輸出戦略(経協ｲﾝﾌﾗ戦略会議※2)**
  農業分野が新たなﾌﾛﾝﾃｨｱとなるｲﾝﾌﾗ分野として位置づけ
- **H25.12 農林水産業・地域の活力創造プラン**
  「経済協力と民間投資の連携によるバリューチェーン構築支援」が具体的施策として位置づけ
- **H27.2 開発協力大綱（改訂ODA大綱）**
  開発課題の解決に向け官民連携を強化
- **H26.6 グローバル・フードバリューチェーン戦略**
  民間投資と経済協力の連携による途上国支援

講じた措置

［国際的な枠組による取組］

国際的な枠組みの下での世界的な食料安全保障強化への取組
（H20年のG８洞爺湖サミットでの食料安保首脳声明を契機に、G7、G20、APEC、FAO等で食料安保や農業生産の強化等が重要課題として議論され、責任ある農業投資原則、G20農業市場情報システム、ASEAN+３緊急米備蓄協定等の取組が進展。）

【G7・G20】
- H20.7 G8洞爺湖サミット
  H21.7 G8ラクイラサミット
  ・首脳声明において、農業投資の必要性や農業・食料安全保障が国際的重要課題であることを確認
- H23.6　G20農業大臣会合
  ・「食料価格乱高下及び農業に関する行動計画」を決定
  ・農業・食料市場のデータを共有（AMIS ※3）
  ・政策決定者間での情報交換等を促進
- H28.4 G7新潟農業大臣会合
  ・高齢化や異常気象等新しい時代の課題に直面する農業者の支援の重要性を確認
- R1.5　G20新潟農業大臣会合
  ・人づくり・新技術、フードバリューチェーン、SDGｓ等に関する農業・食料の諸課題について、各国間で知見を共有することの重要性を確認

【FAO等】
- H20.6　FAO食料安全保障ハイレベル会合（ローマ）
  H21.11 FAO世界食料安全保障サミット（ローマ）
  ・国際的な食料安全保障や食料生産強化の重要性を盛り込んだ宣言文を採択
- H24.10 FAO食料乱高下に関する閣僚会合（ローマ）
  ・食料価格乱高下への対応策について協議
- H25.8 FAOアジア太平洋地域食品ロス等ハイレベル会合
  ・アジア太平洋地域での「SAVE FOOD」キャンペーンの立上げ
- 投資受入国、現地の人々、投資家の３者の裨益を図る農業投資の原則を策定
  ・H22.4 責任ある農業投資原則

【APEC・ASEAN】
- H16.3～22.2 東アジア緊急米備蓄（EAERR）パイロット・プロジェクトを実施 →
- APEC食料安全保障担当大臣会合（H22.10新潟、H24.5ロシア、H26.9中国、H28.9ペルー、R1.8チリ）
  ・食料安全保障の取組強化に向けた閣僚宣言や行動計画を採択
- H24.7 アセアン＋３(日中韓)緊急米備蓄（APTERR）協定
  ・東アジアにおける大規模災害等に備えた米備蓄の仕組みを構築・推進
  ・毎年、アセアン地域で現物備蓄事業を実施。H30.10月には緊急時に放出する申告備蓄の覚書を協定発効後初めてフィリピンと締結。
- H25.12　日・ASEAN特別首脳会合
  ・ASEAN地域におけるﾌｰﾄﾞﾊﾞﾘｭｰﾁｪｰﾝ構築の重要性を盛り込んだﾋﾞｼﾞｮﾝｽﾃｰﾄﾒﾝﾄを採択
- H29.11　ASEAN＋3首脳会議
  ・食料安全保障協力に関するASEAN＋3首脳声明を採択

【TICAD ※4】
- H20.5　TICAD Ⅳ
  ・サブサハラアフリカのコメ倍増計画を表明
- H25.6　TICAD Ⅴ
  ・「農業従事者を成長の主人公に」等を表明した横浜宣言を採択
- H28.8　TICAD Ⅵ
  ・ﾌｰﾄﾞﾊﾞﾘｭｰﾁｪｰﾝ構築支援を含むナイロビ実施計画を採択
- R1.8　TICAD 7
  ・農業分野のｲﾉﾍﾞｰｼｮﾝ推進を含む横浜行動計画2019を採択

［技術協力等］

開発途上地域における農林水産分野の国際協力の推進
（官民連携によるフードバリューチェーンの構築のほか、飢餓・貧困対策や、気候変動、越境性感染症等の地球規模課題に対応するため、途上国に対して農業生産や食品安全等に関する技術協力及び資金協力、食料援助等を実施。アフリカを始めとする世界の栄養改善に向けて、官民が一体となって具体的な方策を検討し、実施。）

- H20.5～H30　TICAD Ⅳにおけるサブサハラアフリカのコメ生産倍増計画（CARD）への協力（ネリカ米普及・栽培技術開発への協力、各国のコメ増産支援への資金・技術協力）
- H25.6～　TICAD ⅤにおけるSHEPアプローチへの協力（技術指導者・小規模農民の育成への協力、各国への技術協力）
  H28.8～R7　TICAD Ⅵにおける食と栄養のアフリカアフリカイニシアチブ（IFNA）への協力（栄養改善の国際協調の枠組み強化のための拠出金）
  R1.8　TICAD 7におけるCARD、SHEP、IFNAの対象国及び実施内容拡大の協力

＊1 持続可能な開発目標(SDGs)：H27.9国連サミットにて採択された「持続可能な開発のための2030アジェンダ」に記載された2030年までの目標。持続可能な世界を実現するための、貧困・飢餓、環境などの17のゴール・169のターゲットからなる。
＊2 経協インフラ戦略会議：我が国企業によるインフラシステムの海外展開や経済協力に関する重要事項を議論するためにH25.3に設置された内閣官房長官を議長とする閣僚級会議。
＊3 農業市場情報システム（AMIS）：Ｇ２０のイニシアティブによる世界的な農業市場情報システム。①農業市場情報の改善、②政策情報の収集・分析を通じた関係国との対話・対応及び国際的な政策協調の促進、③データ収集等の能力向上支援、を目的とする。
＊4 TICAD（アフリカ開発会議）：アフリカ開発をテーマとする日本主導の政策フォーラム（国連、世界銀行、アフリカ連合委員会等が共催）で、1993年(H5)に第1回会議を開催し、当初は５年毎、2013年以降は３年毎に開催している。

望ましい農業構造の確立、担い手の育成・確保、優良農地の確保と有効利用の促進（基本法第21条、第22条、第23条）

○ **食料・農業・農村基本法（平成11年）**

（望ましい農業構造の確立）
第21条　国は、効率的かつ安定的な農業経営を育成し、これらの農業経営が農業生産の相当部分を担う農業構造を確立するため、営農の類型及び地域の特性に応じ、農業生産の基盤の整備の推進、農業経営の規模の拡大その他農業経営基盤の強化の促進に必要な施策を講ずるものとする。

（専ら農業を営む者等による農業経営の展開）
第22条　国は、専ら農業を営む者その他経営意欲のある農業者が創意工夫を生かした農業経営を展開できるようにすることが重要であることにかんがみ、経営管理の合理化その他の経営の発展及びその円滑な継承に資する条件を整備し、家族農業経営の活性化を図るとともに、農業経営の法人化を推進するために必要な施策を講ずるものとする。

（農地の確保及び有効利用）
第23条　国は、国内の農業生産に必要な農地の確保及びその有効利用を図るため、農地として利用すべき土地の農業上の利用の確保、効率的かつ安定的な農業経営を営む者に対する農地の利用の集積、農地の効率的な利用の促進その他必要な施策を講ずるものとする。

情勢の変化等	12基本計画（H12.3閣議決定）	17基本計画（H17.3閣議決定）	22基本計画（H22.3閣議決定）	現行基本計画（H27.3閣議決定）
認定農業者数	15万経営体〔H12〕	19万経営体〔H17〕	25万経営体〔H22〕　24万経営体〔H27〕	24万経営〔H30〕
法人経営体数	5,272法人〔H12〕	8,700法人〔H17〕	12,511法人〔H22〕　18,857法人〔H27〕	22,700法人〔H30〕目標：5万法人〔R5まで〕
集落営農数	－〔H12〕	10,063(うち法人646)〔H17〕	13,577(うち法人2,038)〔H22〕　14,853(うち法人3,622)〔H27〕	15,111(うち法人5,106)〔H30〕
基幹的農業従事者数(うち65歳以上の割合)	240万人(51.2%)〔H12〕	224万人（57.4%）〔H17〕	205万人（61.1%）〔H22〕　175万人（64.6%）〔H27〕	145万人(68.0%)〔H30〕
農地面積	483万ｈａ〔H12〕	469万ｈａ〔H17〕	459万ｈａ〔H22〕　見通し：461万ha〔H32〕※1	
担い手の利用面積シェア	28%〔H12〕	39%〔H17〕	49%〔H22〕　52%〔H27〕	56%〔H30〕目標：8割〔R5まで〕※2

基本計画	12基本計画	17基本計画	22基本計画	現行基本計画
【経営政策の基本的考え方】	効率的かつ安定的な農業経営（他産業並みの労働時間で他産業並みの生涯所得を確保し得る経営）を育成し、これらの農業経営が農業生産の相当部分を担う農業構造を確立することにより、生産性の高い農業を展開することが必要。	効率的かつ安定的な農業経営（他産業並みの労働時間で他産業並みの生涯所得を確保し得る経営）が農業生産の相当部分を担う望ましい農業構造の確立に向け、意欲と能力のある担い手の育成・確保に積極的に取り組む。	農業が、国民が求める食料の安定供給等の役割を持続的に果たしていくためには、農業者が、希望を持って農業に従事し、収益を上げることができる環境を整えていくことが必要不可欠。	効率的かつ安定的な農業経営（主たる従事者が他産業従事者と同等の年間労働時間で地域における他産業従事者とそん色ない水準の生涯所得を確保し得る経営）を育成し、こうした農業経営が、農業生産の相当部分を担う農業構造を確立することが必要。
【施策の対象】	効率的かつ安定的な農業経営を育成する観点から、育成すべき農業経営に諸施策を集中することとし、それらを体系的・総合的に実施する。	幅広い農業者を一律的に対象とする施策体系を見直し、地域の話合いと合意形成を促しつつ地域における担い手を明確化した上で、これらの者を対象として、農業経営に関する各種施策を集中的・重点的に実施。担い手（効率的かつ安定的な農業経営及びこれを目指して経営改善に取り組む農業経営）の育成・確保や担い手への農地の利用集積に向けた動きを加速化。 担い手の明確化を図るための具体的な仕組みとして、認定農業者制度の活用を推進。また、集落を基礎とした営農組織のうち、一元的に経理を行い法人化する計画を有するなど、経営主体としての実体を有し、将来効率的かつ安定的な農業経営に発展すると見込まれるものを担い手として位置付け。	農業生産のコスト割れを防ぎ、兼業農家や小規模経営を含む意欲あるすべての農業者が将来にわたって農業を継続し、経営発展に取り組むことができる環境を整備。	認定農業者、将来認定農業者になることが見込まれる認定新規就農者、将来法人化して認定農業者になることも見込まれる集落営農に対し、重点的に経営発展に向けた支援を実施。
【経営安定対策】		品目別に講じられている経営安定対策を見直し、施策の対象となる担い手を明確化した上で、その経営の安定を図る対策に転換。	販売農家を対象に、農産物の販売価格と生産費の差額を国から直接交付金として支払うことを基本とする戸別所得補償制度を導入。	畑作物の直接支払交付金及び米・畑作物の収入減少影響緩和対策について、平成27年産から認定農業者、認定新規就農者、集落営農を対象として、規模要件を課さずに実施。
【農地集積】	農地保有合理化事業の活用、多様な担い手による農作業の受委託の促進等により、効率的かつ安定的な農業経営を営む者に対する農地の利用の集積を推進。	地域の話合いと合意形成に基づいて、集落を基礎とした営農組織の育成・法人化を図りつつ、担い手に対し農地を面的なまとまりのある形で利用集積することを推進。	意欲ある多様な農業者に対して地域の実情に応じて農地の利用集積を進めることにより、農地の有効利用を促進。その際、農地保有合理化事業等による農地集積に加え、農地利用集積円滑化事業の取組を推進。	人・農地プランの活用と農地中間管理機構のフル稼働により、地域内に分散・錯綜する農地を借り受け、担い手がまとまりのある形で農地を利用できるよう配慮して貸し付けることで、担い手への集積・集約化を推進。
【法人化、法人経営】	法人経営が、経営管理能力の向上、新規就農の促進等の面で重要な役割を果たすものであることにかんがみ、農業経営の法人化の推進に必要な施策を講ずる。	小規模な農家や兼業農家等も、担い手となる営農組織を構成する一員となることができるよう、集落を基礎とした営農組織の育成と法人化を推進。	法人経営は、地域における雇用創出や農業生産活動の活性化、農地の保全と有効な活用に寄与していることから、その育成・確保を図る。	法人経営には、経営管理の高度化や安定的な雇用の確保、円滑な経営継承、雇用による就農機会の拡大等の面で、効率的かつ安定的な農業経営に向けてメリットが多いことから、農業経営の法人化を推進する。

※１：農地面積の見通しは、食料・農業・農村基本計画(H22)。
※２：担い手の利用面積とは、認定農業者（特定農業法人を含む）、市町村基本構想の水準到達者、特定農業団体（平成15年度から）、集落内の営農を一括管理・運営している集落営農（平成17年度から）が、所有権、利用権、作業委託（基幹３作業）により経営する面積。目標値は農林水産業地域の活力創造プラン(H25)。

望ましい農業構造の確立、担い手の育成・確保、優良農地の確保と有効利用の促進（基本法第21条、第22条、第23条）

12基本計画（H12.3閣議決定）　→　17基本計画（H17.3閣議決定）　→　22基本計画（H22.3閣議決定）　→　現行基本計画（H27.3閣議決定）

主な制度等・講じた措置

担い手の育成・確保

【農家や集落営農の経営発展等のための支援】

12基本計画

H５～　認定農業者※1制度の創設
認定農業者制度による担い手の育成・確保
〔基盤強化法制定〕

H16～19　担い手経営安定対策の開始(稲作)
認定農業者及び集落営農を対象とする（原則、面積要件有り）

H６～　認定農業者を対象としたスーパーＬ資金（低利融資）の実施

H15～　特定農業団体※2制度の導入
〔H15基盤強化法改正〕

H14～　農業法人に対するアグリビジネス投資育成株式会社による出資
［農業法人投資円滑化法］

17基本計画

H19～22　経営所得安定対策の開始
認定農業者及び集落営農を対象とする（原則、面積要件有り）［担い手経営安定法］

22基本計画

H22～24　戸別所得補償制度の実施
全ての販売農家、集落営農を対象とする

H25～　認定新規就農者制度の創設
新規就農から認定農業者までの一貫した担い手の育成・確保を実施
〔H25基盤強化法改正〕

H25～　経営所得安定対策の見直し決定
対象を認定農業者、認定新規就農者、集落営農（いずれも規模要件無し）に変更（H27産より）
〔H26担い手経営安定法改正〕

H25～　投資主体に投資事業有限責任組合を追加
〔H25農業法人投資円滑化法改正〕

H24～　地域の話し合いにより、地域の担い手の明確化、担い手への農地集積を図る人・農地プラン※3の開始

現行基本計画

R2～　農地中間管理事業の５年後見直し
〔Ｒ１農地バンク法改正〕
→　複数市町村で営農する農業者の経営改善計画の認定を国又は都道府県が行う仕組を創設

H27～　新たな経営所得安定対策の実施
認定農業者、認定新規就農者、集落営農を対象とする（いずれも規模要件無し）

H30～　都道府県レベルに農業経営相談に関する体制を整備
〔農業経営法人化支援総合事業〕

農地の利用集積と有効利用の促進

【地域での話し合い、中間的受け皿の活用等による農地の利用集積】

17基本計画

H17～　農用地利用規程に、認定農業者への利用の集積目標等を定めることを法定
〔H17基盤強化法改正〕

H21～　市町村段階に農地利用集積円滑化団体を設置等
〔H21基盤強化法改正〕

22基本計画

H26～　都道府県ごとに農地中間管理機構を整備
〔H25農地中間管理機構法〕
→　分散・錯綜した農地を借り受け、必要な基盤整備等を行い、担い手にまとまりのある形で貸付（予算も拡充）

現行基本計画

R1～　農地中間管理事業の５年後見直し
〔Ｒ１農地バンク法改正〕
→　地域の関係者が一体となった人・農地プランの実質化、農地中間管理事業の手続簡素化や農地の集積・集約化を支援する体制の一体化、中山間地域における対応の強化（予算の要件緩和）等

H30～　農地中間管理機構が借り入れている農地について、農業者からの申請によらず、都道府県が、農業者の費用負担や同意を求めずに基盤整備事業を実施できる制度を創設〔H29土地改良法改正〕

【農地法等に基づく遊休農地に関する措置の強化】

12基本計画

H15～　遊休農地※4の利用計画の届出義務付け等
〔H15基盤強化法改正〕

17基本計画

H17～　都道府県による利用権の設定の仕組みの創設等
〔H17基盤強化法改正〕

H21～　農業委員会による利用状況調査、指導等の仕組みを措置等
〔H21農地法改正〕

22基本計画

H26～　遊休農地について、利用権設定事務の大幅な簡素化・農地中間管理機構への貸付促進等
〔H25農地法改正〕

現行基本計画

H28～　農業委員会の業務の重点は農地利用の最適化であることを明確化、農地利用最適化推進委員の新設等。〔H27農業委員会法改正〕

H30～　相続人の１人が農業委員会の探索・公示手続を経て農地中間管理機構に貸付けできる制度を創設、探索範囲を明確化。
〔H30基盤強化法改正〕

企業参入

【企業の農業参入を促すための環境整備】

12基本計画

H12～　農業生産法人に株式会社形態を導入等
〔H12農地法改正〕

H14～　特区で一般法人のリースによる農業参入を可能化
〔H14構造改革特区法〕

17基本計画

H17～　全国で一般法人のリースによる農業参入を可能化
〔H17基盤強化法等改正〕

H21～　一般法人のリースによる農業参入を完全自由化
〔H21農地法等改正〕

22基本計画

H27～
①農業者関係者以外の議決権要件緩和(25%以下→50%未満)
②農作業従事役員要件緩和(過半→１人)
〔H27農協法等改正〕

③国家戦略特区で一般法人の所有による農業参入を試験的に可能化
〔H28国家戦略特区法改正〕

現行基本計画

R1～　グループ会社化した農地所有適格法人における兼務役員の特例を措置
〔Ｒ１農地バンク法改正〕

農地として利用すべき土地の農業上の利用の確保

【農業振興地域制度及び農地転用許可制度の見直し、適切な運用】

12基本計画

H12～　農用地等の確保等に関する基本指針の策定の法定化等
〔H12農振法改正〕

H13 ～　２ha以下の農地転用許可事務等の自治事務化等
〔H13農地法改正〕

17基本計画

H17～　農業振興地域整備計画※5への地域住民の意見反映手続の導入等
〔H17農振法改正〕

H21 ～　国の基本方針・県の基本方針への農用地等の面積目標の明記を法定化
〔H21農振法改正〕

H21 ～　病院、学校等の公共施設への転用について、許可不要から協議制にするなど農地転用規制を厳格化
〔H21農地法改正〕

現行基本計画

H27 ～　国の面積目標について、都道府県知事及び関係市町村の意見聴取を法定化
〔H27農振法改正〕

H28 ～　農地転用及び農用地区域内の開発許可に係る事務・権限について、農林水産大臣が指定する市町村（指定市町村）の長への移譲等
〔H27農振法改正〕

※1：市町村が地域の実情に即して効率的・安定的な農業経営の目標等を内容とする基本構想を策定し、この目標を目指して農業者が作成した農業経営改善計画を認定する制度。
※２：担い手不足が見込まれる地域において、農地面積の2/3以上について農作業を受託する相手方として、一定の地縁的まとまりをもつ地域の地権者の合意を得た任意組織であって、農業生産法人となることが確実に見込まれ、地権者から農作業を引き受けるよう依頼があったときは、これに応じる義務を負う任意組織。
※３：集落・地域において徹底的な話し合いを行い、集落・地域が抱える人と農地の問題を解決するための「人・農地プラン」を作成し、同プランにおいて地域の中心となる経営体を位置づけ。２月末現在、農地プランの策定意向を有する1,574市町村のうち、1,416市町村が策定済み。
※４：現に耕作の目的に供されておらず、かつ、引き続き耕作の目的に供されないと見込まれる農地
※５：市町村が、総合的に農業振興を図る地域（農業振興地域）の農業振興のマスタープラン等を定める計画。同計画において、農業上の利用を図るべき土地の区域である農用地区域を設定。

農業生産の基盤の整備（基本法第24条）

○ **食料・農業・農村基本法（平成11年）**
（農業生産の基盤の整備）
第２４条　国は、良好な営農条件を備えた農地及び農業用水を確保し、これらの有効利用を図ることにより、農業の生産性の向上を促進するため、地域の特性に応じて、環境との調和に配慮しつつ、事業の効率的な実施を旨として、農地の区画の拡大、水田の汎用化、農業用用排水施設の機能の維持増進その他の農業生産の基盤の整備に必要な施策を講ずるものとする。

○ **現行基本計画の概要**
・ 良好な営農条件を備えた農地・農業用水の確保と有効利用を通じて、国内農業の生産性の向上と食料自給率の維持向上を図る。
・ 農業・農村の構造変化を見極めつつ、土地改良事業や土地改良区の現状、ニーズ等について把握、分析した上で土地改良制度の在り方について検証、検討を行う

12基本計画（H12.3閣議決定） ＞ 17基本計画（H17.3閣議決定） ＞ 基本計画（H22.3閣議決定） ＞ 現行基本計画（H27.3閣議決定）

H16 新潟豪雨・中越地震等　H23.3 東日本大震災　H24 九州北部豪雨等

情勢の変化等

	12基本計画	17基本計画	基本計画	現行基本計画	
農業農村整備事業費(当初) (農林水産関係予算に占める割合)	10,926億円(H12) (31.9%)	7,756億円(H17) (26.4%)	2,129億円(H22) (8.7%)	2,753億円(H27) (11.9%)	3,260億円(H31) (14.1%)
水田整備率※1 うち大区画化水田整備率 うち汎用化水田整備率	57%（H13） 6%（H13） 39%（H13）	60%（H17） 7%（H17） 41%（H17）	62%（H22） 8%（H22） 43%（H22）	64%（H27） 10%（H27） 44%（H27）	65%（H29） 10%（H29） 45%（H29）
畑地かんがい施設整備率※2	19%（H13）	20%（H17）	21%（H22）	24%（H27）	24%（H29）
耐用年数を迎えた基幹的農業水利施設数（累計）	4,480（H13）	5,800（H17）	7,960（H22）	7,420（H27）	7,560（H29）

主な制度等

■H13.6 土地改良法改正
土地改良長期計画に基づく計画的な事業の実施
（農業・農村を取り巻く情勢の変化等を踏まえ、おおむね5年ごとに計画を見直し）
■H12.8 公共事業の抜本的見直し
■H14.12 米政策改革大綱
■H17.4 地域再生法制定
■H17.10 経営所得安定対策等大綱
■H23.5 土地改良法特例法制定
■H25.11 インフラ長寿命化基本計画
■H25.12 国土強靱化政策大綱
■H25.12 農地中間管理機構法制定
H26.6 多面的機能法制定
■H29.5 土地改良法改正
■H30.6 土地改良法改正
■R１.４ ため池法制定

講じた措置

【農業農村整備等】

（農地整備）
- 担い手に対する事業実施資金の金利負担軽減措置（H5～）
- 水田農業の構造改革を加速化するため、整備率向上を主とする事業体系を改め、農地の利用集積、経営体の育成等 **成果を重視**した事業制度に転換（H15～）
- 基盤整備を契機として農業生産法人の育成を支援
- **農業競争力の強化**を図るため、農地の大区画化・汎用化等に加え、**担い手への農地集積・集約化**や農業の高付加価値化等を推進
- 事業主体に農地中間管理機構を追加（H26）
- 農地中間管理機構が借り入れている農地について、農業者の申請、費用負担、同意を要しない基盤整備の制度を創設（H29土地改良法改正）

（農業水利）
- 予防保全対策や適期の更新整備に関する指導・助言等を実施
- 島嶼部を除き、ダムの新規採択を取り止め（H15）
- 農業水利施設の機能保全の手引きを策定し、ストックマネジメント※3の取組を開始（H19）
- 施設の長寿命化とライフサイクルコストの低減を図る**戦略的な保全管理**を推進（H22～）
- 老朽化対策と耐震整備を一体的に実施（H26）
- 突発事故等に対応したセーフティネット対策を導入
- 突発事故対応について、農業者の申請、費用負担、同意を要しない制度を創設（H29土地改良法改正）

（農地防災）
- 洪水調整など防災に資する多面的機能の増進
  ・地域ぐるみによるため池の保全活動を推進（H12）
- ハード・ソフトを組み合わせた**総合的な防災対策**の推進
  ・ため池の全国一斉点検を実施（H17,18）
  ・ハザードマップ作成等ソフト対策を導入（H18）
- 農地・農業用施設の防災対策から**農村地域の防災・減災対策**へ
  ・防災事業等において施設の耐震化を推進（H23～）
  ・頻発する集中豪雨等多様な自然災害に対応するため、農地防災事業を総合メニュー化し、地域防災力の向上、国土強靭化を推進（H25～）
  ・決壊した場合に家屋等に影響を与えるため池を「防災重点ため池」に選定（H25～）
- **農村地域の防災・減災対策**の推進
  ・施設の耐震化について、農業者の申請、費用負担、同意を要しない制度を創設(H29土地改良法改正)
  ・ため池の届出の義務付け等(R1ため池法)

（農村整備等）
- 広域農道の新規採択を取り止め（H13）
- 農道・集落排水について省庁横断的な交付金を創設（H17地域再生法）
- 地域の共同活動による農地・農業用水等の良好な保全と質的向上を支援
- 農地・水・環境保全向上対策 → 農地・水保全管理支払 → **多面的機能支払**（H26）
- 地方の裁量による事業実施を支援するため**農山漁村地域整備交付金**を創設（H22）
- 重点事業の設定（H31）

【震災復興】
- 東日本大震災に対処するため、土地改良事業として除塩を実施（H23土地改良法特例法）
- 農地復旧と一体的に農地の大区画化や利用集積を推進

- 環境との調和に配慮した事業の実施、地域住民の意見聴取（H13土地改良法改正）
- 事業評価による効率性や事業実施過程の透明性の向上
  コスト縮減の計画的な推進

※1　30a程度以上の区画に整備済みの水田面積の割合（大区画化水田とは1ha程度以上に区画整理された水田、汎用化水田とはおおむね4時間雨量４時間排除の地表排水条件を有し、かつ地下排水条件の良好（70cm以深）な水田）
※2　畑地かんがいが行われている畑地面積の割合。　※3　農業水利施設の定期的な機能診断に基づく機能保全対策を通じて、既存施設の有効活用や長寿命化を図り、ライフサイクルコストを低減するための技術体系及び管理手法の総称。

人材の育成・確保（基本法第25条）

○　**食料・農業・農村基本法（平成11年）**

（人材の育成及び確保）

第２５条　国は、効率的かつ安定的な農業経営を担うべき人材の育成及び確保を図るため、農業者の農業の技術及び経営管理能力の向上、新たに就農しようとする者に対する農業の技術及び経営方法の習得の促進その他必要な施策を講ずるものとする。

2　国は、国民が農業に対する理解と関心を深めるよう、農業に関する教育の振興その他必要な施策を講ずるものとする。

12基本計画（H12.3閣議決定）	17基本計画（H17.3閣議決定）	22基本計画（H22.3閣議決定）	現行基本計画（H27.3閣議決定）

情勢の変化等

［新規就農者数（うち39歳以下）］
H12　7.7万人（1.2万人）
H17 7.9万人（1.2万人）
H22　5.5万人（1.3万人）

［新規就農者数（うち49歳以下）］
H27　6.5万人（2.3万人）

［新規雇用就農者数（うち39歳以下）］
H18　6.5千人（3.7千人）
H22　8.0千人（4.9千人）

［新規雇用就農者数（うち49歳以下）］
H27　10.4.千人（8.0千人）

基本計画

12基本計画

【新たな人材の育成・確保】

効率的かつ安定的な農業経営を担うべき人材の育成及び確保を図るため、農業者の農業技術及び経営管理能力の向上、新たに就農しようとする者に対する農業技術及び経営管理手法の習得の促進等の施策を講ずる。

17基本計画

将来の担い手となり得る農業者や雇用労働力の確保を図るため、就業形態や性別を問わず、新規就農を促進し、幅広い人材の確保を図る。特に近年、農業法人に雇用される形での就農が増加するなど就農ルートが多様化していることに対応し、情報提供や研修等の支援施策を拡充する。

また、将来の担い手となり得る農業者を育成するため、農業高校や農業大学校等における農業技術や経営管理に関する高度な知識・技術に関する研修教育の充実を図る。

22基本計画

意欲ある多様な農業経営が展開されるよう、幅広い人材の育成・確保を推進する。その際、農業者子弟の後継者としての就農、雇用される形での就農、四年制大学等多様な学歴を持つ非農家出身者の就農、中高年齢層の帰農等、就農形態や経路が多様化していることに対応し、それぞれの就農形態・経路に即した各種情報提供、農業高校や農業大学校等における人材育成、農業法人や海外等での実践的な研修等を支援する。

現行基本計画

【新規就農や人材の育成・確保】

ア　青年層の新規就農

就農意欲の喚起と就農後の定着等を図るため、就農の準備や所得の確保、農業法人等が実施する新規就農者に対する実践研修等を支援する。また、無利子資金の貸付け等により、農業機械等の取得に係る初期投資の負担軽減を図る。さらに、ハローワークなどの関係機関や教育機関等と連携した非農家情報の提供や就農相談等の取組を充実する。

このほか、地域の農業大学校、農業高校等の卒業生の就農を促進するため、関係府省や都道府県等の連携の下、先進的な農業経営の学習の充実や就農支援体制の強化等を図る。

イ　経営感覚を持った人材の育成・確保

今後の地域農業のリーダーとして、農業界を牽引する優れた経営感覚を備えた農業経営者を育成するため、農業界と産業界が連携した研修教育等を充実する。

農業経営に必要な財務・経理や生産管理、労務管理、マーケティング等に係る知識・技能の習得等を確認するための手法の活用など、農業就業者のキャリアアップを促す取組や、他産業での経験を有する者と農業法人等の人材ニーズを結び付ける取組など、農業就業者の育成・確保の取組を促進する。

主な制度・講じた措置

12基本計画

【新たな人材の育成・確保】

【農業経営の開始に必要な無利子資金の貸付】

H６～25　都道府県による就農計画の認定、無利子貸付(就農支援資金)を実施〔青就法〕

【就農希望者に対する就農に向けた情報提供・技術や経営ノウハウ習得のための研修支援】

S52～　農業者研修教育施設における農業経営等の研修教育の実施〔農業改良助長法改正〕

H６～　新規就農を促進するための情報提供、相談活動の実施〔農業改良助長法改正〕

H12～　全国・都道府県における相談体制の整備、就農相談会の開催、インターンシップの実施

【新規就農者に対する農業技術、経営方法の習得の促進】

～H23　農業者大学校における近代的な農業経営の実践教育の実施(農業者大学校の運営＜直轄／独法＞)

H12～　道府県農大・民間団体教育機関における農業教育の取組み、研修施設の整備支援

【農業者への指導等】

都道府県の指導員※1による技術・経営指導等の実施、農作業安全のための研修等

【学校教育、食育の推進を通じた農業に関する教育の振興】

17基本計画

H20～　農業法人等が新規就業者に対して実施する実践的研修を支援〔農の雇用事業〕

国民運動としての食育の推進（農業への理解を醸成する教育ファーム、子ども農山漁村交流プロジェクト等）

22基本計画

H25～　認定新規就農者制度の創設

新規就農から認定農業者までの一貫した担い手の育成・確保を実施

市町村による青年等就農計画の認定、日本公庫等による無利子貸付(青年等就農資金)を実施〔H25基盤強化法改正〕

【研修中及び経営初期の所得確保】

H24～28　就農意欲の喚起と就農後の定着のため、就農希望者及び新規就農者の所得の確保を支援〔青年就農給付金〕

H25～　経営の次代を担う後継者の育成について拡充〔農の雇用事業〕

【農業経営者教育の強化】

H24～　産業界・農業界・学界が連携した農業教育への展開〔日本農業経営大学校の開校〕

H24～　道府県農大の教育水準の向上、経営者教育の実施〔技術習得支援事業〕

現行基本計画

R1～　日本政策金融公庫等による無利子貸付(青年等就農資金)の償還期限を12年から17年に延長（R1基盤強化法改正）

H29～　次世代を担う農業者へのサポート体制を強化するため、普及指導センターや農協等で構成されるサポートチームによる新規就農者の訪問・相談等を導入するとともに中間評価を導入

R1～　交付対象年齢要件を45歳から50歳に引き上げ〔農業次世代人材投資事業〕

H29～　定着率の要件化〔農の雇用事業〕

H30～　法人化を伴う第三者への経営継承を行う場合について拡充〔農の雇用事業〕

R1～　働き方改革実行計画提出の要件化を導入。交付対象年齢要件を45歳から50歳に引き上げ〔農の雇用事業〕

【就農希望者に対する就農に向けた情報提供】

H30～　人材の掘起から就農まで一体的に取り組むため、就農意欲喚起の取組や就農相談会、インターンシップ等を連携して開催。また、移住・交流ガーデン等関係機関とも連携しながら、全国・都道府県の就農相談窓口を整備

H27～　道府県農大等の教育の強化、新たなカリキュラムの策定・実施を支援（農業者育成支援事業）

H29～　営農しながら経営ノウハウを学べる「農業経営塾」の開講を支援（農業経営塾創出・展開支援事業）

H27～農林水産業を学ぶ高校生の農林水産学習機会等の充実を推進〔文科省との連名通知の発出〕

4

※１：平成16年に、従来の専門技術員及び改良普及員を一元化し、新たに高度かつ多様な技術の普及を図る普及指導員を設置。

女性の参画の促進（基本法第26条）

○　**食料・農業・農村基本法　（平成11年）**
（女性の参画の促進）
第２６条　国は、男女が社会の対等な構成員としてあらゆる活動に参画する機会を確保することが重要であることにかんがみ、女性の農業経営における役割を適正に評価するとともに、女性が自らの意思によって農業経営及びこれに関連する活動に参画する機会を確保するための環境整備を推進するものとする。

12基本計画（H12.3閣議決定）　／　**17基本計画（H17.3閣議決定）**　／　**22基本計画（H22.3閣議決定）**　／　**現行基本計画（H27.3閣議決定）**

情勢の変化等

- 農業就業人口に占める女性の割合：55.8%（H12）　53.3%（H17）　49.9%（H22）　48.1%（H27）
- 農村女性による起業数：個人1,683　グループ5,141　合計6,824（H12）　個人4,473　グループ5,284　合計9,757（H22）　個人5,178　グループ4,319　合計9,497（H28）
- 家族経営協定締結農家数※1：　37,721戸（H19）　52,527戸（H25）　57,605戸（H30）　目標：70,000戸（H32）

（第3次男女共同参画基本計画）

項　目	現状	目標
農業委員会、農業協同組合における女性が登用されていない組織数(注)	農業委員会：890（平成20年度） 農業協同組合：535（平成19年度）	農業委員会、農業協同組合とも　0（平成25年度）
家族経営協定の締結数	40,000件（平成19年度）	70,000件（平成32年度）

（第４次男女共同参画基本計画）

項　目	現状	目標
家族経営協定の締結数	54,190件（平成25年度）	70,000件（平成32年度）
農業委員に占める女性の割合	・女性委員が登用されていない組織数：644（平成25年度） ・農業委員に占める女性の割合：6.3%（平成25年度）	・女性委員が登用されていない組織数：0（平成32年度） ・農業委員に占める女性の割合：10%(早期)、更に30%を目指す（平成32年度）
農業協同組合の役員に占める女性の割合	・女性役員が登用されていない組織数：213（平成25年度） ・役員に占める女性の割合：6.1%（平成25年度）	・女性役員が登用されていない組織数：0（平成32年度） ・役員に占める女性の割合：10%(早期)、更に15%を目指す（平成32年度）

- ・農業委員における女性の占める割合　1.8%（H12）　4.1%(H17)　6.1%（H24）
- ・農協役員における女性の占める割合　0.6%（H12）　1.9%(H17)　6.0%（H25）

女性が経営参画している農家の販売金額・規模別割合（H17）：　300万円未満 8％　1～2千万円 30%　2～3千万円 38%　1億円以上 55%

女性の基幹的農業従事者※2がいる販売農家数割合(H22)
・農産物販売金額300万円未満　41%
・　〃　1,000万円以上 91%

女性の経営方針の決定参加者の有無別販売農家数割合(H2７)
・農産物販売金額300万円未満　43%
・　〃　1,000万円以上 67%

基本計画

12基本計画：経営の法人化、役割分担の明確化等を通じて女性の農業経営における役割を適正に評価。
農村女性の社会参画の目標の策定及びその達成に向けた普及啓発、農業技術及び経営方法の習得のための研修の実施、農業に関連する起業活動に必要な情報の提供等を推進。

17基本計画：家族経営協定の締結の促進や女性認定農業者の拡大等を促進。農協の女性役員、女性農業委員等の参画目標の設定及びその達成に向けた普及啓発等を推進。
女性の起業活動を促進するための研修等の実施を推進するとともに、情報提供等の推進、女性農業者によるネットワークづくりを促進。

22基本計画：農村女性の農業経営への参画や、地域資源を活用した加工や販売等に進出する女性の起業活動を促進。
家族経営協定の締結の促進等を通じ、農村における仕事と生活のバランスに配慮した働き方を推進するとともに、農業協同組合の女性役員や女性農業委員等の登用増等の目標を設定し、その実現のための普及・啓発等を実施。

現行基本計画：人・農地プランを検討する場への女性農業者の参画を義務付けするとともに、女性農業者の農業委員及び農業協同組合の役員等への登用を推進。経営体向けの補助事業について女性農業者等による積極的な活用を図るための取組を推進。
地域農業における次世代のリーダーとなり得る女性農業者の育成や、農業で新たなチャレンジを行う女性の経営の発展を促進するための取組を推進。女性農業者の知恵と民間企業の技術、ノウハウ、アイデアなどを結び付け、新たな商品やサービス開発等を行う「農業女子プロジェクト」の活動を拡大。

主な制度・講じた措置

【農業経営や地域の政策方針決定過程への女性の参画の促進（女性の経済的・社会的地位向上）】

- H15～　共同経営者としての役割を担っている女性農業者も認定農業者として位置づけ〔認定農業者制度の運用改善〕
- H24～　女性経営者相互のネットワーク形成、異業種等との交流機会の設定
- H26～　女性農業経営者の育成及び女性のビジネス発展を支援、女性が活躍する先進的取組を全国に発信。
- H27～　女性の活躍推進に取り組む農業法人等を認定･表彰し、取組を全国に発信
- H30～　地域のリーダーとなり得る女性農業経営者の育成及び女性が働きやすい環境整備を推進
- H25～　女性農業者と企業・教育機関との連携〔農業女子プロジェクト※3〕
- H24～　女性による補助事業の活用を促進し、６次産業化などにチャレンジする女性を支援
- H24～　人・農地プランの検討の場に３割以上の女性参画を要件化〔人・農地問題解決加速化支援事業〕

【農業委員、農協役員などへの女性登用の促進（政策・方針決定過程への参画）】

- H14～　農業委員・農協役員への女性の登用を促進
- H17～　地域段階における女性の社会・経営参画目標の設定を推進
- H22～　女性が一人も登用されていない組織の解消等を目標に設定し、その達成に向けた取組を促進
- H27～　女性が一人も登用されていない組織の解消及び農業委員、農協役員に占める女性割合の向上を目標に設定し、その達成に向けた取組を促進
- H28.4　改正された農業委員会法等により、農業委員の任命や農協役員への就任には、年齢や性別に著しい偏りが生じないよう配慮する旨を規定。

※１：家族農業経営にたずさわる各世帯員が、意欲とやり甲斐を持って経営に参画できる魅力的な農業経営を目指し、経営方針や役割分担、家族みんなが働きやすい就業環境（労働時間・休日等）などについて、家族間の十分な話し合いに基づき、取り決めるもの
※２：自営農業に主として従事した15歳以上の世帯員（農業就業人口）のうち、普段の主な状態が「主に仕事（農業）」である者で、主に家事や育児を行う主婦や学生等を含まない
※３：女性農業者の知恵を様々な企業の技術などと結びつけ新たな商品やサービスの開発を行い、農業で活躍する女性の姿を発信する取組。

高齢農業者の活動の促進（基本法第27条）

○　**食料・農業・農村基本法　（平成11年）**
（高齢農業者の活動の促進）
第２７条　国は、地域の農業における高齢農業者の役割分担並びにその有する技術及び能力に応じて、生きがいを持って農業に関する活動を行うことができる環境整備を推進し、高齢農業者の福祉の向上を図るものとする。

○　**現行基本計画の概要**
・農作業による心身の健康増進の効果等に着目し、高齢者の健康や生きがいの向上、障害者や生活困窮者の自立を支援するための福祉農園の拡大、定着等に向けた取組を推進する。

	12基本計画（H12.3閣議決定）	17基本計画（H17.3閣議決定）	現行基本計画（H22.3閣議決定）	現行基本計画（H27.3閣議決定）
情勢の変化等	農業就業人口に占める65歳以上の割合：53%（H12）	58%（H17）	62%（H22）	
基本計画	地域の農業における高齢農業者の役割分担並びにその有する技術及び能力に応じて、生きがいを持って農業に関する活動を行うことができる環境整備を推進。	高齢農業者による新規就農者や担い手への支援、都市住民との交流、農地や農業用水等の地域資源の保全管理等の取組を促進。 第一線を退いた農業内外の人材が、担い手の育成・確保のコーディネーター等として活動することを促進。	農村の高齢者が農業生産活動を継続していけるよう、地域内外での助け合い活動の促進や労力低減に向けた技術開発等を進めるとともに、高齢者の有する豊富な知識や経験を新たな農村資源としてとらえ、高齢者がこれを活用して生涯現役で農業や地域活動に取り組めるよう、世代間交流や地域文化の伝承活動を促進。	
主な制度・講じた措置	【高齢者の技術と能力を活かした農業関連活動の促進】 農作業安全のための研修等		H25～29　高齢者が有するノウハウを新規就農者に継承する取組を支援〔人・農地問題解決加速化支援事業のうち地域連携推進員支援〕 H22～　農作業の負荷軽減の技術開発 H22～　高齢者の生きがい、リハビリを目的とした福祉農園等を整備	R1　農福連携等推進ビジョンの決定

農業生産組織の活動の促進（基本法第28条）

○ **食料・農業・農村基本法（平成11年）**
（農業生産組織の活動の促進）
第２８条　国は、地域の農業における効率的な農業生産の確保に資するため、集落を基礎とした農業者の組織その他の農業生産活動を共同して行う組織、委託を受けて農作業を行う組織等の活動の促進に必要な施策を講ずるものとする。

	12基本計画（H12.3閣議決定）	17基本計画（H17.3閣議決定）	22基本計画（H22.3閣議決定）	現行基本計画（H27.3閣議決定）
情勢の変化等	全国の水田集落のうち、担い手(稲作１位の主業農家)がいない集落が、半数以上の54%(H22)			
情勢の変化等	集落営農数（任意）　H12：－ （法人）　H12：－	H17：9,417 H17：　646	H22：11,539　H25：11,718 H22：2,038　H25：2,916	H30：10,005 H30：5,106
基本計画	【集落営農の育成・確保】			
基本計画	集落を基礎とした農業者の組織その他の農業生産活動を共同して行う農業者の組織、委託を受けて農作業を行う組織等の活動の促進に必要な施策を講ずる。	集落を基礎とした営農組織のうち、一元的に経理を行い法人化する計画を有するなど、経営主体としての実体を有し、将来効率的かつ安定的な農業経営に発展すると見込まれるものを担い手として位置付け。	地域農業の生産性向上、経営規模が零細で後継者が不足している地域における農業生産活動の維持等を図るため、小規模な農家や兼業農家も参加した集落営農の育成・確保を推進。	担い手が少ない地域においては、地域における農業経営の受皿として、集落営農の組織化を推進するとともに、これを法人化に向けての準備・調整機関と位置付け、法人化を推進する。
基本計画	【委託を受けて農作業を行う組織等】			
基本計画	集落を基礎とした農業者の組織その他の農業生産活動を共同して行う農業者の組織、委託を受けて農作業を行う組織等の活動の促進に必要な施策を講ずる。	農作業の受託組織等のサービス事業体について、農地の利用集積の取組の促進と併せて、地域の担い手として発展することが可能となるよう、必要な施策を講じる。	農作業の外部化により、高齢化や担い手不足が進行している生産現場の労働負担の軽減を図るとともに、規模拡大や主要部門への経営資源集中等を通じた経営発展を促進する観点から、地域の実情を踏まえつつ、生産受託組織や酪農等のヘルパー組織の育成・確保を推進。	
主な制度・講じた措置	【集落営農の組織化・経営発展の促進】			
主な制度・講じた措置	H15～　特定農業団体※1制度の導入等 〔基盤強化法の一部改正〕	H19～　経営所得安定対策の開始 認定農業者及び集落営農を対象とする（原則、面積要件有り） 〔担い手経営安定法〕	H22～24　戸別所得補償制度の実施 全ての販売農家、集落営農を対象とする H25～　経営所得安定対策の見直し決定 対象を認定農業者、認定新規就農者、集落営農（いずれも規模要件無し）に変更（H27産より） 〔H26担い手経営安定法改正〕	H27～　新たな経営所得安定対策の実施 認定農業者、認定新規就農者、集落営農を対象とする（いずれも規模要件無し）
主な制度・講じた措置			H23～　法人設立にかかる経費を定額助成等（26年度から、組織化に係る経費を定額助成） 〔人・農地問題解決加速化事業、担い手経営発展支援事業、農業経営法人化支援総合事業〕	
主な制度・講じた措置			H26～29　集落営農の組織化・法人化を効果的に推進するための普及員ＯＢ等を活用した地域連携推進員の活動支援 〔人・農地問題解決加速化事業〕	
主な制度・講じた措置	外部支援組織の育成、確保			

技術の開発及び普及（基本法第29条）

○ **食料・農業・農村基本法（平成11年）**
（技術の開発及び普及）
第２９条　国は、農業並びに食品の加工及び流通に関する技術の研究開発及び普及の効果的な推進を図るため、これらの技術の研究開発の目標の明確化、国及び都道府県の試験研究機関、大学、民間等の連携の強化、地域の特性に応じた農業に関する技術の普及事業の推進その他必要な施策を講ずるものとする。

○ **現行基本計画の概要**
・戦略的研究開発と技術移転の加速化を図るため、研究開発段階における農業者等の参画を推進。
・先端技術の活用等による生産・流通システムの革新に向けて、スマート農業やロボット技術の導入、生産・流通段階における改善合理化を推進。
・知的財産の戦略的な創造・活用・保護の取組を推進。

【凡　例】
・　基本計画に基づく施策を青色で示すとともに、「主な制度等」と「講じた措置」の記載内容が対応している場合は濃い青色で示している。

12基本計画（H12.3閣議決定） ＞ 17基本計画（H17.3閣議決定） ＞ 22基本計画（H22.3閣議決定） ＞ 現行基本計画（H27.3閣議決定）

情勢等の変化
H16イネゲノム完全解読
H17 京都議定書発効
H23.3 東日本大震災
H27.12 パリ協定
H30.6 統合イノベーション戦略
R元.6 統合イノベーション戦略2019

主な制度等
（■H11.11～農林水産研究基本目標※1）
■H13.4 国の研究機関の独立行政法人化（独法中期目標・計画の策定、運営費交付金の交付等）
■H14.12 知的財産基本法
■H17.3 農林水産研究基本計画※1
（今後10年で重点的に取り組むべき課題（重点目標）、代表的な課題ごとの具体的な5年後の研究達成目標）
■H19.3 農林水産省知的財産戦略
■H22.3 農林水産研究基本計画※1
（重点目標、研究達成目標に加え、20～30年後を見据えた研究の長期的展望）（H24改定（原発事故対応研究を追加））
■H22.3 新たな農林水産省知的財産戦略
■H26　特定農林水産物等の名称の保護に関する法律（GI法）
■H27.3 農林水産研究基本計画※1
■H28.7 国際農林水産業研究戦略※4
■H27.5 農林水産省知的財産戦略2020
■H30.12 研究開発力強化法改正
■H30　GI法改正
■H31.3 農林水産研究イノベーション戦略

講じた措置

［農林水産研究、実用化・普及の推進］

【政府全体の研究政策の動向】
H13.4　国の試験研究機関を独立行政法人化
H13.1 総合科学技術会議の設置
H25.6　「科学技術イノベーション総合戦略」の策定
H26.5　総合科学技術・イノベーション会議（CSTI）に名称変更
H30.1　統合イノベーション戦略調整会議を設置
H30.7　統合イノベーション戦略推進会議に改称

【研究資金】
・委託プロジェクト研究（研究課題を農林水産省が企画・立案し、公募で選定（５年以内））
・競争的研究資金（研究開発を公募方式で推進（3～5年以内））
H26～戦略的イノベーション創造プログラム（SIP）により、研究開発を府省間連携により推進
H30.4 イノベーション創出強化研究推進事業の開始

【重点研究分野】農業の生産性向上・低コスト化、農産物・食品の高品質化、バイオマス利用、植物・動物ゲノム等
■食料・農業・農村基本法における農政の大目標を受け、「農業の生産性向上及び経営体質の強化」のための研究開発を重点化（11年研究基本目標）
■BSE問題を契機に「食の安全・信頼の確保」のための研究開発を拡充（17年研究基本計画）
■京都議定書を受け「農林水産分野における地球温暖化対策」のための研究開発を拡充（22年研究基本計画）
H23～原発事故対応として放射性物質対策の研究を大幅拡充
H25 府省連携の強化、医学、工学等の異分野融合研究
■生産現場の体質強化のための研究開発及び先進・先導的な研究開発を実施（27年研究基本計画）

産学官連携等の強化による、事業者・現場のニーズを踏まえた研究開発、研究成果の実用化、普及活動の促進
■各研究分野ごとに公的研究機関、大学、民間等の役割分担と連携の方向を明確化(17年研究基本計画)
H23～先端技術を生産現場において経営体レベルで実証する研究を実施
H22～産学官の相互調整等を支援するコーディネーターを全国に配置
H25 事業化に力点を置いた研究開発を支援
H29～海外の研究成果を導入した国際共同研究を推進
H30.4 現場ニーズ対応型研究の開始
H28.4「知」の集積と活用の場の開始
H31.4　農業データ連携基盤（WAGRI）の運用開始
H31.4 スマート農業実証加速化プロジェクト
H16～最新技術、研究成果の展示等を行うアグリビジネスフェアを毎年開催
普及組織と都道府県試験研究機関、市町村・農協等との連携による、農業者のニーズに即した実用技術の研究と普及
H24 普及組織に「農業革新支援専門員制度」を導入（新品種・新技術の導入にあたる先進的な農業者への相談対応等）
H27 農業革新支援専門員に「スマート農業担当」分野を新設
H30.4 コンソーシアムを組む技術開発に普及組織等の参画を要件化

［知的財産の活用・保護］
■**農林水産省知的財産戦略に基づき、知的財産の積極的・戦略的な活用、保護等を推進**
（遺伝子特許の取得と新品種創出や育種改良の促進、地域ブランドの形成、権利侵害への対応強化等）
H30.3　「農ハウパンフレット」を作成（農業知財の重要性等に関する普及・啓発）
H30.12　「農業分野におけるデータ契約ガイドライン」を策定
種苗法による育成者権侵害に対する罰則対象の拡大等（H15改正、H17改正、H19改正）
H19 東アジア植物品種保護フォーラム設立(ASEAN+3各国の植物品種保護制度の整備の促進等、UPOV91年条約※2加盟に向けた取組の実施）
H30.8　東アジア植物品種保護フォーラム10年戦略の採択
H21 農林水産知的財産保護コンソーシアム設立　（海外における商標出願状況の監視、模倣品の販売状況等に関する調査の実施等）
H28.2 農林水産研究における知的財産に関する方針
H30～　知財マネジメント強化事業を開始
知的財産の権利化、ＴＬＯ（技術移転機関）※3等による技術移転により、研究成果の社会への還元を推進
H31.3 知財マネジメントに関する手引を作成

※1 H11は、研究の領域毎におおよそ１０年後の目標を見通して示す「農林水産研究基本目標」を策定。H17,H22は、進行管理に活用できるよう、個別の課題毎に５年後、10年後の研究開発の具体的な期別達成目標等を示す「農林水産研究基本計画」を策定。
※2 植物の新品種保護に関する国際条約
※3 H15、農林水産省所管の試験研究独立行政法人が保有する特許等を民間事業者に移転する機関(ＴＬＯ(Technology Licensing Organization))として、地方公共団体、農業者団体、民間企業等を会員とする(社)農林水産技術情報協会(現(公社)農林水産・食品産業技術振興協会)を認定。
　その後、各独法において技術移転部門の体制が整ったことから、H26.3月をもって認定を取消。
※4 H15は、国際農林水産業研究推進の基本的視点や方策等を示した「国際農業研究の推進方針-食料・環境問題の解決を目指した日本のチャレンジ」を策定。H20は、左記の指針に開発途上国地域を中心とした研究課題と講ずべき方策を提示した「国際研究戦略」を策定。
　H28 は、「農林水産研究基本計画」を具体的に推進するための研究戦略として、昨今の国内外の環境変容に対応し得る国際農林水産業研究に係る施策の方向性を示す「国際農林水産業研究戦略」を策定。

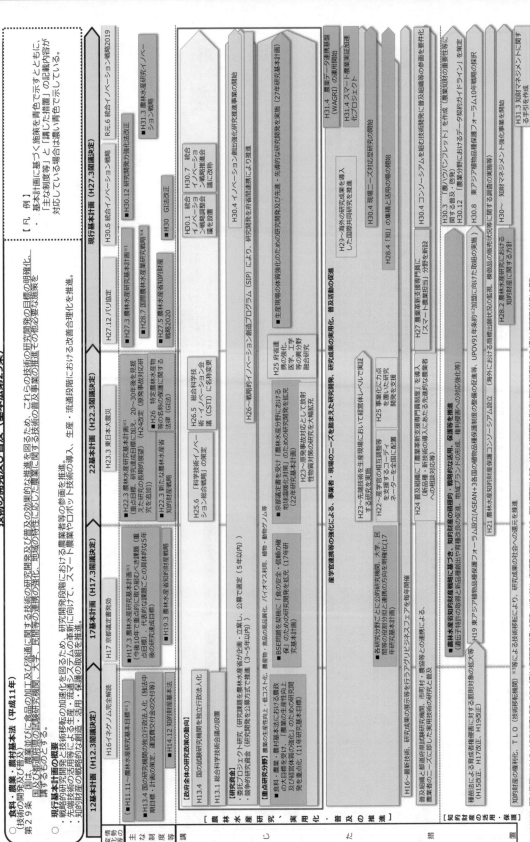

農産物の価格の形成と経営の安定、農業災害による損失の補てん（基本法第30条、第31条）

○ **食料・農業・農村基本法（平成11年）**
（農産物の価格の形成と経営の安定）
第３０条　国は、消費者の需要に即した農業生産を推進するため、農産物の価格が需給事情及び品質評価を適切に反映して形成されるよう、必要な施策を講ずるものとする。
２　国は、農産物の価格の著しい変動が育成すべき農業経営に及ぼす影響を緩和するために必要な施策を講ずるものとする。

（農業災害による損失の補てん）
第３１条　国は、災害によって農業の再生産が阻害されることを防止するとともに、農業経営の安定を図るため、災害による損失の合理的な補てんその他必要な施策を講ずるものとする。

基本計画	12基本計画（H12.3閣議決定）	17基本計画（H17.3閣議決定）	22基本計画（H22.3閣議決定）	現行基本計画（H27.3閣議決定）
【農産物の価格の形成と経営の安定】	消費者に選択される農産物の生産を促進する観点に立ち、消費者の需要に即した農業生産を推進するため、農産物の価格が需給事情及び品質評価を適切に反映して形成されるよう、麦、大豆等の主要品目ごとの価格に関する政策を見直す等必要な施策を講ずる。 また、農産物の価格の著しい変動が育成すべき農業経営に及ぼす影響を緩和するために必要な施策を講ずる。 なお、育成すべき農業経営を個々の品目を通じてではなく経営全体としてとらえ、その経営の安定を図る観点から、農産物の価格の変動に伴う農業収入は所得の変動を緩和する仕組み等について、今後、品目別の価格政策の見直しの状況、品目別の経営安定対策の実施状況、農業災害補償制度との関係等を勘案しながら検討。	農業の構造改革を加速化するとともに、WTOにおける国際規律の強化にも対応し得るよう、複数作物の組合せによる営農が行われている水田作及び畑作について、品目別ではなく、担い手の経営全体に着目し、市場で顕在化している諸外国との生産条件の格差を是正するための対策となる直接支払を導入するとともに、販売収入の変動が経営に及ぼす影響が大きい場合にその影響を緩和するための対策の必要性を検証。 対象となる担い手は、認定農業者のほか、集落を基礎とした営農組織のうち、一元的に経理を行い法人化する計画を有するなど、経営主体としての実体を有し将来効率的かつ安定的な農業経営に発展すると見込まれるものを基本。 野菜、果樹、畜産等における品目別政策については、これまでの施策の目的と効果を踏まえ、対象経営を明確化し、経営の安定性を向上させることを基本に速やかに見直し。その際、品目ごとの特性を踏まえて施策を具体化。	農業の産業としての持続性を速やかに回復させ、食料自給率の向上と多面的機能の維持を図るためには、農業生産のコスト割れを防ぎ、兼業農家や小規模経営を含む意欲あるすべての農業者が将来にわたって農業を継続し、経営発展に取り組むことができる環境を整備することが必要。このため、販売農家を対象に、農産物の販売価格と生産費の差額を国から直接交付金として支払うことを基本とする戸別所得補償制度を導入。 規模、品質、環境保全の取組等に応じた加算について、他の生産・経営関係施策や地域資源・環境の保全のための施策等との関係を整理しつつ、制度上の位置付けを検討。畜産・酪農等の米以外の品目についても、制度のあり方や導入時期を検討。	担い手の農業経営の安定を図り、我が国農業の更なる構造改革を進める観点から、諸外国との生産条件の格差から生じる不利がある畑作物を生産する農業者に対して、標準的な生産費と標準的な販売価格の差に相当する額を直接交付する「畑作物の直接支払交付金」を実施。併せて、国民に対する熱量の供給を図る上で特に重要なもの等で、収入の減少が農業経営に及ぼす影響を緩和する必要がある農産物を生産する農業者に対して、農業者拠出に基づくセーフティネットとして「米・畑作物の収入減少影響緩和対策」を実施。 対象は、平成27年産から認定農業者、認定新規就農者、集落営農とし、規模要件を課さずに実施。
【農業災害による損失の補てん】	災害によって農業の再生産が阻害されることを防止するとともに、農業経営の安定を図るため、農業災害補償法に基づく農業災害補償制度の適切な運用を通じた災害による損失の合理的な補てん等の施策を講ずる。	農業災害の発生時における損失の合理的な補てんが行われるよう、農業災害補償制度の適切な運用を図る。また、品目横断的政策の導入や品目別政策の見直しを合わせて、これらの政策との役割分担を整理し、この結果を踏まえて制度の在り方を見直す。	農業災害の発生時における損失を合理的に補てんすることにより、農業経営の安定を図ることとし、これを目的とした保険の仕組みを用いた農業災害補償制度について、更なる合理化及び効率的運営に取り組む。	「農業災害補償法」（昭和22年法律第185号）に基づく現行の農業災害補償制度は、価格低下等は対象外であり、対象品目は収量を確認できるものに限定されているなど、農業経営の安定のためのセーフティネットとして課題を有している。このため、農業経営全体の収入に着目した収入保険の導入について、制度の仕組みの検証等を行う事業化調査を実施するなど、制度の法制化に向け、検討を進める。その際、既存の制度と重複がないよう、在り方を含めて関係を整理する。また、収入保険の検討と併せて、農業災害補償制度の在り方を検討する。このほか、自然災害等の影響を受けた農業者について、経営の維持・安定を図るために必要な資金の調達の支援を行う。

主な制度等

- ■H10.5　新たな麦政策大綱
- ■H10.9　新たな大豆政策大綱
- ■H11.3　新たな酪農・乳業対策大綱
- ■H11.9　新たな砂糖・甘味資源作物政策大綱
- ■H14.12　米政策改革大綱
- ■H15.6　農業災害補償法の改正
- ■H17.10　経営所得安定対策等大綱

※これらの大綱に即し、随時、関係法令を改正

- ■H25.12　農林水産業地域の活力創造プラン
  - ○経営所得安定対策の見直し決定
    - ・平成27年産から対象を認定農業者、認定新規就農者、集落営農（いずれも規模要件無し）に変更（H26担い手経営安定法改正）
    - ・下記②及び③の削減・廃止（H26～）
  - ○水田フル活用と米政策の見直し
- ■H29.6　農業災害補償法の改正
- ■H30　行政による生産数量目標の配分廃止

講じた措置【主な品目の価格・経営安定対策】

（米）
- H10～H15　稲作経営安定対策※1
- ■ H16～　稲作所得基盤確保対策・担い手経営安定対策※1

（麦）
- ～H11　全量政府買入れにより最低価格を保証
- ■H12～　民間流通に移行（漸次政府買入れは減少。H18年度をもって政府買入制度を廃止）
- ■H12～　麦作経営安定資金（一定の単価により助成）

（大豆）
- ～H11　不足払いにより基準価格水準を保証
- ■H12～　大豆交付金（全銘柄共通の一定の単価により助成）
- ■H12～　大豆作経営安定対策※1

（てん菜）
- ～H19　国内産糖企業への交付金の交付により最低生産者価格を保証※2

■ H19～　水田・畑作経営所得安定対策
（経営全体に着目した品目横断的経営安定対策）
・認定農業者及び集落営農を対象とする
（原則、規模要件有り）
- ・【生産条件不利補正対策】諸外国との生産条件格差から生ずる不利を是正するための対策（対象：麦、大豆、てん菜等）
- ・【収入減少影響緩和対策】収入の変動の影響を緩和するための対策（対象：米、麦、大豆、てん菜等）

■ H23～　戸別所得補償制度（経営所得安定対策※）
（戸別所得補償モデル対策はH22から実施）
・全ての販売農家、集落営農を対象とする
- ①【畑作物の所得補償交付金（畑作物の直接支払交付金※）】恒常的なコスト割れ相当分を直接支払い（対象：麦、大豆、てん菜等）
- ②【米の所得補償交付金（米の直接支払交付金※）】恒常的なコスト割れ相当分を直接支払い（対象：米）　H26から単価削減　H30から廃止
- ③【米価変動補塡交付金】当年産の販売価格が標準的な販売価格を下回った場合に、その差額を直接支払い（対象：米）　H26から廃止

（※H25に名称変更された後の名称）

■ H27～　新たな経営所得安定対策の実施
・認定農業者、認定新規就農者、集落営農を対象とする
（いずれも規模要件無し）

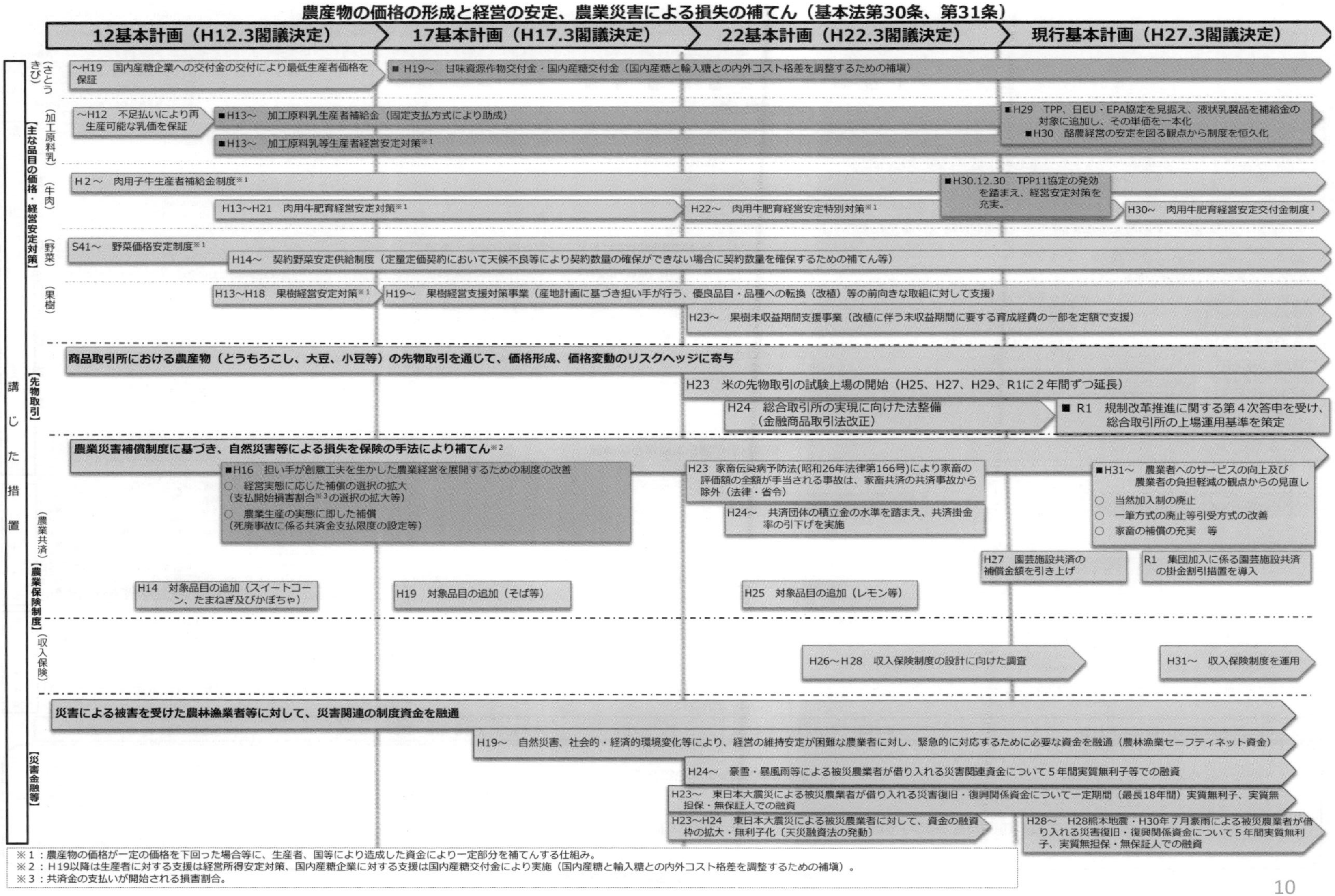
農産物の価格の形成と経営の安定、農業災害による損失の補てん（基本法第30条、第31条）
12基本計画（H12.3閣議決定）
17基本計画（H17.3閣議決定）
22基本計画（H22.3閣議決定）
現行基本計画（H27.3閣議決定）
講じた措置
【主な品目の価格・経営安定対策】
（さとうきび）
～H19 国内産糖企業への交付金の交付により最低生産者価格を保証
■ H19～ 甘味資源作物交付金・国内産糖交付金（国内産糖と輸入糖との内外コスト格差を調整するための補填）
（加工原料乳）
～H12 不足払いにより再生産可能な乳価を保証
■H13～ 加工原料乳生産者補給金（固定支払方式により助成）
■H13～ 加工原料乳等生産者経営安定対策※1
■H29 TPP、日EU・EPA協定を見据え、液状乳製品を補給金の対象に追加し、その単価を一本化
■H30 酪農経営の安定を図る観点から制度を恒久化
（牛肉）
H2～ 肉用子牛生産者補給金制度※1
H13～H21 肉用牛肥育経営安定対策※1
H22～ 肉用牛肥育経営安定特別対策※1
■H30.12.30 TPP11協定の発効を踏まえ、経営安定対策を充実。
H30～ 肉用牛肥育経営安定交付金制度1
（野菜）
S41～ 野菜価格安定制度※1
H14～ 契約野菜安定供給制度（定量定価契約において天候不良等により契約数量の確保ができない場合に契約数量を確保するための補てん等）
（果樹）
H13～H18 果樹経営安定対策※1
H19～ 果樹経営支援対策事業（産地計画に基づき担い手が行う、優良品目・品種への転換（改植）等の前向きな取組に対して支援）
H23～ 果樹未収益期間支援事業（改植に伴う未収益期間に要する育成経費の一部を定額で支援）
【先物取引】
商品取引所における農産物（とうもろこし、大豆、小豆等）の先物取引を通じて、価格形成、価格変動のリスクヘッジに寄与
H23 米の先物取引の試験上場の開始（H25、H27、H29、R1に2年間ずつ延長）
H24 総合取引所の実現に向けた法整備（金融商品取引法改正）
■ R1 規制改革推進に関する第4次答申を受け、総合取引所の上場運用基準を策定
【農業保険制度】
（農業共済）
農業災害補償制度に基づき、自然災害等による損失を保険の手法により補てん※2
■H16 担い手が創意工夫を生かした農業経営を展開するための制度の改善
○ 経営実態に応じた補償の選択の拡大（支払開始損害割合※3の選択の拡大等）
○ 農業生産の実態に即した補償（死廃事故に係る共済金支払限度の設定等）
H23 家畜伝染病予防法(昭和26年法律第166号)により家畜の評価額の全額が手当される事故は、家畜共済の共済事故から除外（法律・省令）
H24～ 共済団体の積立金の水準を踏まえ、共済掛金率の引下げを実施
■H31～ 農業者へのサービスの向上及び農業者の負担軽減の観点からの見直し
○ 当然加入制の廃止
○ 一筆方式の廃止等引受方式の改善
○ 家畜の補償の充実 等
H27 園芸施設共済の補償金額を引き上げ
R1 集団加入に係る園芸施設共済の掛金割引措置を導入
H14 対象品目の追加（スイートコーン、たまねぎ及びかぼちゃ）
H19 対象品目の追加（そば等）
H25 対象品目の追加（レモン等）
（収入保険）
H26～H28 収入保険制度の設計に向けた調査
H31～ 収入保険制度を運用
【災害金融等】
災害による被害を受けた農林漁業者等に対して、災害関連の制度資金を融通
H19～ 自然災害、社会的・経済的環境変化等により、経営の維持安定が困難な農業者に対し、緊急的に対応するために必要な資金を融通（農林漁業セーフティネット資金）
H24～ 豪雪・暴風雨等による被災農業者が借り入れる災害関連資金について5年間実質無利子等での融資
H23～ 東日本大震災による被災農業者が借り入れる災害復旧・復興関係資金について一定期間（最長18年間）実質無利子、実質無担保・無保証人での融資
H23～H24 東日本大震災による被災農業者に対して、資金の融資枠の拡大・無利子化〔天災融資法の発動〕
H28～ H28熊本地震・H30年7月豪雨による被災農業者が借り入れる災害復旧・復興関係資金について5年間実質無利子、実質無担保・無保証人での融資
※1：農産物の価格が一定の価格を下回った場合等に、生産者、国等により造成した資金により一定部分を補てんする仕組み。
※2：H19以降は生産者に対する支援は経営所得安定対策、国内産糖企業に対する支援は国内産糖交付金により実施（国内産糖と輸入糖との内外コスト格差を調整するための補填）。
※3：共済金の支払いが開始される損害割合。
10

自然循環機能の維持増進（基本法第32条）

○ **食料・農業・農村基本法（平成11年）**
（自然循環機能の維持増進）
第３２条　国は、農業の自然循環機能の維持増進を図るため、農薬及び肥料の適正な使用の確保、家畜排せつ物等の有効利用による地力の増進その他必要な施策を講ずるものとする。

○ **現行基本計画の概要**
・環境保全効果の高い営農活動の普及を推進。
・有機農業推進法に基づく取組や有機JAS制度の活用等を通じ、生産・流通の更なる拡大を促進。
・バイオマスや地熱などの自然エネルギーの利用等も進めることで、省エネルギー型、低炭素型の生産流通方式への転換を推進
・地球温暖化対策や生物多様性保全を含む地球環境問題への貢献。

	12基本計画（H12.3閣議決定）	17基本計画（H17.3閣議決定）	現行基本計画（H22.3閣議決定）	現行基本計画（H27.3閣議決定）
情勢の変化等	エコファーマーの認定状況：1,126件(H12)	98,925件(H17)	211,163件(H22)	
	有機JAS格付数量（総生産に占める割合）：31,654t(0.10%) (H13)	45,840t(0.15%) (H17)	54,558t(0.22%) (H22)	58,460t(0.24%)(H27)
	家畜排せつ物利用率：90%(H16)		約87%(H22)	約87%(H27)　目標※2：約90%(R7)
		農作物非食用部利用率※1：約30%(H19)	約33%(H22)	約32%(H27)　目標※2：約45%(R7)
		食品廃棄物利用率：	約22%(H22)	約29%(H27)　目標※2：約40%(R7)
		バイオマス産業の規模：	約1,200億円(H22)	約3,500億円(H27)　目標※2：約5,000億円(R7)
	【H14～バイオマスタウン構想策定：318市町村(H23.4)】		【H22～バイオマス活用推進計画策定： 383市町村(H30)※11】	目標※2：600市町村(R7) 【H25～バイオマス産業都市選定：83市町村(H30)】
主な制度等	(■H11 持続農業法) 土づくりと化学肥料・化学合成農薬の使用低減を一体的に行う農業生産方式の導入を促進（エコファーマー※3の認定等） (■H11 家畜排せつ物法) 家畜排せつ物の管理の基準設定と利用の促進 (■H11 肥料取締法改正) 堆肥等特殊肥料の品質表示制度を創設、汚泥肥料を知事への届出制から大臣への登録制に移行	■H18 有機農業推進法	■H21 バイオマス活用推進基本法 ■H22 バイオマス活用推進基本計画	■H26 農業の有する多面的機能の発揮の促進に関する法律 ■H28 新たなバイオマス活用推進基本計画

講じた措置「循環型社会の形成」

農業の自然循環機能の維持増進
エコファーマーの認定推進や耕畜連携の強化等を通じた肥料・農薬の適正な使用の確保、たい肥等による地力の増進の推進等

- H15 農林水産環境政策の基本方針の策定（環境保全を重視する農林水産業への移行に向けた基本方策）
- H17 環境と調和のとれた農業生産活動規範の策定（農業者の環境保全に向けた取組規範の策定・各種補助事業における要件化等の関連付け）
- H19 農地・水・環境保全向上対策※4において化学肥料・化学合成農薬を大幅低減する営農活動等を支援 → H23 環境保全型農業直接支援対策※5を創設 → H26.6 農業の有する多面的機能の発揮の促進に関する法律に位置づけ → H27.4法律施行に伴い、支援対象者を農業者団体を基本とすることに変更 → R1.8 環境保全型農業直接支払交付金最終評価とりまとめ
- ■H19 有機農業推進法に基づく基本方針の策定（有機農業※6の推進体制の整備目標等） → H26.4 有機農業推進法に基づく新たな基本方針の策定（有機農業の拡大目標等） → H31.4 食農審果樹・有機部会において、「有機農業の推進に関する議論の中間とりまとめ」を策定
- H11 家畜排せつ物法に基づく基本方針の策定（耕畜連携体制の整備、資源循環型畜産の推進等） → H19 家畜排せつ物法に基づく基本方針の改定（耕畜連携の強化、ニーズに即した堆肥づくり等） → H27 家畜排せつ物法に基づく基本方針の改訂（堆肥化の推進、畜産環境問題への対応、家畜防疫の観点からの適切な堆肥化の徹底等）

農業・農村の様々なバイオマスの利活用の推進

- H14 バイオマス・ニッポン総合戦略(H18.3改定)において2010年までの目標値を設定
  - ・バイオマスの熱利用等(原油換算 308万kl)
  - ・バイオマスタウン構想※7の策定(300市町村)
- → ■バイオマス活用推進基本法に基づく基本計画において、農村活性化、産業創出、地球温暖化防止の観点から2020年までの目標値を設定
  - ・バイオマス活用推進計画※8の策定（全都道府県・600市町村）
  - ・バイオマスを活用する新産業の創出（5000億円規模）
  - ・バイオマスの活用(2,600万Ct)
- → ■地域に存在するバイオマスを活用して、地域が主体となった事業を創出し、農林漁業の振興や地域への利益還元による活性化を推進
  - ■旧基本計画における目標年度を2025年に見直し
- H24 バイオマス事業化戦略策定（事業化を重点的に推進するための指針や技術ロードマップ※9を策定し、バイオマス産業都市構想※10を推進） → H29.4 技術ロードマップ見直し → R1.5 技術ロードマップ見直し

家畜排せつ物、食品廃棄物、稲わら等の未利用資源等の様々なバイオマス資源をエネルギーや原材料として利活用するための技術の研究、実証、実用化等の取組への支援

貢献

［ 地 球 環 境 問 題 へ の 対 応 ］

※1 農作物非食用部利用率：すき込みを除く。
※2 「バイオマス活用推進基本計画(平成22年12月)」において定めたもの。
※3 エコファーマー：土づくり技術、化学肥料低減技術・化学合成農薬低減技術を組み合せて作成した計画を都道府県知事に認定された農業者。
※4 農地・水・環境保全向上対策：地域ぐるみで行う農地や水を守る効果の高い共同活動への支援と、地域全体の農業者による化学肥料・農薬の５割低減等、環境負荷低減に向けた取組への支援を実施。
※5 環境保全型農業直接支援対策（現行 環境保全型農業直接支払交付金）：化学肥料・化学合成農薬の5割低減の取組と合わせて、地球温暖化防止や生物多様性保全等環境保全に効果の高い営農活動への取組に対し支援を実施。
※6 有機農業：化学肥料・農薬を使用せず、並びに遺伝子組換え技術を利用しないことを基本として、農業生産に由来する環境への負荷を出来る限り低減した農業生産の方法を用いて行われる農業。
※7 バイオマスタウン：市町村が中心となって作成した地域のバイオマス利活用の全体プランの実現に向けた取組。
※8 バイオマス活用推進計画：市町村バイオマス活用推進計画は、バイオマスタウン構想に相当し、取組効果の客観的検証等を追加。都道府県バイオマス活用推進計画は、市町村バイオマス活用推進計画が実効性のあるものとなるよう講ずべき施策を記載。
※9 技術ロードマップ：多種多様なバイオマス利用技術の到達レベル等を評価した「バイオマス利用技術の現状とロードマップ」。技術の進展状況を勘案し、概ね２年ごとに見直し。
※10 バイオマス産業都市：バイオマスタウンを更に発展させ、バイオマスを活用した産業化に重点を置いた取組。地域の実情に応じて、市町村（単独・複数）と都道府県、民間団体等との共同体が作成主体となる。H30までに100地区を目指す。
※11 類似施策であるバイオマスタウン構想やバイオマス産業都市へ選定された市町村を含む。

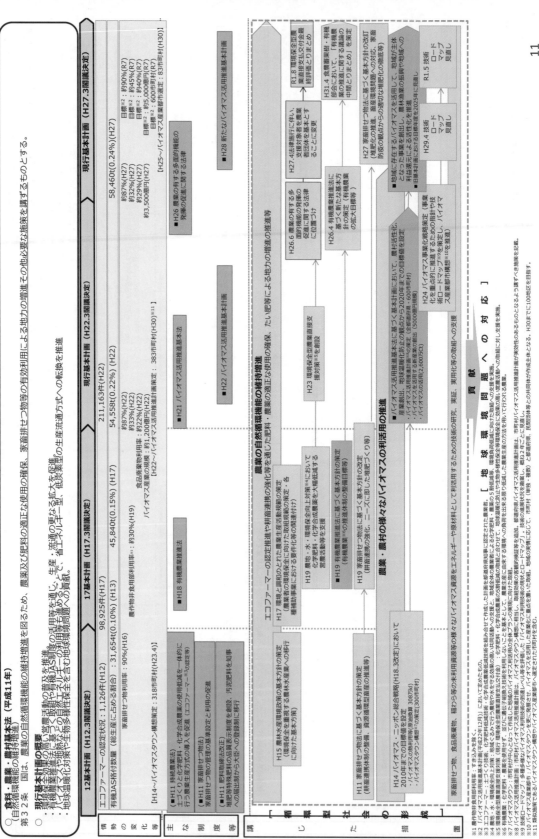

自然循環機能の維持増進（基本法第32条）

12基本計画（H12.3閣議決定）　→　17基本計画（H17.3閣議決定）　→　現行基本計画（H22.3閣議決定）　→　現行基本計画（H27.3閣議決定）

情勢の変化等

- H14 京都議定書締結
- H17.2 京都議定書発効　温室効果ガス削減約束：　【H20～H24年】H2年比6%減　【H25～H32年】日本は不参加
- H27.12 パリ協定※6採択
- H28.11 パリ協定発効
- H30.12 パリ協定の実施指針採択
- 農林水産業・食品製造業における温室効果ガス排出量（総排出量に占める割合）：7,174万t-CO2(約5.7%)（H2）　5,268万t-CO2(約3.9%)（H24)=H2年比26.6%減　5,154万t-CO2(約4.0%)（H29,2017)=H2年比15.3%減
- H22 生物多様性条約第10回締約国会議(COP10)
  「名古屋議定書」※1「戦略計画2011-2020（愛知目標）」※2の採択
- H22 カルタヘナ議定書第5回締約国会議(MOP5)
  「名古屋・クアラルンプール補足議定書」※3の採択
- H24 IPBES※4設立
  （生物多様性に関する政策推進に資する科学的評価手法の検討等を開始）
- 平成27年9月 国連サミットにてSDGs採択
- H29.8「名古屋議定書」発効
- H30.3「名古屋・クアラルンプール補足議定書」発効
- 京都議定書目標達成計画の進捗状況
  - 施設園芸・農業機械の温室効果ガス排出削減量　36万t-CO2（H23）　（削減量の目標：21万t-CO2（H23））
  - 施肥量の適正化による温室効果ガス排出削減量　38万t-CO2(H22)　（削減量の目標：18万t-CO2(H22)）
- 農林水産省生物多様性戦略の進捗状況
  - 田園自然環境の創造に着手した地域※5数：(実績) 1,893(H24)　2,033(H26)　(目標値：約2,500(R2))
  - ｸﾞﾘｰﾝﾂｰﾘｽﾞﾑ施設年間延べ宿泊者数：(実績)　848万人(H21)　903万人(H24)　1,099万人(H27)　1,187万人(H29)　1,212万人(H30)　(目標：1,450万人(H32))

主な制度等

- （■H10 地球温暖化対策推進法）
- ■H20 生物多様性基本法
- ■H25 地球温暖化対策推進法改正
- ■H28 地球温暖化対策推進法改正
- ■H30 気候変動適応法

講じた措置「地球環境問題への対応」

地球温暖化・気候変動に対する緩和・適応策の推進

施設園芸等の温室効果ガス排出量削減対策、温暖化に適応した栽培技術や高温耐性品種の開発等

- H14 地球温暖化対策推進大綱（京都議定書の6%削減約束の達成に向けた地球温暖化対策に関する基本方針、目標設定）
- H17 京都議定書目標達成計画（温室効果ガス区分ごとの排出抑制量・吸収量目標の見直し等）
- H20～国内排出量取引制度の推進（H23～ J-クレジット制度）
- H20 地球温暖化対策研究戦略（温暖化防止技術、温暖化適応技術、国際共同研究の研究課題を整理）
- H19 農林水産省地球温暖化対策総合戦略策定
  - ・施設園芸・農業機械の温室効果ガス排出削減
  - ・環境保全型農業の推進による施肥量の適正化等
- H20 農林水産省地球温暖化対策総合戦略改定
  - ・農地土壌の温室効果ガス吸収源としての活用
  - ・省CO2効果の見える化等
- H21 農林水産分野における省CO2効果の表示の指針策定（農林漁業者の排出削減努力PR「CO2の見える化」を強化）
- 政府全体の気候変動適応計画の検討
- H26 農林水産省気候変動適応計画推進本部設置（適応計画策定に向けた気候変動の影響の現状と課題の検討等）
- H28.5 地球温暖化対策推進法に基づく地球温暖化対策計画を閣議決定
- H29.3 農林水産省地球温暖化対策計画を策定
- R1.5 気候変動に対応する農業技術国際シンポジウムを開催
- R1.4「脱炭素化社会に向けた農林水産分野の基本的考え方」を公表
- R1.6 パリ協定に基づく成長戦略としての長期戦略を閣議決定
- H27.11 政府全体の「気候変動の影響への適応計画」を閣議決定
- H30.11 気候変動適応法に基づく気候変動適応計画を閣議決定
- H27.8 農林水産省気候変動適応計画を策定（H30.11改定）
- H31.3 「農林水産業×環境・技術×SDGs」の取りまとめ

生物多様性保全への貢献

里地里山の整備・保全による水と生態系のネットワーク保全、遺伝資源の保全、「生きものマーク」※7の取組による国民理解の増進等

- H7～生物多様性及び持続可能な利用に関する基本的な計画として生物多様性国家戦略を策定（H14, H19改正）
- ■生物多様性国家戦略2010を閣議決定
- H24 生物多様性国家戦略2012-2020を閣議決定
- H19 農林水産省生物多様性戦略（生物多様性を重視した取組の基本方針を策定）
- H24 農林水産省生物多様性戦略改定（生物多様性における農林水産業の役割の経済的評価の検討に着手）
- 「MY行動宣言（ UNDB-J農林水産関係アクション）」※8の普及　H29～30：4,754宣言
- H27～29 農林水産分野の生物多様性の経済的連携のスキーム研究会（年2回）及びシンポジウム（年1回）開催
- H27～「 The 自然資本～生物多様性保全の経済的連携に向けて～ 」※9を活用した普及・啓発
- H23～世界農業遺産（GIAHS）※10の枠組みを活用した生物多様性保全の推進
- H28～日本農業遺産※11の枠組みを活用した生物多様性保全の推進

※1 名古屋議定書:農作物の新品種開発などに必要な海外の遺伝資源の円滑な入手と、その利用から生ずる利益の一部を遺伝資源提供国へ配分するためのルール。
※2 戦略計画2011-2020（愛知目標）:2050年までの長期目標「自然と共生する社会の実現」と2020年までの短期目標「生物多様性の損失を止めるための効果的かつ緊急的な行動の実施」と短期目標を達成するための20の個別目標。
※3 名古屋・クアラルンプール補足議定書:遺伝子組換え生物の輸出入等による生物多様性保全及び持続可能な利用に損害が生じた場合の措置を規定。
※4 IPBES：生物多様性に関する科学と政策の結びつきを強化することを目的とし設立された政府間機関。本機関が策定した作業計画2014-2018において、地球規模・地域レベルでの生物多様性評価作業が開始され、評価手法・基準が順次報告される。
※5 田園自然環境の創造に着手した地域：水路やため池、農道などの整備の際に生きものの生育環境や地域の人々が自然と親しむ空間を創出するなどの取組に着手した地域。
※6 パリ協定：先進国・途上国の区別なく温室効果ガス排出削減に向けて自国の決定する目標を提出し、目標達成のための取組を実施することを規定した公平かつ実効的な枠組み。
※7 生きものマーク：全国各地で取り組まれている生物多様性に配慮した農林水産活動のうち、独自のマークを利用し消費者とのコミュニケーションに工夫をこらしている活動の総称。
※8 「宣言（UNDB-J農林水産関係アクション）」：生物多様性の主流化を目指す「国連生物多様性の10年日本委員会（UNDB-J）」の活動の一貫で、国民各層に身近な生物多様性保全活動への参加を促すための普及活動のうち農林水産省が独自で作成したリーフレットを活用した取組。
※9 「 The 自然資本～生物多様性保全の経済的連携に向けて～ 」：農山漁村における生物多様性保全に資する活動の意義やその価値を「自然資本」として経済的に把握し、農林漁業者と企業等とがこれを媒体にして経済的連携関係を構築するための手法を取りまとめたパンフレットで農林漁業者向け、企業向けの2種類がある。
※10 世界農業遺産（GIAHS）：次世代に継承すべき重要な農法や景観、文化、生物多様性を有する農業システムをFAOが認定する制度。
※11 日本農業遺産：次世代に継承すべき重要な農法や景観、文化、変化に対する強靱性、生物多様性を有する農業システムを農林水産大臣が認定する制度。平成28年度に創設。

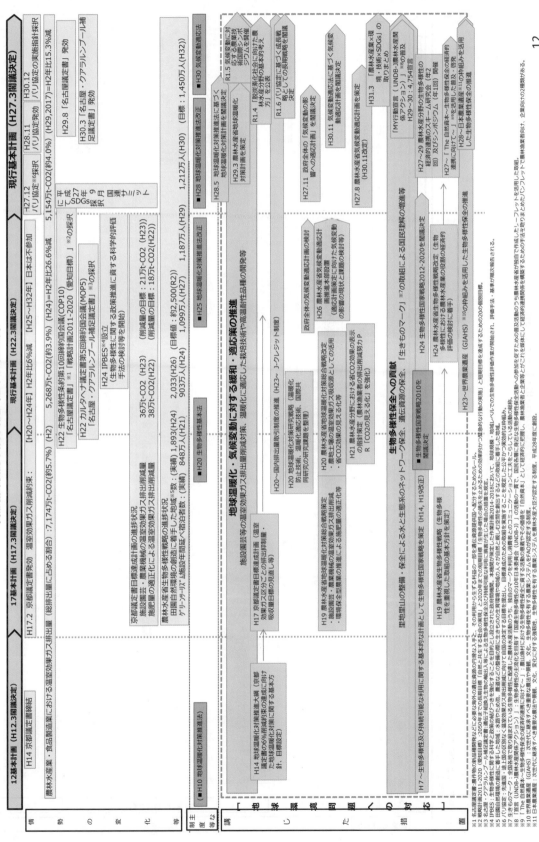

農業資材の生産及び流通の合理化（基本法第33条）

○　**食料・農業・農村基本法　（平成11年）**
（農業資材の生産及び流通の合理化）
第３３条　国は、農業経営における農業資材費の低減に資するため、農業資材の生産及び流通の合理化の促進その他必要な施策を講ずる。

○　**現行基本計画の概要**
・生産コストの低減に向けた農業資材費の低減に資する取組を実施。
（参考）成長戦略フォローアップ（令和元年6月21日閣議決定、関係部分抜粋）
・農業生産資材の価格引下げを目指し、農業競争力強化支援法の対象業種を2019年度に見直し、生産資材業界の再編などの取組を強化する。

情勢の変化等	12基本計画（H12.3閣議決定）	17基本計画（H17.3閣議決定）	22基本計画（H22.3閣議決定）	現行基本計画（H27.3閣議決定）	
肥料価格指数（総合）	：66.5（H12）	68.6（H17）	90.9（H22）	100.0（H27）	92.7（H29）
農業薬剤価格指数	：92.1（H12）	88.5（H17）	97.6（H22）	100.0（H27）	99.4（H29）
農機具価格指数（総合）	：95.9（H12）	93.3（H17）	97.9（H22）	100.0（H27）	100.2（H29）
飼料価格指数	：61.7（H12）	69.4（H17）	80.3（H22）	100.0（H27）	92.4（H29）

H20　農業生産資材費、穀物価格の高騰

講じた措置

【肥料・農薬・農業機械】

農業生産資材の製造・流通・利用の合理化等による資材費の低減、安定的な確保

製造～利用の各段階の関係団体等が「農業生産資材費低減のための行動計画」を策定し、事業者、生産者等の主体的な取組を推進

【行動計画の策定・見直し】
（H８策定）

H13　改定のポイント
・大口割引など多様な流通・販売の推進
・インターネットなど情報提供システムの充実　等

H17　改定のポイント
・可能な限り数量目標を明示
・低廉な大型機械の供給など担い手の資材費低減を重視　等

H23　今後の肥料産業のあり方について検討
H25　肥料・農薬・農業機械関係団体との意見交換
資材費の低減について取組状況調査を実施　等

H25　稲作技術の新展望に関する関係者からの意見聴取
H25　稲作の低コスト化・高収益化に資する技術カタログを作成

【主な取組】

肥　料
・低廉な肥料の活用促進（ＢＢ肥料（単肥を混合した配合肥料）、３成分のうちリン・カリの成分を抑えた肥料（H20年～）等）
・施肥の合理化（土壌診断に基づく適正施肥の推進、減肥基準の策定、肥効調節型肥料の導入 等）
・未利用資源を活用した肥料の供給促進（混合堆肥複合肥料の公定規格を設定（H24年）、鶏ふん燃焼灰を原料に用いた肥料（H25年～）等）
・広域をカバーする配送拠点の整備、肥料工場から農家への直送等による物流の合理化
等

H20～　資材価格高騰への緊急的な対策
・肥料：土壌診断に基づく施肥設計の見直しに対する支援
・燃油：省エネルギー化につながる新技術の導入への支援 等

H22～　新たな原料輸入相手国の探索調査
H22～　減肥基準策定・見直し等への支援
H24補正～　燃油価格高騰緊急対策

・複合肥料の出荷数量に占めるＢＢ肥料の割合（※１）：48%（H17）→ 58%（H24）
・肥効調節型肥料の出荷数量の伸び率（※１）：H17対比　107%（H24）
・減肥基準の策定割合：74%（35道府県、H25）

農　薬
・低廉な農薬の活用促進（大型包装品、ジェネリック農薬等）
・農薬の合理的利用（長期持続型殺虫剤・殺菌剤の開発・導入、IPM等を通じた使用量の抑制等）　等

・除草剤(商品A)の出荷数量に占める大型規格の割合（※１）：87%（H17）→ 91%（H24）
・殺虫剤(商品B)の出荷数量に占めるジェネリック農薬銘柄の割合（※１）：33%（H17）→ 47%（H24）
・水稲育苗箱施用剤(殺虫剤・殺菌剤)の出荷金額に占める長期残効型品目の割合（※１）：75%（H17）→ 88%（H24）

農業機械
・低廉な農機の活用促進（シンプル農機の機種の拡大、中古農機の情報提供、海外向け低価格モデルの国内展開（H23～）等）
・農業機械の導入と利用の最適化の推進（リース・レンタルの推進等）
・製造コストの削減（型式の集約化、部品の共通化、部品点数の削減、部品の海外調達、ＯＥＭの推進）
等

【各企業の取組事例】
・型式の集約：97（H17）→ 85（H24）
・ＯＥＭ受注金額：370百万円（H20）→ 1,550百万円（H24）
・部品の共通化（トラクター）：48%（H21）→ 60%（H25）
・部品点数の削減（トラクター）：2,151（H21）→ 1,883（H25）

（現行基本計画）

農業競争力強化プログラム策定（H28）
農業競争力強化支援法施行（H29）
・農業資材業界の自主的な事業再編・参入の促進
・農業資材価格の見える化　等

・事業再編 6件（肥料１件、飼料５件）、新規参入1件（農業機械）（H31）
・農業資材価格比較サイト「AGMIRU」登録者数：約5,000件（H31）

低廉かつ良質な肥料の活用促進
（未利用資源の活用やフレコン流通への対応、施肥量やコストを削減する施肥法の検討　等）

H27～　未利用資源・フレコン流通等への支援

・都道府県における施肥基準の見直し
・一般高度化成肥料等の銘柄集約
・施肥基準の見直し：17県で開始（H31）
・銘柄集約（※１）：約550銘柄 → 25銘柄（H30）

燃油価格高騰緊急対策（継続）

H27・28　省エネ生産技術対策
資材高騰等の変動リスクに対応できる産地形成に向け、省エネ生産技術の確立・実用化を支援

低廉かつ良質な農薬の活用促進
（担い手直送規格や大型包装品の推進拡大）
・担い手直送規格（※１）：11品目（H28設定）→ 43品目（H30）
・大型包装品（※１）：187品目（H26末時点）→ 275品目（H30）

・低廉かつ良質な農機の活用促進
（低価格モデル農機の推進）
・農業機械の利用の最適化の推進（シェアリングの推進）
・低価格モデル農機（※１）：１モデル1,420台販売（H30～）
・シェアリングの推進：18グループ（41経営体）

【飼料】

エコフィードを含む国産飼料の増産、飼料穀物備蓄の実施等による飼料の安定的な確保

・エコフィード：		14万TDNトン(H17)(※２)	25万TDNトン(H22)	29万TDNトン(H24)	32万TDNトン(H27)	32万TDNトン(H30概算)	50万TDNトン(R7（目標))
・飼料自給率：	26%(H12)	25%(H17)	25%(H22)	26%(H24)	28%(H27)	25%(H30概算)	40%(R7（目標))

輸入飼料原料の円滑な調達等による低コスト飼料の供給、配合飼料価格高騰への対応

・配合飼料価格：	34,519円/トン(H12)	42,422円/トン(H17)	53,069円/トン (H22)	60,065円/トン(H24)	66,837円/トン(H27)	63,588円/トン(H29)

※１　全農調査　※２　TDN(Total Digestible Nutrients)　：家畜が消化できる養分の総量

農村の総合的な振興、中山間地域等の振興（基本法第34条、第35条）

○ **食料・農業・農村基本法（平成11年）**

（農村の総合的な振興）

第３４条 国は、農村における土地の農業上の利用と他の利用との調整に留意して、農業の振興その他農村の総合的な振興に関する施策を計画的に推進するものとする。

２ 国は、地域の農業の健全な発展を図るとともに、景観が優れ、豊かで住みよい農村とするため、地域の特性に応じた農業生産の基盤の整備と交通、情報通信、衛生、教育、文化等の生活環境の整備その他の福祉の向上とを総合的に推進するよう、必要な施策を講ずるものとする。

（中山間地域等の振興）

第３５条 国は、山間地及びその周辺の地域その他の地勢等の地理的条件が悪く、農業の生産条件が不利な地域（以下「中山間地域等」という。）において、その地域の特性に応じて、新規の作物の導入、地域特産物の生産及び販売等を通じた農業その他の産業の振興による就業機会の増大、生活環境の整備による定住の促進その他必要な施策を講ずるものとする。

２ 国は、中山間地域等においては、適切な農業生産活動が継続的に行われるよう農業の生産条件に関する不利を補正するための支援を行うこと等により、多面的機能の確保を特に図るための施策を講ずるものとする。

○ **現行基本計画の概要**

・農業と第２次・第３次産業の融合等により、農山漁村に由来するバイオマスなどのあらゆる資源と産業とを結びつけ、地域ビジネスの展開と新たな業態の創出を促す農業・農村の６次産業化を推進。
・農村への新たな交流需要の創出、都市部を含む人材の確保・育成、教育、医療・介護の場としての農山漁村の活用等を推進。
・都市農業が有する多様な機能が将来にわたり十分に発揮されるよう、都市農業の持続的な振興を図るための取組を推進。都市農業の振興や都市農地の保全に関連する制度の見直しを検討。
・地域コミュニティ機能が適切に発揮されること等により地域資源が維持・継承されるよう、多面的機能支払制度及び中山間地域等直接支払制度により地域の共同活動や生産条件が不利な中山間地域等における営農の継続に対して支援を行う。鳥獣被害対策の推進、快適で安全・安心な農村の暮らしの実現等を推進。

情勢の変化等

	12基本計画（H12.3閣議決定）	17基本計画（H17.3閣議決定）	22基本計画（H22.3閣議決定）	現行基本計画（H27.3閣議決定）
農村人口(うち中山間地域)※1	H12 4,412万人(1,628万人)	H17 4,344万人（1,567万人）	H22 4,194万人（1,469万人）	H27 4,023万人（1,420万人）
農村の高齢化率(うち中山間地域の高齢化率)※1	H12 21.3%（25.1%）	H17 23.9%（28.2%）	H22 26.8%（31.1%）	H27 31.2%（35.3%）
小規模集落（総戸数９戸以下）の割合※2 平地／中間／山間	H12 ３%／４%／９%		H22 4%／7%／16%	H27 4%／8%／18%
汚水処理人口普及率※3 人口30～50万人の市／人口5万人未満の市町村	H12 78%／41%	H17 85%／60%	H22 89%／71%	H27 93%／77%
中山間地域等直接支払の取組状況※4	H12年度 協定数 26,119 交付面積 54万1千ha	H17年度 協定数 27,869 交付面積 65万4千ha	H24年度 協定数 27,849 交付面積 68万2千ha	H27年度 協定数 25,635 交付面積 65万4千ha
農地・水・環境保全向上対策（平成23年度からは農地・水保全管理支払、平成26年度からは多面的機能支払）の取組※4		H19年度 共同活動支援 対象組織数 17,122 取組面積 116万ha	H24年度 対象組織数 18,662 取組面積 145万5千ha	H27年度 対象組織数 28,145 取組面積 217万8千ha
鳥獣被害防止の取組※4 被害防止計画作成市町村数／実施隊設置市町村数		H20 40／0	H22 933／58	H27 1,428／986
農作物被害金額		H20 199億円	H22 239億円	H27 176億円
将来人口推計※5			H24 将来人口推計※5 2060年の総人口8,674万人,65歳以上人口39.9%	H29 将来人口推計※5 2065年の総人口8,808万人,65歳以上人口38.4%
地域別将来人口推計※5			H25 地域別将来人口推計※5 2040年の総人口は全ての都道府県で2010年を下回る。2040年,65歳以上が4割以上占める自治体が半数近くに	H30 地域別将来人口推計※5 2045年の総人口は全ての道府県で2015年を下回る。2045年,65歳以上が5割以上占める自治体が3割近くに
国土計画	H10.3 21世紀の国土のグランドデザインの閣議決定（国土総合開発法に基づく長期計画）一極一軸型の国土構造から多軸型の国土構造への転換	H20.7 国土形成計画の閣議決定（国土形成計画法に基づく長期計画）・量的拡大「開発」基調から「成熟社会型の計画」へ ・国主導から二層の計画体系（分権型の計画づくり）へ		H27.8 第二次国土形成計画の閣議決定 ・「対流促進型国土」の形成
			H26.7「国土のグランドデザイン2050」公表 2050年には約６割の地域で人口が半減、うち３分の１の地域が無居住化（国土交通省）	
			H26.5消滅可能性都市の公表 896自治体が消滅する可能性（日本創成会議）	

※１国勢調査における人口集中地区（DID）以外の地区を農村とした。なお、DIDとは、人口密度4,000人/km²以上の国勢調査の調査区が市町村内で隣接し、全体として人口5,000人以上の規模で構成される地区。
また、中山間地域とは、農林統計に用いる農業地域類型区分の「中間農業地域」と「山間農業地域」を合わせた地域。高齢化率とは、65歳以上人口が総人口に占める割合。〔出典：国勢調査〕
※２ 出典：農林業センサス（組替集計）
※３ 出典：国土交通省、農林水産省、環境省調べ
※４ 出典：農林水産省調べ　※５ 国立社会保障・人口問題研究所

農村の総合的な振興、中山間地域等の振興（基本法第34条、第35条）

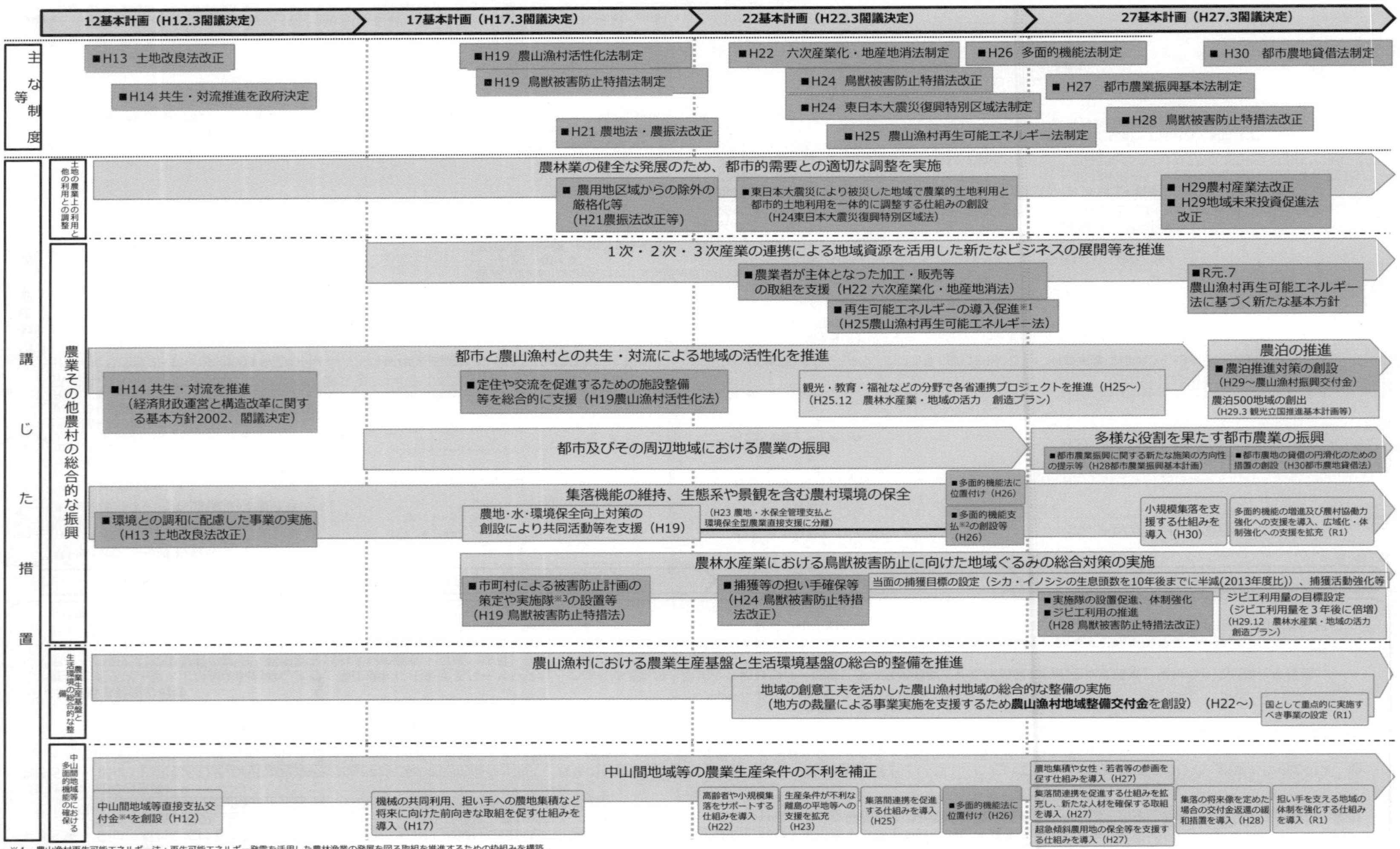

※1　農山漁村再生可能エネルギー法：再生可能エネルギー発電を活用した農林漁業の発展を図る取組を推進するための枠組みを構築。
※2　多面的機能支払：農業・農村の多面的機能の維持・発揮を図るための地域の共同活動に係る支援。地域資源の基礎的な保全管理活動や地域資源の適切な保全管理のための推進活動に対する支援（農地維持支払）と地域資源の質的向上を図る共同活動及び施設の長寿命化のための活動に対する支援（資源向上支払）から構成される。
※3　鳥獣被害対策実施隊：鳥獣被害防止特措法に基づき、市町村が捕獲等の被害防止施策を実施するために設置。市町村職員、被害防止施策に積極的に取り組むことが見込まれる者を市町村長が指名又は任命する。
※4　中山間地域等直接支払交付金：中山間地域等において、農業生産条件の不利を補正することにより、農業生産活動を維持するための活動を支援。

2

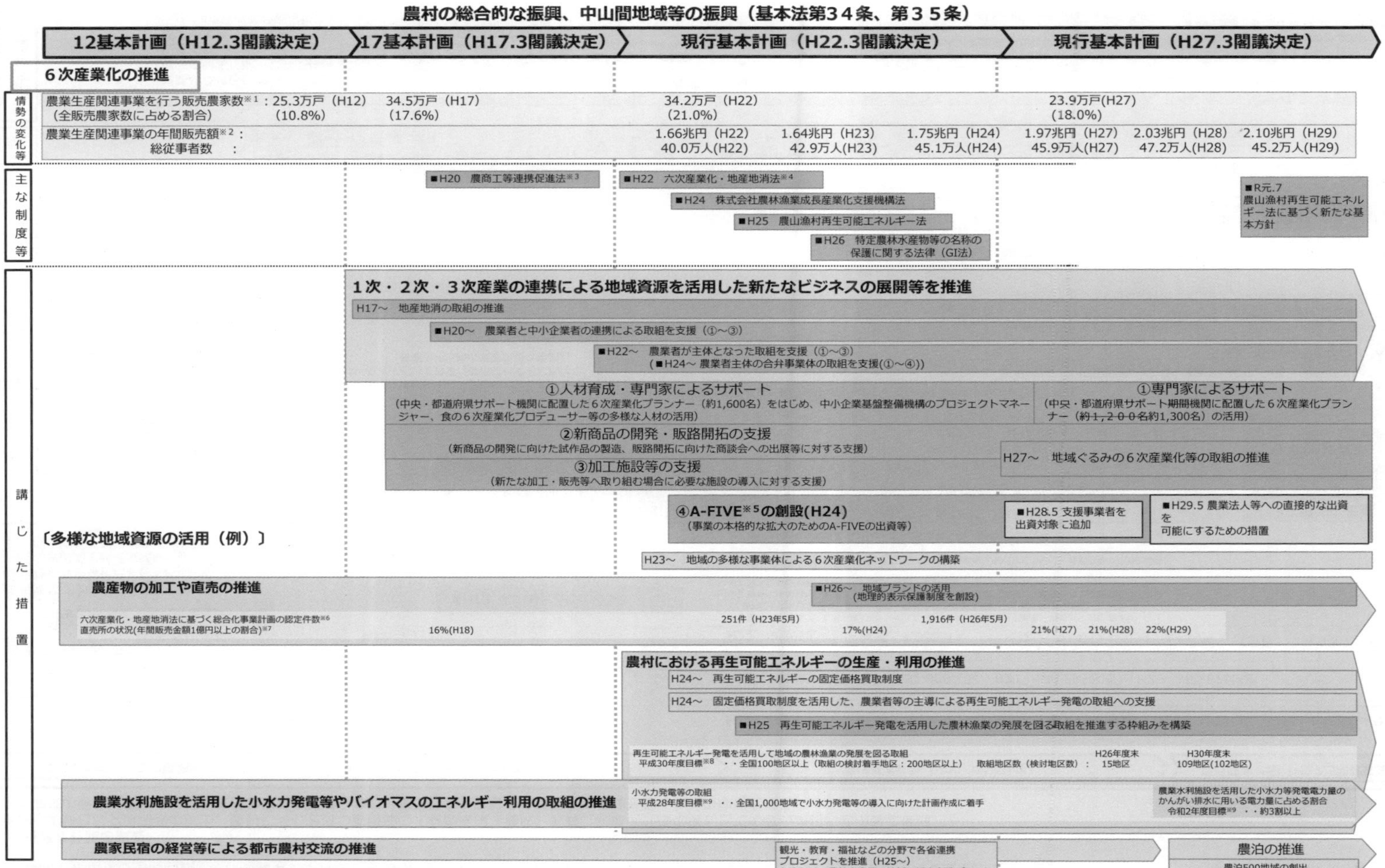

※1　出典：農林業センサス（農業生産関連事業（農産物の加工、直売所、観光農園、農家民宿、農家レストラン等の農業に関連する事業）を営む販売農家の数）
※2　出典：６次産業化総合調査（農家、農協等による農業生産関連事業の年間販売額）
※3　「中小企業者と農林漁業者との連携による事業活動の促進に関する法律」の略称
※4　「地域資源を活用した農林漁業者等による新事業の創出等及び地域の農林水産物の利用促進に関する法律」の略称
※5　「農林漁業成長産業化ファンド」の略称
※6　出典：農林水産省調べ
※7　出典：農産物地産地消等実態調査（組替集計）及び６次産業化総合調査（通年営業・常設施設利用）
※8　農山漁村再生可能エネルギー法の基本方針（H26)において、再生可能エネルギー発電を活用して地域の農林漁業の発展を図る取組及び取組を行う検討に着手している地区数について目標を設定。
※9　土地改良長期計画 (H24)(H28) において、小水力発電等の再生可能エネルギーの導入に向けた計画作成に着手する地域数及び農業水利施設を活用した小水力等発電電力量のかんがい排水に用いる電力量に占める割合について目標を設定。

都市と農村の交流等（基本法第36条）

○ **食料・農業・農村基本法（平成11年）**
（都市と農村の交流等）
第36条 国は、国民の農業及び農村に対する理解と関心を深めるとともに、健康的でゆとりのある生活に資するため、都市と農村との間の交流の促進、市民農園の整備の推進その他必要な施策を講ずるものとする。
2 国は、都市及びその周辺における農業について、消費地に近い特性を生かし、都市住民の需要に即した農業生産の振興を図るために必要な施策を講ずるものとする。

○ **現行基本計画の概要**
・農村への新たな交流需要の創出、農村に関心を持つ都市部の人材の確保・育成、教育、医療・介護の場としての農山漁村の活用等を推進。
・都市農業の機能・効果への都市住民の理解を促進しつつ、都市農業を守り、持続可能な振興を図るための取組を推進。

12基本計画（H12.3閣議決定） → 17基本計画（H17.3閣議決定） → 現行基本計画（H22.3閣議決定） → 現行基本計画（H27.3閣議決定）

情勢の変化等

交流人口（グリーン・ツーリズム関連施設宿泊者数）※1
H17 777万人　H22 745万人　H24 903万人　H27 1,099万人　H29 1,187万人　（目標：1,450万人(H32)）

市民農園区画数（都市的地域）※2
H12 108,665区画　H17 122,622区画　H22 146,557区画　H24 152,808区画　H27 189,895区画　H29 183,826区画

訪日外国人旅行者数※3
H15 521万人　H17 673万人　H22 861万人　H25 1,036万人　H27 1,974万人　H29 2,869万人　（目標※3：4,000万人(H32)）

主な制度等

■H14 共生・対流推進を政府決定
都市農村交流関係の法制度の整備
H元 特定農地貸付法※4
H2 市民農園整備促進法※5
H6 農山漁村滞在型余暇法※6
■H19 農山漁村活性化法制定

※1 農林水産省調べ。なお、H22については、被災3県（岩手県、福島県、宮城県）の数値は含まれていない。目標は「農林水産業・地域の活力創造プラン」（H25年12月決定）
※2 農林水産省調べ。特定農地貸付法及び市民農園整備促進法に基づいて設置された市民農園の区画数。
※3 日本政府観光局（JNTO）「訪日外客数」。目標は「観光立国実現に向けたアクションプログラム2014」（H26年6月決定）
※4 都市住民等への趣味的な利用を目的とした小規模な農地の貸付けについて、農地法等の特例を措置。
※5 市民農園と併せた関連施設等の整備を促進
※6 農山漁村滞在型余暇促進のため、農林漁業体験民宿の登録等について規定

講じた措置

都市と農村の交流

都市と農山漁村との共生・対流による地域の活性化を推進
■定住や交流を促進するための交流施設等の整備を総合的に支援（H19～農山漁村活性化プロジェクト支援交付金）
■H14 共生・対流を推進
（経済財政運営と構造改革に関する基本方針2002、閣議決定）
H14 都市と農山漁村の共生・対流に関するプロジェクトチーム（関係省副大臣級、主査：官房副長官、農林水産副大臣）設置
→ H17～H19 プロジェクトチームにおいて提言（都市農村交流に向けた各省連携施策の重要性等を指摘）
観光・教育・福祉などの分野で各省連携プロジェクトを推進（H25～）
（H25.12 農林水産業・地域の活力創造プラン）（①～⑤）
① H20～ 小学生を中心とした農山漁村での宿泊による自然体験や農林漁業体験等を推進
② H25～ 高齢者の生きがいや障害者の就労・雇用を目的とする福祉農園等を整備
R元 農福連携等推進ビジョンの決定
③ H25～ 空き家や廃校を活用し、集落拠点施設等として整備
④ H25～ 住民参加の下での交流農園等の整備
⑤ H25～ 農山漁村の魅力と観光需要を結びつける取組を推進（農観連携）

農泊の推進
■農泊推進対策の創設
（H29～農山漁村振興交付金）
農泊500地域の創出
（H29.3 観光立国推進基本計画等）
③ H29～空き家や廃校を活用し宿泊施設等として整備

都市部人材の活用
H20～24 田舎で働き隊（936人※7）
H25～ 新・田舎で働き隊（101人） → H26 地域おこし協力隊に統合
H25～農山漁村活性化支援人材バンク創設

優良事例の横展開（表彰等）
H15～20「立ち上がる農山漁村」
H22·23「食と地域の『絆』づくり」
H25～「ディスカバー農山漁村の宝」
H15～ 「オーライ！ニッポン大賞」

都市農業の振興

都市及びその周辺地域における農業の振興
構造改革特区において、市民農園の開設が地方公共団体等以外の者にも認められるよう特定農地貸付法の特例を措置（H14構造改革特別区域法）
市民農園特区を全国展開
（H17特定農地貸付法改正）
H20 「都市農業室」を設置
H23·24 都市農業の振興に関する検討会
（国民的理解の醸成や支援施策具体化の必要性を指摘するとともに、制度面での論点を整理）
H25～ 都市及びその周辺地域を対象に都市農業の振興と都市農地の保全を支援

多様な役割を果たす都市農業の振興
■都市農業振興に関する国等の責務の明確化等（H27都市農業振興基本法）
■都市農業振興に関する新たな施策の方向性の提示等（H28都市農業振興基本計画）
■都市農業の貸借の円滑化のための措置（H30都市農地貸借法）

※7 この他、H20年度（H21年3月の1ヶ月弱の期間で実施）は、お試し研修として約2,500名の研修生が農山漁村に短期間（1週間未満）滞在した。

団体の再編整備（基本法第38条）

○　**食料・農業・農村基本法（平成11年）**
（団体の再編整備）
第３８条　国は、基本理念の実現に資することができるよう、食料、農業及び農村に関する団体の効率的な再編整備につき必要な施策を講ずるものとする。

○　**現行基本計画の概要**
・団体（農業協同組合、農業委員会系統組織、農業共済団体、土地改良区等）それぞれの本来の役割を適切に果たしていくとの観点から、その機能や役割が効率的・効果的に発揮できるよう、その効率的な再編整備を推進。

12基本計画（H12.3閣議決定） ＞ **17基本計画（H17.3閣議決定）** ＞ **22基本計画（H22.3閣議決定）** ＞ **現行基本計画（H27.3閣議決定）**

情勢の変化等・主な制度等・講じた措置

【農業協同組合※1系統：農業協同組合法に基づき、経済事業、信用事業、共済事業等を営み、組合員の営農、生活に必要なサービスを提供】

	H12	H17	H22	H27	H29
農協組合員数	9,109千人〔H12〕	9,188千人〔H17〕	9,694千人〔H22〕	10,370千人〔H27〕	10,511千人〔H29〕
うち正組合員	5,249千人〔H12〕	4,998千人〔H17〕	4,720千人〔H22〕	4,433千人〔H27〕	4,305千人〔H29〕
うち准組合員	3,859千人〔H12〕	4,190千人〔H17〕	4,974千人〔H22〕	5,937千人〔H27〕	6,207千人〔H29〕
総合農協数	1,347〔H12〕	901〔H17〕	745〔H22〕	691〔H27〕	672〔H29〕

経済事業改革

平成12年11月　農協系統の事業・組織に関する検討会

・農協は、農業者の協同組織である以上、組合員である農業者の所得向上等を図ることが、その存在理由
・担い手等の意向を反映して地域農業振興戦略を的確に樹立し、営農支援や販売活動を適切に展開
・営農支援については、生産・販売に関する各種情報の提供やコスト削減・有利販売につながるような担い手のニーズに対応した効果的な措置を実施
・生産資材については、購入形態や購入量に応じた価格設定等のルールを定め、これを農業者に明示

平成15年３月　農協のあり方についての研究会

＜理念＞
・農協は民間の経済主体として競争が必要なことを自覚し、厳しい競争社会を生き抜くための経営感覚を持ち、農業者・消費者から選択される農協へ改革
・ＪＡが「自立」することで、全農は「補完機能」に特化
＜経済事業改革＞
・全農・市場任せの「出荷」からの脱却
・農産物の直接販売の拡大
・全農と商系の有利な方からの仕入れ
・大口利用者にメリットある価格体系
・信用・共済事業の収益がなくても成り立つ経済事業等の確立
＜行政との関係等＞
・これまで行政は、農政の遂行に農協系統を安易に活用してきた側面もあり、それが結果として農協系統の自立を妨げてきたことも否定できない。
・このような反省に立って、今後の行政と民間の経済主体である農協系統との関係については、安易な相互依存とならないよう、まずその役割を明確に区分した上で、適切な協力・協調を行っていく必要。
　また、行政運営の上で、農協系統と農協以外の生産者団体とのイコール・フッティングを確保する必要。
　補助金等の交付要件は、JAとJA以外の生産者団体を同等とすることを徹底していくことが重要。

平成17年７月　経済事業のあり方についての検討方向

・全農の不祥事を発端に、全農のあるべき姿について提言

平成26年6月 農林水産業・地域の活力創造プラン
＜単位農協のあり方の見直し＞
○単位農協は、農産物の有利販売と生産資材の有利調達に最重点を置いて事業運営を行う必要
・農産物の買取販売を数値目標を定めて段階的に拡大するなど、適切なリスクを取りながらリターンを大きくすることを目指す
・生産資材等は、全農等と他の調達先を徹底比較し最も有利なところから調達
・農林中金※2・信連※3・全共連の協力を得て、単位農協の経営における金融事業の負担やリスクを極力軽くし、人的資源等を経済事業にシフト
・単位農協の理事については、その過半は、担い手や販売のプロ
・JAの組織分割や、株式会社・生活協同組合等への転換を可能とする　等
＜連合会※4・中央会のあり方の見直し＞
○連合会・中央会は、単位農協を適切にサポートする観点で、そのあり方を見直す
・全農・経済連は、株式会社への転換を可能とする
・農協法上の中央会制度は、制度発足時との状況変化を踏まえて、適切な移行期間を設けた上で現行の制度から自律的な新たな制度に移行　等
＜行政における農協の取扱い　等＞
・単位農協も農業者の団体の一つとして、他の農業者やその団体等と同等に扱う
・単位農協を安易に行政のツールとして使わないことを徹底
・５年間を農協改革集中推進期間とし、自己改革の実行を強く要請

平成28年４月１日　改正農協法施行
＜単位農協＞
○理事の過半は、認定農業者、農産物販売や経営のプロとするよう措置。令和元年４月以降最初に招集される通常総会より適用し、全ての農協において変更
○単位農協の選択により、組織の一部の株式会社や一般社団法人への組織変更を可能とする規定を措置
○令和元年度より、全中監査から会計監査人（公認会計士）監査へ移行
○准組合員の事業利用について、改正農協法の施行日（平成28年４月１日）から５年間利用実態調査を実施（初年度（平成28年度）は事業利用量を把握するためのマニュアルを作成。平成30年１月より、マニュアルに基づき調査を実施）　等
＜中央会※5＞
○全国農協中央会は、令和元年９月30日までに、一般社団法人へ移行　等

平成28年11月　農業競争力強化プログラム決定
＜全農＞
○全農は、本プログラムに沿った年次計画を平成29年３月に公表し、毎年、進捗状況を公表
○全農は、令和元年３月に新３か年計画を策定。これに基づき、農水省は、農業競争力強化を進める観点から、生産資材・農産物販売のほか、物流問題への対応、新技術活用等など幅広いテーマについて全農との対話を実施　等

平成26年6月 農林水産業・地域の活力創造プラン決定
＜農林中金・信連＞
○農林中金及び信連は、昨年３月末までに、信用事業を取り巻く厳しい状況、代理店方式の説明及び手数料水準の提示を全47都道府県域で実施　等

信用・共済事業改革

H８　農協改革２法
＜信用事業改革＞
○農林中金※2と信連※3との合併を可能とする
○銀行等と同レベルの規制を導入

H13　農協改革２法
＜信用事業改革＞
○JAバンクシステムの導入（農協・信連・農林中金がひとつの金融機関として機能）

H16　農協法改正
＜共済事業改革＞
○保険会社と同レベルの規制導入

※1　農業協同組合とは、農業生産力の増進や農業者の経済的社会的地位の向上を図ること目的として、農業者をはじめとする組合員により自主的に設立された相互扶助組織。
※2　農林中央金庫とは、農林漁業協同組合の中央金融機関。所属団体の資金の相互融通を目的とし、預金の受け入れ、農林債券の発行、所属団体への貸し出しなどを行う。
※3　信用農業協同組合連合会とは、農協法にもとづき、農業協同組合ならびに信用事業以外の各種事業協同組合連合会などによって構成される法人。主たる業務としては、会員を対象とした貯金の受入、会員・会員の組合員に対する資金の貸付等。
※4　全国農業協同組合連合会とは、農業協同組合が行う経済事業(共同販売事業と共同購買事業)の全国組織・機関。
※5　全国農業協同組合中央会とは、都道府県農業協同組合中央会やその会員である農業協同組合・農業協同組合連合会、ならびに全国農業協同組合連合会等で構成される一般社団法人。主な事業は、会員の意見代表等。

12基本計画（H12.3閣議決定） ／ 17基本計画（H17.3閣議決定） ／ 22基本計画（H22.3閣議決定） ／ 現行基本計画（H27.3閣議決定）

情勢の変化等・主な制度等・講じた措置

【農業委員会※6系統：農業委員会法等に基づき、農地の権利移動や農地転用関係の業務、遊休農地に対する指導等、農地に係る事務等を執行】

農業委員会数	3,223〔H12〕	2,223〔H17〕	1,732〔H22〕	1,710〔H24〕	1,707〔H27〕	1,703〔H30〕
農業委員数	59,254〔H12〕	45,379〔H17〕	36,330〔H22〕	35,729〔H24〕	35,488〔H27〕	23,196〔H30〕

農地利用最適化推進委員数　17,824〔H30〕

H16　農業委員会法改正
・農業委員会の必置面積基準の引上げ
・選挙委員の下限数を撤廃
・農地の利用集積、法人化その他農業経営の合理化を業務に追加

H21　農地法改正
・地域の農地利用状況の調査、遊休農地の所有者に対する指導・勧告等を業務に追加

H25　農地法改正
・遊休農地解消措置の改善（手続簡素化、利用意向調査の実施）
・農地台帳の作成及び公表の法定化

H26　農林水産業・地域の活力創造プラン
・選出方法の見直し
・農地利用最適化推進委員の新設
・都道府県農業会議・全国農業会議所※7制度の見直し等

H24「農業委員会のあり方に関するアンケート調査」より抜粋
「よく活動している」との回答は、全体の約3割。
評価できない主な理由は、「農地集積などの農家への働きかけが形式的」「遊休農地等の是正措置を講じない」など。

H28　農業委員会法改正
・業務の重点は、農地利用の最適化の推進であることを明確化
・農業委員の選出方法を市町村長の任命制に変更
・農地利用最適化推進委員の新設
・都道府県農業会議・全国農業会議所を農業委員会のサポート組織として機能強化等

H30　全農業委員会が新制度に移行完了

H30　農業経営基盤強化促進法等改正
・相続人の一人が農業委員会の探索・公示手続きを経て農地中間管理機構に貸付けできる制度を創設
・探索範囲の明確化

R1　農地中間管理事業法改正
・人・農地プラン作成における地域の協議の場への委員・推進委員の出席及び必要な協力を行うことを明確化

【農業共済団体※8：農業災害補償法に基づき、農業共済制度を運営】

農業共済団体等数	418〔H12〕	337〔H17〕	300〔H22〕	241〔H26〕	121〔H31〕
役員数	7,356人〔H12〕	6,148人〔H17〕	5,302人〔H22〕	3,450人〔H25〕	1,736人〔H30〕
職員数	9,829人〔H12〕	9,112人〔H17〕	8,400人〔H22〕	7,902人〔H25〕	7,175人〔H30〕

～H21　合併による広域化の推進（組合等数〔H12〕372→〔H21〕275）

H22～　1県1組合化による農業共済団体の組織再編を推進
（36都府県で1県1組合化を達成（令和元年7月現在））

H30・収入保険の実施主体として全国農業共済組合連合会を設立
・組織の効率化やガバナンスの強化を図るよう組織体制を見直し
1県1組合同士の合併、全国連と1県1組合の合併、全国連への共済事業の譲渡、国による共済組合の検査等を導入

【土地改良区：土地改良法に基づき、農業用用排水施設の管理や農地の整備等の土地改良事業を実施】

土地改良区数　7,004〔H12〕	土地改良区数　5,853〔H17〕	土地改良区数　5,040〔H22〕	土地改良区数4,646〔H27〕	土地改良区数4,455〔H30〕
合併関係地区数　446〔H8～12〕	合併関係地区数　804〔H13～17〕	合併関係地区数　595〔H18～22〕	合併関係地区数　217〔H23～27〕	

土地改良区の統合整備の推進(S55～)、土地改良施設の診断・管理指導に対する支援(S52～)

土地改良区育成強化対策(S55)
・合併・合同事務所設置

土地改良区総合強化対策(H7)
・未組織地域の編入

土地改良区組織運営基盤強化対策(H16)
・広域合併(市町村合併に対応)

土地改良区組織運営基盤強化対策拡充(H21)
・広域合併のための人材育成

水土総合強化推進事業(H23)
・合併を含む総合的な土地改良区の体制強化

土地改良区体制強化事業(H28)
・組織運営基盤・事業実施体制の強化

土地改良区の会計処理について行政機関が指導する基準として「土地改良区会計検査指導基準」を制定(H23.4)
会計の透明性を図るため複式簿記についての「土地改良区会計基準」を制定(H23.4)

H28.11 農林水産業・地域の活力創造プラン
真に必要な基盤整備を円滑に行うための土地改良制度の見直し等

H29 土地改良法改正
・農地中間管理機構が借り入れた農地について農業者の申請・負担・同意を求めない基盤整備事業を実施できる制度を創設等

H30 土地改良法改正
・組合員資格の拡大
・土地改良区連合の設立要件の緩和
・貸借対照表の作成を義務化 等

土地改良長期計画に土地改良区の統合等による組織基盤の強化、維持管理体制の再編整備等について位置づけ(H24.3閣議決定)

土地改良長期計画に農地中間管理機構との連携・土地改良区のあり方等の検討・検証について位置づけ(H28.8閣議決定)

※6　農業委員会とは、市町村の行政委員会であり、農地の売買・賃借の許可、農地の集積、遊休農地の調査・指導等農地に関する業務を行う組織。
※7　全国農業会議所とは、農業委員会等に関する法律により都道府県農業会議と全国農業協同組合中央会等の全国段階の農協組織を会員として中央に設置された機関。農業政策上の諸問題に関する政府への建議・答申を主目的とする農民の利益代表機関。
※8　農業共済団体とは、農業災害補償制度の実務を担っており、地域で共済事業を行う農業共済組合と都道府県段階で保険事業を行う農業共済組合連合会の総称。

食料・農業・農村基本計画（2020年３月閣議決定）

2020年７月15日　第１版第１刷発行

編集　「食料・農業・農村基本計画」編集委員会

発行者　箕　浦　文　夫

発行所　株式会社大成出版社

東京都世田谷区羽根木１－７－11

〒156－0042　電話03（3321）4131(代)

https://www.taisei-shuppan.co.jp/

印刷　信教印刷

ISBN978-4-8028-3409-4

大成出版社図書のご案内

● **本レポートのポイント** ●

【日本の農業がイノベーションを通じて、より生産性を高め、環境的に持続可能にするために求められる政策改革について分析】　【農業イノベーションに影響を与える農業補助金、研究開発、人材育成、投資・起業環境、環境保全など幅広い政策分野についてOECD諸国での経験を踏まえつつ、分析・評価】

OECD政策レビュー・日本農業のイノベーション

～生産性と持続可能性の向上をめざして～

編著 // OECD

訳 // 木村伸吾 米田立子 重光真起子 浅井真康 内山智裕

A5判・200 頁・定価本体 3,000 円(税別)・図書コード 3379

【主要な提言】

●農業におけるイノベーションと起業を促す政策及び市場環境を構築する
●農業政策の枠組みに環境政策の目的を融合させる
●官民及び異なるセクター間でより協働的な農業イノベーションシステムを確立する
●農家のイノベーション能力を向上させる化への課題等についても詳しく解説！！

目　次

株式会社 大成出版社
〒156-0042　東京都世田谷区羽根木 1-7-11
TEL. 03-3321-4131(代)　FAX. 03-3325-1888
https://www.taisei-shuppan.co.jp/